"十四五"职业教育国家规划教材

大数据创新人才培养系列

U0734504

大数据技术原理与应用

——概念、存储、处理、分析与应用

（第4版 高职版）

林子雨◎编著

人民邮电出版社

北　京

图书在版编目（CIP）数据

大数据技术原理与应用：概念、存储、处理、分析
与应用：高职版 / 林子雨编著. -- 4 版. -- 北京：人
民邮电出版社，2025. --（大数据创新人才培养系列）.
ISBN 978-7-115-66307-8

Ⅰ. TP274

中国国家版本馆 CIP 数据核字第 2025MK4690 号

内 容 提 要

本书系统地介绍大数据的相关知识，分为大数据基础篇、大数据存储与管理篇、大数据处理与分析篇、大数据应用篇。全书共 13 章，内容包含大数据概述、大数据处理架构 Hadoop、分布式文件系统 HDFS、分布式数据库 HBase、NoSQL 数据库、MapReduce、Hadoop 再探讨、数据仓库 Hive、Spark、流计算、Flink、大数据分析综合案例、大数据应用。本书在大数据处理架构 Hadoop、分布式文件系统 HDFS、分布式数据库 HBase、NoSQL 数据库、MapReduce、数据仓库 Hive、Spark 和 Flink 等章安排了入门级实验，以便读者更好地学习和掌握大数据的关键技术。

本书可作为大数据技术、计算机类、信息管理等相关专业的大数据相关课程的教材，也可作为相关技术人员的参考书。

◆ 编　著　林子雨
责任编辑　孙　澍
责任印制　胡　南

◆ 人民邮电出版社出版发行　　北京市丰台区成寿寺路 11 号
邮编　100164　电子邮件　315@ptpress.com.cn
网址　https://www.ptpress.com.cn
三河市君旺印务有限公司印刷

◆ 开本：787×1092　1/16
印张：17.25　　　　　　2025 年 5 月第 4 版
字数：418 千字　　　　2025 年 5 月河北第 1 次印刷

定价：59.80 元

读者服务热线：**(010) 81055256**　印装质量热线：**(010) 81055316**
反盗版热线：**(010) 81055315**

前言

党的二十大报告明确指出："加快发展数字经济，促进数字经济和实体经济深度融合，打造具有国际竞争力的数字产业集群。""十四五"时期是我国工业经济向数字经济迈进的关键时期，我们必须加快推进大数据技术的研究发展与应用创新，同时进一步加快大数据技术人才的培养。大数据技术的学习，是大数据技术人才培养的重要内容。本书定位为大数据技术入门教材，为读者搭建起通向"大数据知识空间"的桥梁。本书系统地梳理、总结大数据相关技术，介绍大数据技术的基本原理、编程实践和主要应用等，帮助读者形成对大数据技术体系及应用领域的轮廓性认识，为读者在大数据领域"深耕细作"奠定基础、指明方向。

本书第 3 版于 2020 年 3 月完稿，并于 2021 年 1 月出版，从第 3 版书稿完成至今已经过去 4 年多的时间。在这 4 年多的时间里，大数据技术仍然处于快速更新和迭代的过程中，一些技术（比如 MapReduce 和 Storm）逐步走向没落，批处理框架 MapReduce 逐渐被 Spark 取代，流计算框架 Storm 也由于 Flink 的崛起而将走向沉寂，同时，各个大数据软件的版本也在不断升级。为了让教材内容紧跟技术发展步伐，因此，有必要编写第 4 版。

与第 3 版相比，第 4 版的内容有主要如下变化。

（1）针对高职院校学生的学习特点，对教学内容进行了大幅调整，删除了大量晦涩难懂的原理性内容，增加了大量实操内容，更加注重教学内容的实用性。

（2）对所有大数据软件的版本进行了升级，升级到了当前最新的稳定版本。

（3）由于流计算框架 Storm 已经逐渐被 Flink 取代，因此删除了与 Storm 相关的内容。

（4）数据可视化技术应该在"大数据导论"等其他课程中学习，不需要列入本书，而且从严格意义上讲，数据可视化技术并非大数据核心技术，因为它通常不涉及分布式特性，不需要借助集群进行处理，所以删除了数据可视化的内容。

（5）删除了云数据库和图计算的内容。

（6）对"大数据应用"相关的内容进行了凝练，将原来的三章合并为一章，并精简了部分内容。

（7）数据仓库和数据湖的概念对于大数据从业人员十分重要，因此，增加了一章介绍数据仓库和数据湖。

（8）在"Hadoop 再探讨"一章中，删除了与 Pig、Tez 和 Kafka 相关的内容。

（9）增加了"大数据分析综合案例"一章。

在结构上，本书分为 4 篇，包括大数据基础篇、大数据存储与管理篇、大数据处理与分析篇和大数据应用篇。

在大数据基础篇中，第 1 章介绍大数据的基本概念和应用领域，并阐述大数据与云计算、物联网、人工智能的关系；第 2 章介绍大数据处理架构 Hadoop。

在大数据存储与管理篇中，第 3 章介绍分布式文件系统 HDFS；第 4 章介绍分布式数据库 HBase；第 5 章介绍 NoSQL 数据库。

在大数据处理与分析篇中，第 6 章介绍分布式并行编程模型 MapReduce；第 7 章对 Hadoop 进行再探讨，介绍 Hadoop 的发展演化过程和一些新特性；第 8 章介绍数据仓库、数据湖以及基于 Hadoop 的数据仓库 Hive；第 9 章介绍基于内存的分布式计算框架 Spark；第 10 章介绍流计算；第 11 章介绍开源流处理框架 Flink；第 12 章介绍大数据分析综合案例。

在大数据应用篇中，用一章（第 13 章）内容介绍大数据在各大领域的应用。

本书在教学安排上，建议安排 32 学时，16 个教学周，每周 2 学时。每章的具体学时分配如下：第 3、6、7、8、10、11 章每章安排 2 学时，第 1、2、4、5、9 章每章安排 4 学时，第 12 章内容可以作为学生期末大作业，第 13 章内容由学生自学完成。对于已经建设大数据教学实验室的高校，可以增加 16 学时的上机实践课。

作者团队建设了国内首个高校大数据公共课程服务平台，为教师教学和学生学习大数据课程提供全方位、一站式免费服务，资源包括教学大纲、讲义 PPT、软件、代码、数据集、虚拟机镜像、学习指南、备课指南、实验指南、授课视频、技术资料、题库等。本书在该平台的访问网址为 http://dblab.xmu.edu.cn/post/bigdata4-hve/。

本书由林子雨编著。在编写本书的过程中，厦门大学计算机系夏小云老师和硕士研究生刘浩然、周宗涛、黄万嘉、曹基民等同学做了大量辅助性工作，在此，向他们表示衷心的感谢。同时，感谢为本书各个版本的编写工作做出贡献的厦门大学计算机系的历届本科毕业生和硕士毕业生，包括刘颖杰、叶林宝、蔡珉星、李雨倩、谢荣东、罗道文、邓少军、黄梓铭、李黎、阮榕城、薛倩、魏亮、曾冠华、程璐、林哲、郑宛玉、陈杰祥、陈绍纬、周伟敬、王雅南、阮敏朝、刘官山、黄连福、周凤林、吉晓函等。

大数据技术处于快速发展和变革之中，厦门大学数据库实验室团队会持续跟踪大数据技术的发展趋势，并把一些较新的教学内容及时发布到本书服务平台。由于时间仓促、水平有限，书中难免存在不足之处，望广大读者不吝赐教。

林子雨

2024 年 12 月于厦门大学数据库实验室

目录

第一篇　大数据基础

第二篇　大数据存储与管理

第三篇 大数据处理与分析

第四篇 大数据应用

第一篇
大数据基础

本篇内容

本篇将介绍大数据（big data）的基本概念、影响和应用领域等，并阐述大数据与云计算、物联网、人工智能的关系，还将介绍大数据处理架构 Hadoop。由于 Hadoop 已经成为应用非常广泛的大数据技术处理架构，因此本书的大数据相关技术主要围绕 Hadoop 展开，内容包括 Hadoop、MapReduce、HDFS（hadoop distributed file system，Hadoop 分布式文件系统）和 HBase 等。本篇内容是学习后续内容的基础。

本篇包括两章。第 1 章介绍大数据的概念、影响、应用、关键技术、计算模式和产业，分析大数据与云计算、物联网和人工智能的关系等；第 2 章介绍大数据处理架构 Hadoop。

知识地图

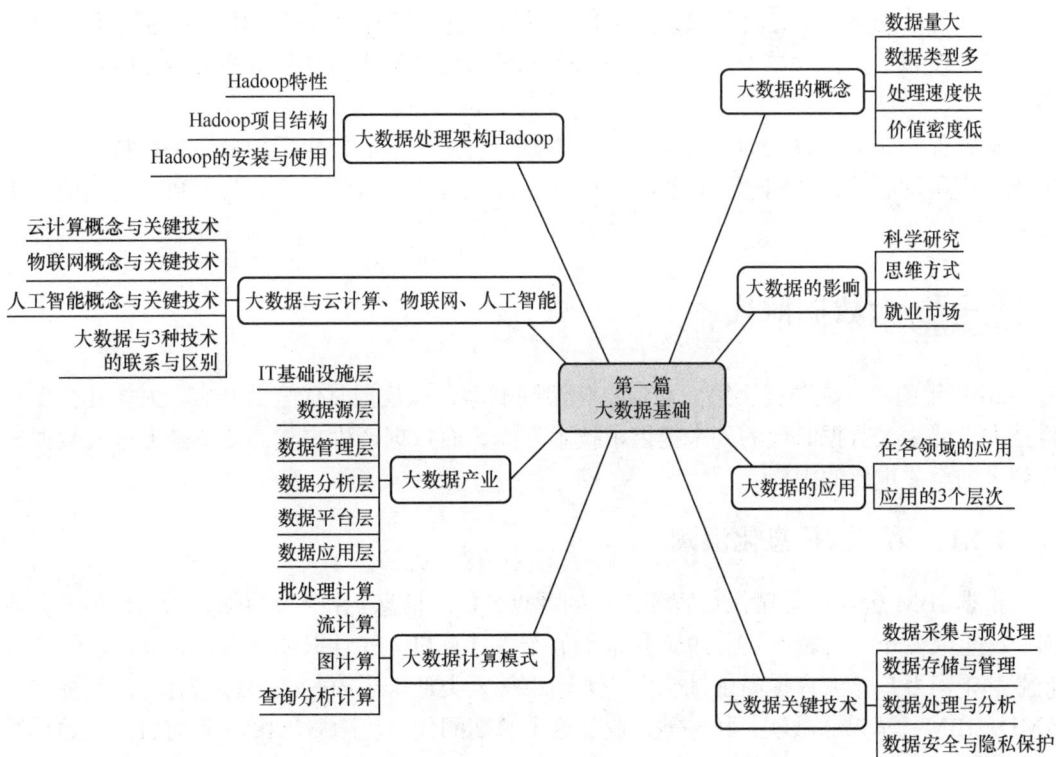

重点与难点

重点为理解大数据的概念，大数据对科学研究、思维方式和就业市场的影响，以及大数据处理架构 Hadoop。难点为掌握 Hadoop 的安装与使用方法。

大数据概述

大数据时代的到来，带来了信息技术的发展与巨大变革，并深刻影响着社会生产和人民生活的方方面面。全球范围内，世界各国政府均高度重视大数据技术的研究和产业发展，并纷纷把大数据上升为国家战略加以重点推进。企业和学术机构纷纷加大技术、资金和人员投入力度，加强对大数据关键技术的研发与应用，以期在"第三次信息化浪潮"中占得先机、引领市场。大数据已经不是"镜中花、水中月"，它的影响力和作用力正迅速触及社会的每个角落，所到之处，或是颠覆，或是提升，都让人们深切感受到了大数据的威力。

对一个国家而言，能否紧紧抓住大数据发展机遇，快速形成核心技术和应用以参与新一轮的全球化竞争，将直接决定未来若干年世界范围内各国科技力量博弈的成败。大数据专业人才的培养是新一轮科技较量的基础，高等院校承担着大数据人才培养的重任，因此，各高等院校非常重视大数据课程的开设，大数据课程已经成为计算机相关专业的重要核心课程。

本章首先介绍大数据的发展历程、基本概念、主要影响、应用领域、关键技术、计算模式和产业发展等，并阐述云计算、物联网、人工智能的概念及它们与大数据之间的紧密关系。

1.1 大数据时代

2010 年前后，人类社会第三次信息化浪潮涌动，大数据时代全面开启。人类社会信息科技的发展为大数据时代的到来提供了技术支撑，而数据产生方式的变革是促进大数据时代到来的至关重要的因素。

1.1.1 第三次信息化浪潮

根据 IBM 公司前首席执行官郭士纳的观点，IT（信息、技术）领域每隔 15 年就会迎来一次重大变革（见表 1-1）。1980 年前后，个人计算机（PC）开始普及，计算机逐渐走入企业和千家万户，大大提高了社会生产力，也使人类迎来了第一次信息化浪潮，英特尔、AMD、IBM、苹果、微软、联想等企业是这个时期的代表。随后，1995 年前后，人类开始全面进入互联网时代，互联网的普及把世界变成"地球村"，每个人都可以自由遨游于信息的海洋，由此，人类迎来了第二次信息化浪潮。这个时期也缔造了雅虎、谷歌、阿里巴巴、百度等互联网"巨头"。时隔约 15 年，2010 年前后，大数据、云计算、物联网的快速发展，拉开了第三次信息化浪潮的大幕，大数据时代开启，涌现出了亚马逊、字节跳动等一批新的市场标杆企业。

表 1-1　3 次信息化浪潮

信息化浪潮	发生时间	标志	解决的问题	代表企业
第一次信息化浪潮	1980 年前后	个人计算机	信息处理	英特尔、AMD、IBM、苹果、微软、联想、戴尔、惠普等
第二次信息化浪潮	1995 年前后	互联网	信息传输	雅虎、谷歌、阿里巴巴、百度、腾讯等
第三次信息化浪潮	2010 年前后	大数据、云计算和物联网	信息爆炸	亚马逊、谷歌、IBM、VMware、Palantir、Cloudera、字节跳动、阿里云等

1.1.2　信息科技为大数据时代提供技术支撑

大数据，首先会带来一场技术革命。毫无疑问，如果没有强大的数据存储、传输和计算等技术能力，缺乏必要的设施、设备，大数据的应用就无从谈起。从这个意义上说，信息科技是大数据时代的基础。信息科技需要解决信息存储、信息处理和信息传输 3 个核心问题。人类社会在信息科技领域的不断进步，为大数据时代提供了技术支撑。

1. 存储设备容量不断增加

数据被存储在磁盘、磁带、光盘、闪存等各种类型的存储设备中。随着科学技术的不断进步，存储设备的制造工艺不断升级、容量大幅增加、读写速度不断提升，价格却在不断下降。早期的存储设备容量小、价格高、体积大，例如，IBM 公司在 1956 年生产的一款早期的商业硬盘，容量只有 5 MB，不仅价格昂贵，而且体积约有一个冰箱那么大。而今天容量为 1 TB 的硬盘，大小只有 3.5 in[典型外观尺寸为 147 mm（长）× 102 mm（宽）× 26 mm（厚）]，读写速度达到 200 MB/s，而且价格低廉。现在，高性能的存储设备不仅提供了海量的存储空间，还大大降低了数据存储成本。

与此同时，以闪存为代表的新型存储设备也开始得到大规模的普及和应用。闪存是一种非易失性存储器，即使断电数据也不会丢失，可以作为永久性存储设备。闪存具有体积小、质量轻、能耗低、抗振性好等优良特性。闪存芯片可以被封装制作成 SD 卡、U 盘和固态盘等各种存储产品（SD 卡和 U 盘主要用于个人数据存储，固态盘则越来越多地应用于企业级数据存储）。

总体而言，数据量和存储设备容量二者之间是相辅相成、互相促进的。一方面，随着数据不断产生，需要存储的数据量不断增长，人们对存储设备的容量提出了更高的要求，促使存储设备生产商制造容量更大的产品以满足市场需求；另一方面，容量更大的存储设备进一步加快了数据量增长的速度。在存储设备价格高企的年代，由于成本问题，一些不必要或当时不能明显体现价值的数据往往会被丢弃，但是，随着单位存储空间价格的不断降低，人们开始倾向于把更多的数据保存起来，以期在未来某个时刻可以用更先进的数据分析工具从中挖掘价值。

2. CPU 处理能力大幅提升

CPU（中央处理器）处理能力的不断提升也是促使数据量不断增长的重要因素。CPU的性能不断提升，大大提高了处理数据的能力，使我们可以更快地处理不断累积的海量数据。从 20 世纪 70 年代至今，CPU 的制造工艺不断升级，单位面积内晶体管数目不断增加，运行频率不断提高，核心（core）数量逐渐增多，而用同等价格所能获得的 CPU 处理能力也呈几何级数上升。在过去的 50 多年里，CPU 的运行频率已经从 10 MHz 提高到 6 GHz。在 2013 年之前的很长一段时间里，CPU 处理性能的提高一直遵循摩尔定律，即芯片上集成的元件数量大约每 18 个月翻一番，性能大约每隔 18 个月提高一倍，价格下降一半。

3．网络带宽不断增加

1977 年，世界上第一个光纤通信系统在美国芝加哥投入商用，数据传输速率达到 45 Mbit/s，从此，人类社会的数据传输速率不断被刷新。进入 21 世纪，世界各国更是纷纷加大宽带网络建设力度，不断扩大网络覆盖范围，提高数据传输速率。以我国为例，截至 2024 年 4 月底，我国互联网宽带接入端口数量达 11.6 亿个，其中，光纤接入端口占互联网宽带接入端口的 96.6%，光缆线路总长度已达 6196 万千米。目前，移动通信 4G 基站数量已达 629 万个，我国 4G 网络的规模全球第一，并且 4G 的覆盖广度和深度也在快速发展。与此同时，我国正全面加速 5G 网络建设，截至 2024 年 5 月底，全国累计建成 5G 基站总数已达 383.7 万个，占全球 5G 基站总数的 60%，5G 移动电话用户达 9.05 亿户，5G 网络建设基础不断夯实。由此可以看出，在大数据时代，数据传输不再受制于网络发展初期的瓶颈。

1.1.3　数据产生方式的变革促成大数据时代的来临

通常，数据是我们通过观察、实验或计算得出的结果。数据和信息是两个不同的概念。信息是较为宏观的，它由数据的有序排列组合而成，传达某个概念、方法等；数据则是构成信息的基本单位，离散的数据几乎没有任何实用价值。

数据有很多种，比如数字、文字、图像、声音等。随着人类社会信息化进程的加快，在日常生产和生活中会产生大量的数据，比如商业网站、政务系统、零售系统、办公系统、自动化生产系统等，每时每刻都在产生数据。数据已经渗透到当今每一个行业和业务职能领域，成为重要的生产因素。从创新到所有决策，数据推动着企业的发展，并使得各级组织的运营更为高效。可以这样说，数据将成为每个企业获取核心竞争力的关键因素。数据资源已经和物质资源、人力资源一样成为国家的重要战略资源，影响着国家和社会的安全、稳定与发展，因此，数据也被称为"未来的石油"。

数据产生方式的变革，是促成大数据时代来临的重要因素。总体而言，人类社会的数据产生方式大致经历了 3 个阶段：运营式系统阶段、用户原创内容阶段和感知式系统阶段，如图 1-1 所示。

1．运营式系统阶段

人类社会最早大规模管理和使用数据，是从数据库的诞生开始的。大型零售超市销售系统、银行交易系统、股市交易系统、医院医疗系统、企业客户管理系统等大量运营式系统，都是建立在数据库基础之上的，数据库中保存了大量结构化的企业关键信息，用来满足企业的各种业务需求。在这个阶段，数据的产生方式是被动的，只有当实际的企业业务发生时，才会产生新的记录并被存入数据库。比如，对于股市交易系统而言，只有发生一笔股票交易时，才会有相关记录生成。

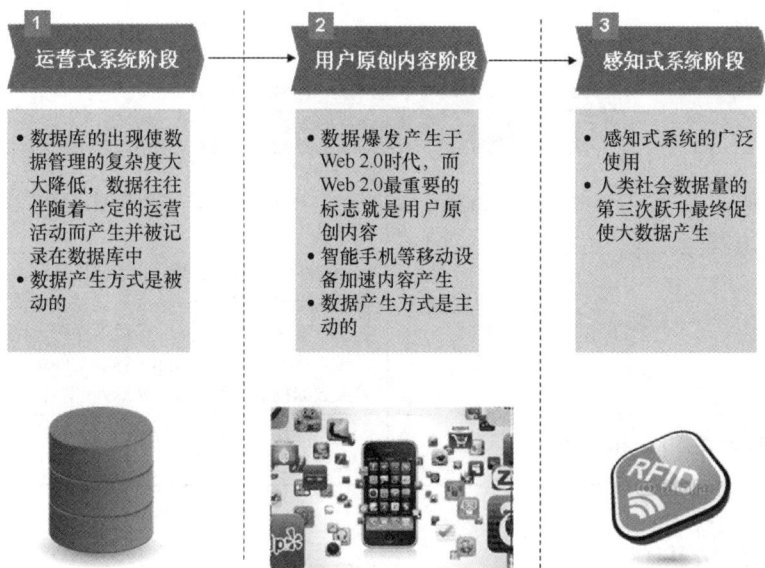

图 1-1　数据产生方式的变革

2. 用户原创内容阶段

互联网的出现，使得数据传播更加快捷，数据传播不需要借助磁盘、磁带等物理存储介质。网页的出现进一步加速了网络内容的产生，从而使得人类社会数据量开始呈现"井喷式"增长。但是，真正的互联网数据爆发产生于以"用户原创内容"为特征的 Web 2.0时代。Web 1.0 时代，主要以门户网站为代表，强调内容的组织与提供，大量上网用户本身并不参与内容的产生。而 Web 2.0 技术以微博、微信、抖音等应用所采用的自服务模式为主，强调自服务，大量上网用户本身就是内容的生成者，尤其是随着移动互联网和智能手机终端的普及，人们更是可以随时随地使用手机发微博、传照片等，数据量开始急剧增长。

3. 感知式系统阶段

物联网的发展促进了人类社会数据量的第三次跃升。物联网中包含大量传感器，如温度传感器、湿度传感器、压力传感器、位移传感器、光电传感器等，此外，视频监控摄像头也是物联网的重要组成部分。物联网中的这些设备，每时每刻都会自动产生大量数据，如图 1-2 所示。与 Web 2.0 时代的人工数据产生方式相比，物联网中的自动数据产生方式，将在短时间内生成更密集、更大量的数据，使得人类社会迅速步入大数据时代。

图 1-2　物联网设备每时每刻都会自动产生大量数据

1.1.4　大数据的发展历程

大数据的发展历程总体上可以划分为 3 个重要阶段：萌芽期、成熟期和大规模应用期，如表 1-2 所示。

表 1-2　大数据发展的 3 个重要阶段

阶段	时间	内容
第一阶段：萌芽期	20 世纪 90 年代到 21 世纪初	随着数据挖掘理论和数据库技术的逐步成熟，一批商业智能工具和知识管理技术开始被应用，如数据仓库、专家系统、知识管理系统等
第二阶段：成熟期	21 世纪前 10 年	Web 2.0 应用迅猛发展，非结构化数据大量产生，传统处理方法难以应对，促进了大数据技术的快速发展，大数据解决方案逐渐走向成熟，形成了并行计算与分布式系统两大核心技术，谷歌的 GFS（谷歌文件系统）和 MapReduce 等大数据技术受到追捧，Hadoop 平台开始盛行
第三阶段：大规模应用期	2010 年以后	大数据应用渗透到各行各业，数据驱动决策，信息社会智能化程度大幅提高

1.2　大数据的概念

随着大数据时代的到来，大数据成为互联网信息技术行业的流行词。关于"什么是大数据"这个问题，大家比较认可关于大数据的"4V"说法。大数据的 4 个"V"，或者说是大数据的 4 个特点，包含 4 个层面：数据量大（volume）、数据类型多（variety）、处理速度快（velocity）和价值密度低（value）。

1.2.1　数据量大

从数据量的角度而言，大数据泛指无法在可容忍的时间内用传统信息技术与软、硬件工具对其进行获取、管理和处理的巨量数据集合，需要可伸缩的计算体系结构以支持其存储、处理和分析。按照这个标准来衡量，很显然，目前的很多应用场景中所涉及的数据已经具备了大数据的特征。比如，微博、微信、抖音等应用平台的每天由网民发布的海量信息，属于大数据；再如，遍布我们工作和生活的各个角落的各种传感器与摄像头，每时每刻都在自动产生大量数据，这些数据也属于大数据。

根据咨询机构互联网数据中心（Internet Data Center，IDC）的估测，人类社会产生的数据一直都在以每年 50% 的速度增长，也就是说，大约每两年就增加一倍，这被称为"大数据摩尔定律"。这意味着，人类在最近两年产生的数据量相当于之前产生的全部数据量之和。IDC 预测，2025 年全球数据量将高达 175 ZB（数据存储单位之间的换算关系如表 1-3 所示），2030 年全球数据量将达到 2500 ZB。其中，我国的数据量增速最为迅猛，预计 2025 年将增至 48.6 ZB，占全球数据量的 27.8%，我国每年的数据量平均增长速度比全球的快 3%，我国将成为全球最大的数据圈。

表 1-3　数据存储单位之间的换算关系

单位	换算关系
B（byte，字节）	1 B=8 bit
KB（kilobyte，千字节）	1 KB=1024 B
MB（megabyte，兆字节）	1 MB=1024 KB

单位	换算关系
GB（gigabyte，吉字节）	1 GB=1024 MB
TB（terabyte，太字节）	1 TB=1024 GB
PB（petabyte，拍字节）	1 PB=1024 TB
EB（exabyte，艾字节）	1 EB=1024 PB
ZB（zettabyte，泽字节）	1 ZB=1024 EB

随着数据量的不断增加，数据所蕴含的价值会从量变发展到质变。比如，早期受到照相技术的制约，我们 1 分钟只能拍 1 张照片，随着照相设备的不断改进，处理速度越来越快，发展到后来，就可以 1 秒拍 1 张照片，而当发展到 1 秒可以拍 10 张照片以后，就产生了电影。当数量的增长实现质变时，就由一张照片变成了一部电影。同样的量变到质变过程，也发生在数据量的增加过程之中。比如，当数据量增加到一定的临界规模的时候，就出现了大模型（代表性产品包括 ChatGPT、百度文心一言等）。大模型基于人工智能算法和巨量的数据，发展出了一定程度的人类智能，深刻地变革了人类社会生产和生活的各个领域。

1.2.2　数据类型多

大数据的数据来源众多，科学研究、企业应用和 Web 应用等都在源源不断地生成新的类型繁多的数据。生物大数据、交通大数据、医疗大数据、电信大数据、电力大数据、金融大数据等，都呈现"井喷式"增长，所涉及的数据量巨大，已经从 TB 级别跃升到 PB 级别。各行各业，每时每刻都在生成各种不同类型的数据。

（1）消费者大数据。中国移动拥有超过 8 亿的用户，每日新增数据量达到 14 TB，累计存储量超过 300 PB；阿里巴巴月活跃用户超过 5 亿，单日新增数据量超过 50 TB，累计存储量超过数百 PB；百度月活跃用户近 7 亿，每日处理数据量达到 100 PB；腾讯月活跃用户超过 9 亿，每日新增数据量达数百 TB，总存储量达到数百 PB；京东每日新增数据量达到 1.5 PB；今日头条日活跃用户近 3000 万，每日处理数据量达到 7.8 PB；美团用户近 6亿，每日处理数据量超过 4.2 PB；滴滴打车用户超过 4.4 亿，每日新增轨迹数据量达到 70 TB，处理数据量超过 4.5 PB；我国共享单车市场，拥有近 2 亿用户，拥有超过 700 万辆自行车，每日骑行量超过 3000 万次，每日产生的数据量约 30 TB；携程旅行网每日线上访问量上亿次，每日新增数据量达到 400 TB，存储量超过 50 PB；小米公司的联网激活用户超过 3 亿，小米云服务数据量达到 200 PB。

（2）金融大数据。中国平安有约 8.8 亿用户的脸谱和信用信息，以及近 5000 万个声纹库；中国工商银行拥有约 5.5 亿个人用户，全行数据量超过 60 PB；中国建设银行用户超过 5 亿，手机银行用户达到 1.8 亿，网银用户超过 2 亿，数据存储量达到 100 PB；中国农业银行拥有约 5.5 亿个人用户，日处理数据量达到 1.5 TB，数据存储量超过 15 PB；中国银行拥有约 5 亿个人用户，手机银行用户达到 1.15 亿，电子渠道业务替代率达到 94%。

（3）医疗大数据。一个人拥有约 10^{14} 个细胞、3×10^9 个碱基对，一次全面的基因测序产生的个人数据量可以达到 100 GB～600 GB。华大基因公司 2017 年产生的数据量达到 1 EB。在医学影像中，一次 3D（三维）核磁共振检查可以产生约 150 MB 的数据（一张 CT 图像的数据约 150 MB）。2015 年，美国每家医院平均需要管理约 665 TB 的数据，个别医院年增数据量达到 PB 级别。

（4）城市大数据。一个 8 Mbit/s 的摄像头 1 小时产生的数据量是 3.6 GB，1 个月产生的数据量约为 2.59 TB。很多城市的摄像头多达几十万个，1 个月的数据量达到数百 PB，若保存 3 个月，则存储的数据量会达到 EB 级别。北京市政府部门数据总量，2011 年达到63 PB，2012 年达到 95 PB，2018 年达到数百 PB。全国政府大数据加起来为数百个甚至上千个阿里巴巴大数据的体量。

（5）工业大数据。Rolls Royce 公司对飞机引擎做一次仿真会产生数十 TB 的数据。一个汽轮机的扇叶在加工中就可以产生约 0.5 TB 的数据，扇叶生产每年会产生约 3PB 的数据，叶片运行每日产生约 588 GB 的数据。美国通用电气公司在出厂飞机的每个引擎上装了 20个传感器，每个引擎每飞行 1 小时能产生约 20 TB 的数据并通过卫星回传，使其每天可收集 PB 级的数据。清华大学与金风科技共建风电大数据平台，2 万台风机年运维数据量约为120 PB。

综上所述，大数据的数据类型非常丰富，但是，总体而言可以分为三大类，即结构化数据、半结构化数据和非结构化数据。其中，结构化数据占 10%左右，主要是指存储在关系数据库中的数据；后二者占 90%左右，种类繁多，主要包括邮件、音频、视频、位置信息、链接信息、手机呼叫信息、网络日志等。

类型如此多的异构数据，对数据处理和分析技术提出了新的挑战，也带来了新的机遇。传统数据主要存储在关系数据库中，但是，在 Web 2.0 等应用领域中，越来越多的数据开始被存储在 NoSQL（非关系型数据库）中，这就必然要求在集成的过程中进行数据转换，而这种转换的过程是非常复杂和难以管理的。传统的联机分析处理（online analytical processing，OLAP）和商务智能工具大都面向结构化数据，而在大数据时代，用户友好的、支持非结构化数据分析的商业软件将迎来广阔的市场空间。

1.2.3 处理速度快

在大数据时代，数据的产生速度非常快。在 Web 2.0 应用领域，在 1 分钟内，新浪微博可以产生 2 万条微博数据，推特可以产生 10 万条推文数据，苹果可以产生下载 4.7 万次应用的数据，淘宝可以产生卖出 6 万件商品的数据，百度可以产生 90 万次搜索查询的数据。大名鼎鼎的大型强子对撞机（large hadron collider，LHC），大约每秒产生 6 亿次的碰撞，每秒生成约 700 MB 的数据，同时有成千上万台计算机在分析这些碰撞数据。

大数据时代的很多应用都需要基于快速生成的数据给出实时分析结果，用于指导生产和生活实践。因此，数据处理和分析的速度通常要达到秒级响应，这一点和传统的数据挖掘技术有着本质的区别，后者通常不要求给出实时分析结果。

1.2.4 价值密度低

大数据虽然看起来很"美"，但是其数据价值密度远远低于传统关系数据库中的数据。在大数据时代，很多有价值的信息都是分散在海量数据中的。以小区监控视频为例，如果没有意外事件发生，连续不断产生的数据几乎是没有价值的，当发生偷盗等意外情况时，也只有记录了事件过程的那一小段视频有价值。但是，为了能够获得发生偷盗等意外情况时的那一段宝贵的视频，我们不得不投入大量资金购买监控设备、网络设备、存储设备，耗费大量的电能和存储空间来保存摄像头连续不断传来的监控数据。

如果这个实例还不够典型，那么我们可以想象另一个更大的场景。假设一个电子商务网站希望通过微博数据进行有针对性的营销，为了达到这个目的，就必须构建一个能存储和分析新浪微博数据的大数据平台，使之能够根据用户微博内容进行有针对性的商品需求趋势预测。愿景很美好，但是现实代价很大，这可能需要耗费几百万元构建整个大数据团队和平台，而最终带来的企业销售利润增加额可能会比投入低许多。从这点来说，大数据的价值密度是较低的。

1.3 大数据的影响

大数据对科学研究、思维方式和就业市场等都具有重要而深远的影响。在科学研究方面，大数据使人类科学研究在经历了实验科学、理论科学、计算科学3种范式之后，迎来了第4种范式——数据密集型科学；在思维方式方面，大数据具有"全样而非抽样、效率而非精确、相关而非因果"三大显著特征，完全颠覆了传统的思维方式；在就业市场方面，大数据的兴起使得数据科学家成为热门人才。

1.3.1 大数据对科学研究的影响

图灵奖获得者、著名数据库专家吉姆·格雷（Jim Gray）博士观察并总结，人类自古以来在科学研究上先后历经了实验科学、理论科学、计算科学和数据密集型科学4种范式（见图1-3），具体如下。

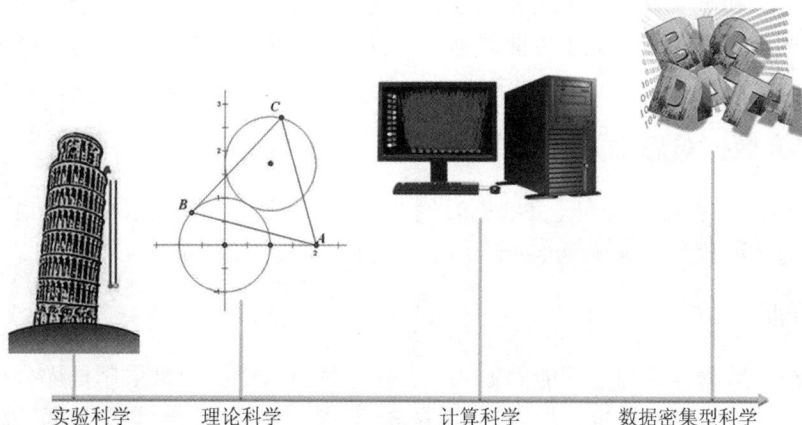

图1-3 科学研究的4种范式

1. 第1种范式：实验科学

在最初的科学研究阶段，人类采用实验来解决一些科学问题，著名的比萨斜塔实验就是一个典型实例。1589年，伽利略在比萨斜塔上做了"两个铁球同时落地"的实验，得出了质量不同的两个铁球同时落地的结论，从此推翻了亚里士多德"物体下落速度和质量成比例"的学说，纠正了这个持续了约1900年的错误结论。

2. 第2种范式：理论科学

实验科学的研究会受到当时实验条件的限制，难以完成对自然现象的更精确的理解。

随着科学的进步，人类开始采用数学、几何、物理等理论，构建问题模型和寻找解决方案。比如牛顿第一定律、牛顿第二定律、牛顿第三定律构成了牛顿经典力学的完整体系，奠定了经典力学的概念基础，其广泛传播和运用对人们的生活与思想产生了重大影响，在很大程度上推动了人类社会的发展。

3．第 3 种范式：计算科学

1946 年，随着人类历史上第一台通用电子计算机 ENIAC 的诞生，人类社会开始步入计算机时代，科学研究也进入一个以"计算"为中心的全新时期。在实际应用中，计算科学主要用于对各个科学问题进行计算机模拟和其他形式的计算。通过设计算法并编写相应程序给计算机运行，人类得以借助计算机的强大运算能力去解决各种问题。计算机具有存储容量大、运算速度快、精度高、可重复执行等特点，是科学研究的利器，推动了人类社会的飞速发展。

4．第 4 种范式：数据密集型科学

随着数据的不断累积，其宝贵价值日益突出，物联网和云计算的出现，更是促成了事物发展从量到质的转变，使人类社会开启了全新的大数据时代。如今，计算机不仅能进行模拟仿真，还能进行分析总结，得到理论。在大数据环境下，一切都以数据为中心，从数据中发现问题、解决问题，真正体现数据的价值。大数据成为科学工作者的宝藏，从数据中可以挖掘未知模式和有价值的信息，使其服务于生产和生活，推动科技创新和社会进步。虽然第 3 种范式和第 4 种范式都是利用计算机进行计算，但是二者还是有本质的区别的。在第 3 种范式中，一般是先提出可能的理论，再搜集数据，然后通过计算来验证。而对于第 4 种范式，是先有了大量已知的数据，然后通过计算得出之前未知的理论。

1.3.2 大数据对思维方式的影响

维克托·迈尔-舍恩伯格在《大数据时代》一书中明确指出，大数据时代最大的转变就是思维方式的 3 种转变：全样而非抽样、效率而非精确、相关而非因果。

1．全样而非抽样

过去，由于数据存储和处理能力的限制，在科学分析中，通常采用抽样分析方法，即从全集数据中抽取一部分样本数据，通过对样本数据的分析来推断全集数据的总体特征。通常，样本数据的规模要比全集数据的小很多，因此，可以在可控的代价内实现数据分析的目的。现在，我们已经迎来大数据时代，大数据技术的核心就是海量数据的存储和处理，分布式文件系统和分布式数据库技术提供了理论上近乎无限的数据存储能力，分布式并行编程框架 MapReduce 提供了强大的海量数据并行处理能力。因此，有了大数据技术的支持，科学分析完全可以直接针对全集数据而不是抽样数据，并且可以在短时间内得到分析结果，速度之快超乎我们的想象。

2．效率而非精确

过去，我们在科学分析中采用抽样分析方法，就必须追求分析方法的精确性，因为抽样分析是针对部分样本的分析，其分析结果被应用到全集数据以后，误差会被放大。这就

意味着，抽样分析的微小误差在全集数据中可能变成一个很大的误差。因此，为了保证误差被放大后仍然处于可以接受的范围，就必须确保抽样分析结果的精确性。正是这个原因，传统的数据分析方法往往更加注重提高算法的精确性，其次才是提高算法效率。现在，大数据时代采用全样分析而不是抽样分析，全样分析结果就不存在误差被放大的问题。因此，追求高精确性已经不是首要目标。相反，大数据时代数据分析具有"秒级响应"的特征，要求在几秒内就给出针对海量数据的实时分析结果，否则会丧失数据的价值，因此，数据分析的效率成为人们关注的核心。

3．相关而非因果

过去，数据分析的目的有两方面：一方面是解释事物背后的发展机理，比如，一个大型超市在某个地区的连锁店在某个时期内净利润下降很多，这就需要 IT 部门对相关销售数据进行详细分析，找出产生该问题的原因；另一方面是预测未来可能发生的事件，比如，通过实时分析微博数据，当发现人们对雾霾的讨论明显增加时，就可以建议销售部门增加口罩的进货量，因为人们关注雾霾的一个直接结果是，大家会想要购买口罩来保护自己的身体。不管是哪个目的，都反映了一种"因果关系"。但是，在大数据时代，因果关系不再那么重要，人们转而追求"相关性"而非"因果性"。比如，在淘宝购物时，当我们购买了一个汽车防盗锁以后，淘宝还会自动提示，与你购买相同物品的其他客户还购买了汽车坐垫。也就是说，淘宝只会告诉我们"购买汽车防盗锁"和"购买汽车坐垫"之间存在相关性，但是并不会告诉我们为什么其他客户购买了汽车防盗锁以后还会购买汽车坐垫。

1.3.3 大数据对就业市场的影响

大数据的兴起使得数据科学家成为热门职业。2010 年，在高科技劳动力市场上还很难见到数据科学家的头衔，但此后，数据科学家逐渐发展为市场上非常热门的职业之一。大数据具有广阔的发展前景，并代表着未来的发展方向。

互联网企业和零售、金融类企业都在积极争夺大数据人才，数据科学家成为大数据时代最紧缺的人才。国内有大数据专家估算过，目前国内的大数据人才缺口约 130 万。

目前，我国用户还主要局限在结构化数据分析方面，尚未进入通过对半结构化和非结构化数据进行分析、捕捉新的市场空间的阶段。但是，大数据中包含大量的非结构化数据，未来将产生大量针对非结构化数据进行分析的市场需求，并且，随着数据科学家给企业所带来的商业价值的增长，市场对数据科学家的需求会日益增加。

大数据产业是战略性新兴产业和知识密集型产业，大数据企业对大数据高端人才和复合人才的需求十分旺盛。各企业除了追求大数据人才的数量之外，为加强自身技术和竞争实力，企业对大数据人才的质量提出了更高的要求，拥有数据架构、数据挖掘与分析、产品设计等专业技能的大数据人才备受企业关注，供不应求。企业调研结果显示，大数据人才需求岗位 TOP10 的需求度为 31.1%～68.9%，其中大数据架构师成为大数据相关企业需求最大的岗位，68.9%的企业需要这类人才；大数据工程师、数据产品经理、系统研发人员的需求企业数均超过一半。大数据人才需求岗位 TOP10 中的其他岗位分别为数据分析师、应用开发人员、数据科学家、机器学习工程师、数据挖掘分析师、数据建模师等。

1.4 大数据的应用

大数据价值创造的关键在于大数据的应用。随着大数据技术的飞速发展，大数据应用已经融入各行各业，大数据应用的层次也在不断深化。

1.4.1 大数据在各个领域的应用

"数据，正在改变甚至颠覆我们所处的整个时代"——《大数据时代》一书的作者维克托·迈尔-舍恩伯格教授发出如此感慨。发展到今天，大数据已经无处不在，制造、金融、汽车、互联网、餐饮、电信、能源、物流、城市管理、生物医学、体育和娱乐等在内的社会各个行业都已经融入了大数据技术。表 1-4 所示是大数据在各个领域的应用情况。

表 1-4 大数据在各个领域的应用情况

领域	大数据的应用
制造	利用工业大数据提升制造业水平，包括产品故障诊断与预测、工艺流程分析、生产工艺改进、生产过程优化、工业供应链分析与优化、生产计划制订与排程
金融	大数据在高频交易、社交情绪分析和信贷风险分析等三大金融创新领域发挥了重要作用
汽车	利用大数据和物联网技术实现的无人驾驶汽车，逐步走进我们的日常生活
互联网	借助大数据技术，可以分析客户行为，进行商品推荐和有针对性的广告投放
餐饮	利用大数据实现餐饮 O2O（线上线下商务）模式，可彻底改变传统餐饮经营方式
电信	利用大数据技术实现客户离网分析，及时掌握客户离网倾向，制订客户挽留措施
能源	随着智能电网的发展，电力公司可以掌握海量的用户用电信息，利用大数据技术分析用户用电模式，可以改进电网运行，合理地设计电力需求响应系统，确保电网运行安全
物流	利用大数据优化物流网络，提高物流效率，降低物流成本
城市管理	利用大数据实现智能交通、环保监测、城市规划和智能安防
生物医学	大数据可以帮助我们实现流行病预测、智慧医疗、健康管理，还可以帮助我们解读 DNA（脱氧核糖核酸），了解更多的生命奥秘
体育和娱乐	大数据可以帮助我们训练球队，预测比赛结果，以及决定投拍哪种题材的影视作品
安全	政府可以利用大数据技术构建起强大的国家安全保障体系，企业可以利用大数据抵御网络攻击，警察可以借助大数据预防犯罪
个人生活	大数据还可以应用于个人生活，利用与每个人相关联的"个人大数据"，分析个人生活行为习惯，为其提供更加周到的个性化服务

就企业而言，其掌握的大数据是经济价值的源泉。较为常见的是，一些公司已经把商业活动的每一个环节都建立在数据收集、分析之上，尤其是在营销活动中。eBay 公司通过数据分析计算出广告中每一个关键字为公司带来的回报，以进行精准的定位营销，优化广告投放策略。从 2007 年以来，eBay 产品的广告费缩减了 99%，而顶级卖家的销售额在总销售额中上升至 32%。淘宝通过挖掘、处理用户浏览页面数据和购买记录数据，为用户提供个性化建议并推荐新的产品，以达到提高销售额的目的。还有的企业利用大数据分析研判市场形势，部署经营战略，开发新的技术和产品，以期迅速占领市场制高点。大数据宛如一股"洪流"注入世界经济，成为全球各个经济领域的重要组成部分。

就政府而言，大数据的发展将提高政府科学决策水平，将政府传统的"拍脑袋"式决策，变为用数据说话。政府可以利用大数据分析社会、经济、人文生活等规律，为国家宏观调控、战略决策、产业布局等提供决策依据；通过大数据分析社会公众和企业的行为，可以提高政府的公共服务水平；采用大数据技术，还可实现城市管理由粗放式向精细化转变，提高政府的社会管理水平。在政治活动领域，大数据也翩然而至。美国大选期间，奥巴马团队创新性地将大数据应用到总统大选中，在锁定目标选民、筹集竞选经费、督促选民投票等各个环节，大数据都发挥了至关重要的作用，帮助奥巴马成功当选美国总统。

在医疗领域，大数据也有不俗的表现。医院通过分析用监测器采集的数百万个新生儿重症监护病房的数据，可以从体温升高、心率加快等因素中，研判新生儿是否存在感染潜在致命性或传染性疾病的可能，为下一步做好预防和应对措施奠定基础，因为这些早期的疾病症状，并不是经验丰富的医生通过巡视、查房就可以发现的。华盛顿中心医院为减少患者感染率和再入院率，对病人多年来的匿名医疗记录，如检查、诊断、治疗资料、人口统计资料等进行了统计分析，发现对病人出院后进行心理治疗方面的医学干预，可能更有利于其身体健康。

此外，大数据也悄然地影响着运动场上的较量。2014 年巴西"世界杯"比赛中，大数据成为德国队夺冠的秘密武器。美国媒体评论称，"大数据"堪称德国队的"第十二人"。德国队不仅通过大数据来分析自己球员的特色和优势，优化团队配置，提升球队作战能力，还通过分析对手的技术数据，确定相应的战略战术，寻找在世界杯比赛中的制胜方式。

总而言之，大数据的身影无处不在，时时刻刻地在影响和改变我们的生活与我们理解世界的方式。

1.4.2　大数据应用的 3 个层次

按照数据开发应用深入程度的不同，我们可将众多的大数据应用分为 3 个层次。

第一层，描述性分析应用，是指从大数据中总结、抽取相关的信息和知识，帮助人们分析发生了什么，并呈现事物的发展历程。如美国的 DOMO 公司从其企业客户的各个信息系统中抽取、整合数据，再以统计图表等可视化形式，将数据蕴含的信息推送给不同岗位的业务人员和管理者，帮助他们更好地了解企业现状，进而做出判断和决策。

第二层，预测性分析应用，是指从大数据中分析事物之间的关联关系、发展模式等，并据此对事物发展的趋势进行预测。如微软公司纽约研究院研究员戴维·罗斯柴尔德（David Rothschild）通过收集和分析证券交易所、社交媒体用户发布的帖子等大量公开数据，建立预测模型，对多届奥斯卡奖项的归属进行预测。2013 年，该模型准确预测了奥斯卡 24 个奖项中的 21 个。

第三层，指导性分析应用，是指在前两个层次的基础上，分析不同决策将导致的后果，并对决策进行指导和优化。如无人驾驶汽车分析高精度地图数据和海量的激光雷达、摄像头等传感器的实时感知数据，对车辆不同驾驶行为的后果进行预判，并据此指导车辆的自动驾驶。

当前，在大数据应用的实践中，描述性分析应用、预测性分析应用较多，指导性分析应用等更深层次的分析应用偏少。

一般而言，人们做出决策的流程包括认知现状、预测未来和选择策略这 3 个基本步骤。这些步骤也对应了上述大数据分析应用的 3 个不同层次。不同层次的应用意味着人类和计算机在决策流程中的不同分工和协作。例如，第一层的描述性分析应用中，计算机仅负责将与现状相关的信息和知识展现给人类专家，而对未来态势的判断及对最优策略的选择仍然由人类专家完成。应用层次越深，计算机承担的任务越多、越复杂，效率提升也越大，价值也越大。然而，随着研究应用的不断深入，人们逐渐意识到前期在大数据分析应用中大放异彩的深度神经网络尚存在基础理论不完善、模型不具可解释性、稳健性较差等问题。因此，虽然应用层次最深的指导性分析应用，当前已在人机博弈等领域取得较好的应用效果，但是，在自动驾驶、政府决策、军事指挥、医疗健康等领域的应用价值更高，且与人类生命、财产、发展和安全等紧密关联的领域，要真正获得有效应用仍面临一系列待解决的重大基础理论问题和核心技术挑战，大数据应用仍处于初级阶段。

未来，随着应用领域的拓展、技术的提升、数据共享开放机制的完善，以及产业生态的成熟，具有更大潜在价值的预测性分析应用和指导性分析应用将是发展的重点。

1.5 大数据关键技术

当人们谈到大数据时，往往不是仅指数据本身，而是数据和大数据技术这二者的综合。所谓大数据技术，是指伴随大数据的采集、存储、分析和结果呈现的相关技术，是使用非传统的工具来对大量的结构化、半结构化和非结构化的数据进行处理，从而获得分析和预测结果的一系列数据处理和分析技术。

讨论大数据技术时，需要先了解大数据的基本处理流程，主要包括数据采集、存储、分析和结果呈现等环节。数据无处不在，互联网网站、政务系统、零售系统、办公系统、自动化生产系统、监控摄像头、传感器等，每时每刻都在产生数据。这些分散在各处的数据，需要采用相应的设备或软件进行采集。采集到的数据通常无法直接用于后续的数据分析，因为对于来源众多、类型多样的数据而言，数据缺失和语义模糊等问题是不可避免的，所以必须采取相应措施有效解决这些问题，这就需要一个被称为"数据预处理"的过程，把数据变成一个可用的状态。数据经过预处理以后，会被存放到文件系统或数据库系统中进行存储与管理，然后采用数据挖掘工具对数据进行处理与分析，最后利用可视化工具为用户呈现结果。在整个数据处理过程中，还必须注意数据安全和隐私保护问题。

因此，从数据分析全流程的角度，大数据技术主要包括数据采集与预处理、数据存储与管理、数据处理与分析、数据安全与隐私保护等几个层面的内容，如表1-5所示。

表1-5　大数据技术的不同层面及其功能

大数据技术层面	功能
数据采集与预处理	利用 ETL 工具将分布在异构数据源中的数据，如关系数据、平面数据等，抽取到临时中间层后进行清洗、转换、集成，最后加载到数据仓库或数据集中，成为联机分析处理、数据挖掘的基础；也可以利用日志采集工具（如 Flume、Kafka 等）把实时采集的数据作为流计算系统的输入，进行实时处理分析
数据存储与管理	利用分布式文件系统、数据仓库、关系数据库、NoSQL 数据库、云数据库等，实现对结构化、半结构化和非结构化海量数据的存储和管理
数据处理与分析	利用分布式并行编程模型和计算框架（如 MapReduce、Spark 和 Flink 等），结合机器学习和数据挖掘算法，实现对海量数据的处理和分析；对分析结果进行可视化呈现，帮助人们更好地理解数据、分析数据
数据安全与隐私保护	在从大数据中挖掘潜在的巨大商业价值和学术价值的同时，构建数据安全体系和隐私数据保护体系，有效保护数据安全和个人隐私

需要指出的是，大数据技术是许多技术的集合，这些技术并非全部都是新生事物，如关系数据库、数据仓库、数据采集、ETL、OLAP、数据挖掘、数据隐私和安全、数据可视化等技术是已经发展了多年的技术，在大数据时代得到不断补充、完善、提高后又有了新的升华，也可以将这些技术视为大数据技术的一个组成部分。对于这些技术，本书重点阐述近些年新发展起来的大数据核心技术，包括分布式并行编程、分布式文件系统 HDFS、分布式数据库 HBase、分布式数据库 NoSQL、流计算等。

1.6 大数据计算模式

MapReduce 是非常受欢迎的大数据处理技术，当人们提到大数据时就会很自然地想到 MapReduce，可见其影响力之大。实际上，大数据处理的问题复杂、多样，单一的计算模式是无法满足不同类型的计算需求的，MapReduce 其实只是大数据计算模式中的一种，它代表了针对大规模数据的批量处理技术，除此以外，还有批处理计算、流计算、图计算、查询分析计算等多种大数据计算模式，如表 1-6 所示。

表 1-6   大数据计算模式及其代表产品

大数据计算模式	解决问题	代表产品
批处理计算	针对大规模数据的批量处理	MapReduce、Spark 等
流计算	针对流数据的实时计算	Flink、Storm、S4、Flume、Streams、Puma、DStream、Super Mario、银河流数据处理平台等
图计算	针对大规模图结构数据的处理	Pregel、Spark GraphX、Giraph、PowerGraph、Hama、Golden Orb 等
查询分析计算	大规模数据的存储管理和查询分析	Dremel、Hive、Cassandra、Impala 等

1.6.1   批处理计算

批处理计算主要针对大规模数据的批量处理，也是日常数据分析工作中非常常见的一类数据处理需求。MapReduce 是非常具有代表性和影响力的大数据批处理技术，可以用于大规模数据集（大于 1 TB）的并行运算。MapReduce 极大地方便了分布式编程工作，它将复杂的、运行于大规模集群上的并行计算过程高度地抽象为两个函数——Map 和 Reduce，编程人员在不会分布式并行编程的情况下，也可以很容易地将自己的程序运行在分布式系统上，完成对海量数据集的计算。

Spark 是一个针对超大数据集合的低延迟的集群分布式计算系统，比 MapReduce 快许多。Spark 启用了内存分布数据集，除了能够提供交互式查询外，还可以优化、迭代工作负载。在 MapReduce 中，数据从一个稳定的来源流入后进行一系列加工处理，流出到一个稳定的文件系统（如 HDFS）。而 Spark 使用内存替代 HDFS 或本地磁盘来存储中间结果，因此，Spark 要比 MapReduce 快许多。

1.6.2   流计算

流数据也是大数据分析中的重要数据类型。流数据（或数据流）是指在时间分布和数量上无限的一系列动态数据集合，数据的价值随着时间的流逝而降低，因此必须采用实时计算的方式给出秒级响应。流计算可以实时处理来自不同数据源的、连续到达的流数据，经过实时分析处理，给出有价值的分析结果。目前业内已涌现出许多的流计算框架与平台：第一类是商业级的流计算平台，包括 IBM InfoSphere Streams 和 IBM StreamBase 等；第二类是开源流计算框架，包括 Twitter Storm、Yahoo! S4（Simple Scalable Streaming System）、Spark Streaming、Structured Streaming、Flink 等；第三类是公司为支持自身业务开发的流计算框架，如百度开发的通用实时流数据计算系统 DStream，淘宝开发的通用流数据实时计算系统——银河流数据处理平台。

1.6.3 图计算

在大数据时代，许多大数据都是以大规模图或网络的形式呈现的，如社交网络、传染病传播途径、交通事故对路网的影响等数据。此外，许多非图结构的大数据也常常会被转换为图模型后再进行处理分析。MapReduce 作为单输入、两阶段、粗粒度数据并行的分布式计算框架，在表达多迭代、稀疏结构和细粒度数据时，往往显得力不从心，不适合用来解决大规模图计算问题。因此，针对大型图的计算，需要采用图计算模式，目前已经出现了不少相关图计算产品。比如谷歌公司的 Pregel 就是一个用于分布式图计算的框架，主要用于 PageRank 计算、最短路径和图遍历等。其他代表性的图计算产品有 Spark 生态系统中的 GraphX、Flink 生态系统中的 Gelly、图数据处理系统 PowerGraph 等。

1.6.4 查询分析计算

针对超大规模数据的存储管理和查询分析，需要提供实时或准实时的响应，才能很好地满足企业经营管理需求。谷歌公司开发的 Dremel 是一种可扩展的、交互式的实时查询系统，用于只读嵌套数据的分析。通过结合多级树状执行过程和列式数据结构，它能在几秒内完成对万亿张表的聚合查询。系统可以扩展到成千上万的 CPU 上，满足谷歌上万用户操作 PB 级数据的需求，并且可以在 2～3 s 内完成 PB 级别数据的查询。此外，Cloudera 公司参考 Dremel 系统开发了实时查询引擎 Impala，它提供结构化查询语言（structure query language，SQL）语义，能快速查询存储在 Hadoop 的 HDFS 和 HBase 中的 PB 级大数据。

1.7 大数据产业

大数据产业是指一切与支撑大数据组织管理和价值发现相关的企业经济活动的集合。大数据产业包括 IT 基础设施层、数据源层、数据管理层、数据分析层、数据平台层和数据应用层等，各层及其包含的内容如表 1-7 所示。

表 1-7 大数据产业的各层及其包含的内容

产业层	包含的内容
IT 基础设施层	包括提供硬件、软件、网络等基础设施的企业以及提供咨询、规划和系统集成服务的企业，比如，提供数据中心解决方案的 IBM、惠普和戴尔等，提供存储解决方案的 EMC，提供虚拟化管理软件的微软、Citrix、SUN、RedHat 等
数据源层	大数据生态圈里的数据提供者，是生物（生物信息学领域的各类研究机构等）大数据、交通（交通主管部门等）大数据、医疗（各大医院、体检机构等）大数据、政务（政府部门等）大数据、电商（淘宝、天猫、苏宁易购、京东等）大数据、社交网络（微博、微信等）大数据、搜索引擎（百度、谷歌等）大数据等的来源

产业层	包含的内容
数据管理层	包括提供数据抽取、转换、存储和管理等服务的各类企业或产品，如分布式文件系统（如 Hadoop 的 HDFS 和谷歌的 GFS）、ETL 工具（Informatica、DataStage、Kettle 等）、数据库和数据仓库（Oracle、MySQL、SQL Server、HBase、GreenPlum 等）
数据分析层	包括提供分布式计算、数据挖掘、统计分析等服务的各类企业或产品，如分布式计算框架 MapReduce、统计分析软件 SPSS 和 SAS、数据挖掘工具 Weka、数据可视化工具 Tableau、商务智能（business intelligence，BI）工具（MicroStrategy、Cognos、BO）等
数据平台层	包括提供数据分享平台、数据分析平台、数据租售平台等服务的企业或产品，如阿里巴巴、谷歌、中国电信、百度等
数据应用层	提供智能交通、智慧医疗、智能物流、智能电网等行业应用的企业、机构或政府部门，如交通主管部门、各大医疗机构、菜鸟网络、国家电网等

目前，我国已形成中西部地区、环渤海地区、珠三角地区、长三角地区、东北地区 5 个大数据产业区。在政府管理、工业升级转型、金融创新、医疗保健等领域，大数据行业的应用已逐步深入。一些地方政府也在积极尝试以"大数据产业园"为依托，加快发展本地的大数据产业。大数据产业园是大数据产业的聚集区或大数据技术的产业化项目孵化区，是大数据企业的孵化平台以及大数据企业走向产业化道路的集中区域。2015 年，国家将大数据产业提升至重点战略地位，经过几年的迅猛发展，各地方积极建设了一批大数据产业园，这些大数据产业园是重要的大数据产业集聚区和区域创新中心，能够为新经济、新动能的培养提供优质土壤，支撑本地大数据产业高质量发展。从园区分布区域来看，我国大数据产业园发展水平与所在地区信息技术产业发展水平直接相关。华东、中南地区大数据产业园数量多、种类丰富，特别是湖南、河南，均拥有 10 余个大数据产业园；华北、西南地区大数据产业园数量相对较少，其中，内蒙古、重庆和贵州作为国家大数据综合实验区，积极布局大数据产业园区，产业园数量相对较多；西北、东北地区在大数据园区建设方面发力不足，仍有较大的进步空间，其中，西北地区的甘肃与宁夏作为"东数西算"工程的国家枢纽节点，有望以数据流引导物资流、人才流、技术流、资金流在甘肃和宁夏集聚，带动该区域大数据产业园区的建设和发展。从园区种类来看，一些地区立足错位发展，建设了一批特色突出的大数据产业园，健康医疗大数据产业园、地理空间大数据产业园、先进制造业大数据产业园等开始涌现，引领大数据产业园特色化创新发展，其中，江苏、山东、安徽、福建等省均建设了健康医疗大数据产业园。

经过多年的建设与发展，国内涌现出一批具有代表性的大数据产业园区。陕西西咸新区沣西新城在信息产业园中规划了国内首个以大数据处理与服务为特色的产业园区。贵州贵安新区是南方数据中心核心区和全国大数据产业集聚区，贵安新区电子信息产业园是贵安新区发展大数据的重要载体，优先发展以大数据为重点的新一代电子信息产业技术；为解决人才难题，园区开设了华为大数据学院，实现企业化运营管理，为贵安新区培训、输送大批大数据产业技能人才。北京中关村大数据产业园已经成为大数据产业的集聚区，构建了完善的大数据产业链，覆盖大数据产业的各个环节，在数据源、数据采集、数据处理、数据存储、数据分析、数据可视化、数据应用和数据安全等产业链的不同环节，均有相应的企业在从事数据研究与市场开发。重庆仙桃数据谷，主要布局大数据、人工智能、物联网等前沿产业，致力于打造具有国际影响力的中国大数据产业生态谷。盐城大数据产业园是江苏省唯一一个省市合作建设的国家级大数据产业基地，已被纳入江苏省互联网经济、云计算和大数据产业发展的总体规划，是中韩产业园的重要组成部分。广东佛山市南海区大数据产业园，以"互联网+大数据+特色园区"为发展模式，积极引入大数据产业项目，承接北上广深大数据产业转移，培育大数据孵化项目。位于福建省泉州市安溪县龙门镇的中国国际信息技术（福建）产业园（见图1-4），是福建省第一个大数据产业园区，致力于构建以国际最高等级第三方数据中心为核心，以信息技术服务外包为主的绿色生态产业链，打造集数据中心、安全管理、云服务、电子商务、数字金融、信息技术教育、国际交流、投融资环境等功能为一体，覆盖福建、辐射海西的国际一流高科技信息技术产业园区。

图1-4　中国国际信息技术（福建）产业园

1.8　大数据与云计算、物联网、人工智能

大数据、云计算、物联网、人工智能代表了IT领域最新的技术发展趋势，四者相辅相成，既有关系又有区别。为了更好地理解四者之间的紧密关系，下面首先简要介绍云计算、物联网、人工智能的概念，再分析大数据与云计算、物联网、人工智能的区别与关系。

1.8.1　云计算

1．云计算的概念

云计算实现了通过网络提供可伸缩的、廉价的分布式计算能力，用户只需要在具备网络接入条件的地方，就可以随时随地获得所需的各种IT资源。云计算代表了以虚拟化技术为核心的、以低成本为目标的、动态可扩展的网络应用基础设施，是近年来最有代表性的网络计算技术与模式。

云计算包括3种典型的服务模式（见图1-5），即基础设施即服务（infrastructure as a service，IaaS）、平台即服务（platform as a service，PaaS）和软件即服务（software as a service，SaaS）。IaaS将基础设施（计算资源和存储资源）作为服务出租，PaaS把平台作为服务出租，SaaS把软件作为服务出租。

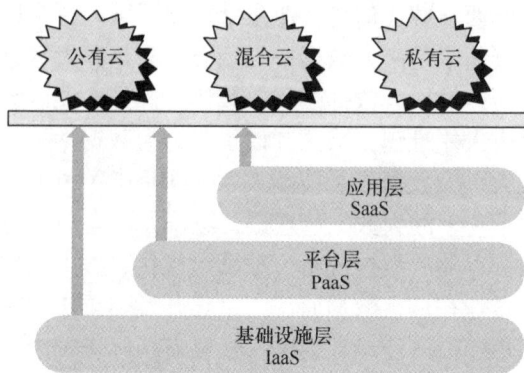

图1-5　云计算的服务模式和类型

云计算包括公有云、私有云和混合云 3 种类型（见图 1-5）。公有云面向所有用户提供服务，只要是注册用户就可以使用，比如阿里云和亚马逊云；私有云只为特定用户提供服务，比如大型企业出于安全考虑自建的云环境，只为企业内部提供服务；混合云综合了公有云和私有云的特点，因为对于一些企业而言，一方面出于安全考虑需要把数据放在私有云中，另一方面又希望可以获得公有云的计算资源，为了获得最佳的效果，可以把公有云和私有云进行混合搭配使用。

可以采用云计算管理软件来构建云环境（公有云或私有云），OpenStack 就是一种非常流行的构建云环境的开源软件。OpenStack 管理的资源不是单机的而是一个分布的系统，它把分布的计算、存储、网络、设备等资源组织起来，形成一个完整的云计算系统，帮助服务商和企业内部实现类似于 Amazon EC2 和 Amazon S3 的云基础架构服务。

2．云计算的关键技术

云计算的关键技术包括虚拟化、分布式存储、分布式计算、多租户等。

（1）虚拟化

虚拟化技术是云计算基础架构的基石，是指将一台计算机虚拟为多台逻辑计算机，在一台计算机上同时运行多台逻辑计算机，每台逻辑计算机可运行不同的操作系统，并且应用程序都可以在相互独立的空间内运行而互不影响，从而显著提高计算机的工作效率。

虚拟化的资源可以是硬件（如服务器、磁盘和网络等），也可以是软件。以服务器虚拟化为例，它将服务器物理资源抽象成逻辑资源，让一台服务器变成几台甚至上百台相互隔离的虚拟服务器，不再受限于物理上的界限，让 CPU、内存、磁盘、I/O 等硬件变成可以动态管理的"资源池"，从而提高资源的利用率，简化系统管理，实现服务器整合，让 IT 对业务的变化更具适应力。

Hyper-V、VMware、KVM、VirtualBox、Xen、QEMU 等都是非常典型的虚拟化平台。Hyper-V 是微软公司的一款虚拟化产品，旨在为用户提供效益更高的虚拟化基础设施软件，帮助用户降低运作成本、提高硬件利用率、优化基础设施、提高服务器的可用性。VMware 是全球桌面大数据中心虚拟化解决方案的领导厂商。

近年来发展起来的容器技术（如 Docker），是不同于 VMware 等传统虚拟化技术的一种新型的轻量级虚拟化技术（也被称为容器型虚拟化技术）。与 VMware 等传统虚拟化技术相比，Docker 具有启动速度快、资源利用率高、开销小等优点，受到业界青睐，并得到了越来越广泛的应用。

（2）分布式存储

面对"数据爆炸"的时代，集中式存储已经无法满足海量数据的存储需求，分布式存储应运而生。GFS 是谷歌公司推出的一款分布式文件系统，可以满足大型、分布式、对大量数据进行访问的需求。GFS 具有很好的硬件容错性，可以把数据存储到成百上千台服务器中，并在硬件出错的情况下尽量保证数据的完整性。GFS 还支持 GB 级别或者 TB 级别超大文件的存储，一个大文件会被分成许多块，分散存储在由数百台机器组成的集群里。HDFS 是对 GFS 的开源实现，它采用了更加简单的"一次写入、多次读取"文件模型，文件一旦被创建、写入并关闭了，之后就只能对它执行读取操作，而不能执行任何修改操作；同时，HDFS 是基于 Java 实现的，具有强大的跨平台兼容性，只要是 JDK（Java Development Kit，Java 开发工具包）支持的平台都可以兼容。

谷歌公司后来又以 GFS 为基础开发了分布式数据管理系统 BigTable，它是一个稀疏分布、持续存储、多维度的排序映射数组，适用于非结构化数据存储的数据库，具有高可靠性、高性能、可伸缩等特点，可在廉价服务器上搭建起大规模存储集群。HBase 是针对 BigTable 的开源实现。

（3）分布式计算

面对海量的数据，传统的单指令单数据流顺序执行的方式已经无法满足快速处理数据的要求；同时，也不能寄希望于通过硬件性能的不断提升来满足这种需求，因为晶体管电路已经逐渐接近其物理上的性能极限，摩尔定律已经开始慢慢失效，CPU 性能很难每隔 18 个月翻一番。在这样的大背景下，谷歌公司提出了并行编程模型 MapReduce，让任何人都可以在短时间内迅速获得海量计算能力，它允许开发者在不具备并行开发经验的前提下也能够开发出分布式的并行程序，并让其同时运行在数百台机器上，在短时间内完成海量数据的计算。MapReduce 将复杂的、运行于大规模集群上的并行计算过程抽象为两个函数——Map 和 Reduce，并把一个大数据集切分成多个小的数据集，分布到不同的机器上进行并行处理，极大提高数据处理速度，可以有效满足许多应用对海量数据的批量处理需求。Hadoop 开源实现了 MapReduce 编程框架，被广泛应用于分布式计算。

（4）多租户

多租户技术的目的在于使大量用户能够共享同一堆栈的软硬件资源，每个用户按需使用资源，能够对软件服务进行客户化配置，而不影响其他用户的使用。多租户技术的核心包括数据隔离、客户化配置、架构扩展和性能定制等。

3. 云计算数据中心

云计算数据中心（见图 1-6）有一整套复杂的设施，包括刀片服务器、宽带网络连接、环境控制设备、监控设备以及各种安全装置等。数据中心是云计算的重要载体，为云计算提供计算、存储、带宽等各种硬件资源，为各种平台和应用提供运行支撑环境。

图 1-6　云计算数据中心

谷歌、微软、IBM、惠普、戴尔等企业，纷纷投入巨资在全球范围内大量修建数据中心，旨在掌握云计算发展的主导权。我国政府和企业也都在加大力度建设云计算数据中心。内蒙古自治区提出了"西数东输"发展战略，即把本地的数据中心通过网络共享给其他省份的用户使用。福建省泉州市安溪县的中国国际信息技术（福建）产业园的数据中心，是福建省重点建设的两大数据中心之一，按照国际上最高的 T4 等级标准设计和施工，可提供 T2～T4 等级服务，总建筑面积 67000 m²，可安装 4500 个标准机柜，可容纳 5 万台以上的服务器。阿里巴巴集团公司在甘肃省玉门市建设的数据中心，是我国第一个绿色环保的数据中心，电力全部来自风力，用祁连山融化的雪水平衡数据中心产生的热量。贵州省被公认为我国南方非常适合建设数据中心的地方之一，作为我国首个国家大数据综合试验区，贵州省大数据产业得到了快速的发展，全球前 10 的互联网企业有 8 家在我国发展，其中有 7 家将数据中心落户在贵州省。

4．云计算的应用

云计算在电子政务、教育、企业、医疗等领域的应用不断深化，对提高政府服务水平、促进产业转型升级和培育发展新兴产业等都起到了关键的作用。政务云上可以部署公共安全管理、容灾备份、城市管理、应急管理、智能交通、社会保障等应用，通过集约化建设、管理和运行，可以实现信息资源整合和政务资源共享，推动政务管理创新，加快向服务型政府转型。教育云可以有效整合幼儿教育、中小学教育、高等教育，以及继续教育等优质教育资源，逐步实现教育信息共享、教育资源共享及教育资源深度挖掘等目标。中小企业云能够让企业以低廉的成本建立财务、供应链、客户关系等管理应用系统，大大降低企业信息化门槛，迅速提升企业信息化水平，增强企业市场竞争力。医疗云可以推动医院与医院、医院与社区、医院与急救中心、医院与家庭之间的服务共享，并形成一套全新的医疗健康服务系统，从而有效地提高医疗保健的质量。

5．云计算产业

云计算产业作为战略性新兴产业，近些年得到了迅速发展，形成了成熟的产业链结构（见图 1-7），涵盖硬件与设备制造、基础设施运营、软件与解决方案供应商、IaaS、PaaS、SaaS、终端设备、云计算交付/咨询/认证、云安全等环节。

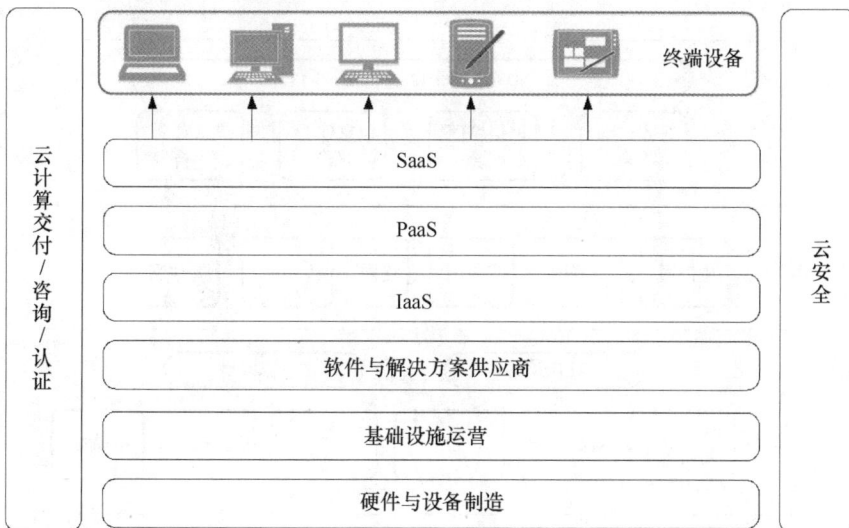

图 1-7　云计算产业链结构

硬件与设备制造环节包括绝大部分传统硬件制造商，这些厂商都已经在某种形式上支持虚拟化和云计算，主要包括 Intel、AMD、思科、SUN 等。基础设施运营环节包括数据中心运营商、网络运营商、移动通信运营商等。软件与解决方案供应商主要以虚拟化管理软件为主，包括 IBM、微软、思杰、SUN、RedHat 等。IaaS 将基础设施（计算和存储等资源）作为服务出租，向客户提供服务器、存储和网络设备、带宽等基础设施资源，厂商主要包括亚马逊、Rackspace、GoGrid、GridPlayer 等。PaaS 把平台（包括应用设计、应用开发、应用测试、应用托管等）作为服务出租，厂商主要包括谷歌、微软、新浪、阿里巴巴等。SaaS 则把软件作为服务出租，向用户提供各种应用，厂商主要包括 Salesforce、谷歌等。云计算交付/咨询/认证环节包括三大交付以及咨询认证服务商，这些服务商已经支持绝大多数形式的云计算咨询及认证服务，主要包括 IBM、微软、Oracle、思杰等。云安全旨在为各类云用户提供高可信的安全保障，厂商主要包括 IBM、OpenStack 等。

1.8.2　物联网

物联网是新一代信息技术的重要组成部分，具有广泛的用途，同时和云计算、大数据有着千丝万缕的联系。

1. 物联网的概念

物联网是物物相连的互联网，是互联网的延伸，它利用局部网络或互联网等通信技术把传感器、控制器、计算机、人员和物等通过新的方式连在一起，形成人与物、物与物相连，实现信息化和远程管理控制。

从技术架构上来看，物联网可分为感知层、网络层、处理层和应用层等 4 层，如图 1-8 所示。各层的功能如表 1-8 所示。

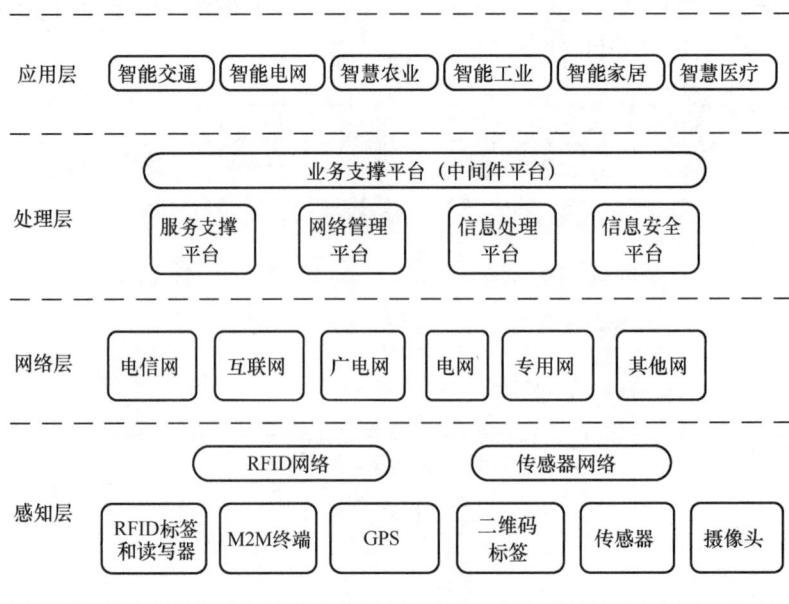

图 1-8　物联网技术架构

表 1-8　物联网各层的功能

层	功能
感知层	如果把物联网系统比作人体，那么感知层就好比人体的神经末梢，用来感知物理世界，采集来自物理世界的各种信息。这个层包含大量的传感器和 RFID 设备，如温度传感器、湿度传感器、应力传感器、加速度传感器、重力传感器、气体浓度传感器、土壤盐分传感器、二维码标签、射频识别（radio frequency identification，RFID）标签和读写器、摄像头、GPS（全球定位系统）设备等
网络层	相当于人体的神经中枢，起信息传输的作用。网络层包含各种类型的网络，如互联网、移动通信网络、卫星通信网络等
处理层	相当于人体的大脑，起到存储和处理的作用，包括数据存储、管理和分析平台
应用层	直接面向用户，满足各种应用需求，如智能交通、智能电网、智慧农业、智能工业等

下面给出一个简单的智能公交实例来加深读者对物联网概念的理解。目前，很多城市居民的智能手机中都安装了"掌上公交"App，可以用手机随时随地查询每辆公交车的当前位置信息，这就是一种非常典型的物联网应用。在智能公交应用中，每辆公交车都安装了 GPS（或北斗）设备和 4G/5G 网络传输模块，在车辆行驶过程中，GPS（或北斗）设备会实时采集公交车当前的位置信息，并通过车上的 4G/5G 网络传输模块发送给车辆附近的移动通信基站，经由电信运营商的 4G/5G 移动通信网络传送到智能公交指挥调度中心的数据处理平台，平台再把公交车位置数据发送给智能手机用户，用户的"掌上公交"App 就会显示出公交车的当前位置信息。这个应用实现了"物与物的相连"，即把公交车和手机这两个物体连接在一起，让手机可以实时获得公交车的位置信息。进一步讲，这个应用实际上也实现了"物和人的连接"，让手机用户可以实时获得公交车的位置信息。在这个应用中，安装在公交车上的 GPS（或北斗）设备处于物联网的感知层；安装在公交车上的 4G/5G 网络传输模块以及电信运营商的 4G/5G 移动通信网络处于物联网的网络层；智能公交指挥调度中心的数据处理平台处于物联网的处理层；智能手机上安装的"掌上公交"App 处于物联网的应用层。

2．物联网关键技术

物联网是人与物、物与物相连的网络，通过为物体添加二维码、RFID 标签、传感器等，就可以实现物体身份唯一标识和各种信息的采集，再结合各种类型的网络连接，就可以实现人和物、物和物之间的信息交换。因此，物联网中的关键技术包括识别和感知技术（二维码、RFID、传感器等）、网络与通信技术、数据挖掘与融合技术等。

（1）识别和感知技术

二维码识别是物联网中一种很重要的自动识别技术，是在一维条码的基础上扩展出来的技术。二维码包括堆叠式/行排式二维码和矩阵式二维码，后者较为常见。图 1-9 所示的矩阵式二维码在一个矩形空间中通过黑、白像素在矩阵中的不同分布进行编码。在矩阵相应元素位置上，用点（方点、圆点或其他形状）表示二进制的"1"，点不出现表示二进制的"0"，点的排列组合确定了矩阵式二维码所代表的意义。二维码具有信息容量大、编码范围广、容错能力强、译码可靠性高、成本低、易制作等良好特性，已经得到了广泛的应用。

图 1-9　矩阵式二维码

RFID 技术用于静止或移动物体的无接触自动识别，具有全天候、无接触、可同时实现多个物体自动识别等特点。RFID 技术在生产和生活中得到了广泛的应用，大大推动了物联网的发展，平时使用的公交卡、门禁卡、校园卡等都嵌入了 RFID 芯片，可以实现迅速、便捷的数据交换。从结构上讲，RFID 可看作一种简单的无线通信系统，由 RFID 标签和 RFID 读写器两个部分组成。RFID 标签是由天线、耦合元件、芯片组成的，是一个能够传输信息、回复信息的电子模块；RFID 读写器也是由天线、耦合元件、芯片组成的，用来读取（有时也可以写入）RFID 标签中的信息。RFID 技术使用 RFID 读写器及可附着于目标物的 RFID 标签，利用频率信号将信息由 RFID 标签传送至 RFID 读写器。以公交卡为例，市民持有的公交卡就是一个 RFID 标签（见图 1-10），公交车上安装的刷卡设备就是 RFID 读写器，当我们执行刷卡动作时，就完成了一次 RFID 标签和 RFID 读写器之间的非接触式通信与数据交换。

图 1-10 采用 RFID 芯片的公交卡

传感器是一种能感受规定的被测量件并按照一定的规律（数学函数法则）将信息转换成可用信号的器件或装置，具有微型化、数字化、智能化、网络化等特点。人类需要借助耳朵、鼻子、眼睛等感觉器官感受外部物理世界，类似地，物联网也需要借助传感器实现对物理世界的感知。物联网中常见的传感器类型有光敏传感器、声敏传感器、气敏传感器、化学传感器、压敏传感器、温敏传感器、流体传感器等（见图 1-11），可以用来模仿人类的视觉、听觉、嗅觉、味觉和触觉等。

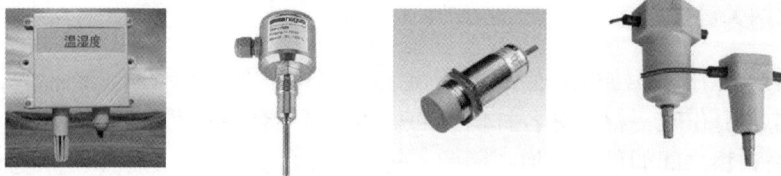

图 1-11 不同类型的传感器

（2）网络与通信技术

物联网中的网络与通信技术包括短距离无线通信技术和远程通信技术。短距离无线通信技术包括 Zigbee（蜂舞协议）、NFC（近场通信）、蓝牙、Wi-Fi（无线保真）、RFID 等。远程通信技术包括互联网技术、2G/3G/4G/5G 移动通信技术、卫星通信技术等。

（3）数据挖掘与融合技术

物联网中存在大量数据来源、各种异构网络和不同类型系统，如此大量的不同类型数据，如何实现有效整合、处理和挖掘，是物联网处理层需要解决的关键技术问题。今天，云计算和大数据技术的出现，为物联网数据存储、处理和分析提供了强大的技术支撑，海量的物联网数据可以借助庞大的云计算基础设施实现廉价存储，利用大数据技术实现快速处理和分析，满足各种实际应用需求。

3．物联网的应用

物联网已经广泛应用于智能交通、智慧医疗、智能家居、环保监测、智能安防、智能物流、智能电网、智慧农业、智能工业等领域，对国民经济和社会发展起到了重要的推动作用，具体如下。

- 智能交通。利用 RFID、摄像头、线圈、导航设备等物联网技术设备构建的智能交通系统，可以让人们随时随地通过智能手机、大屏幕、电子站牌等，了解城市各条道路的交通状况、所有停车场的车位情况、每辆公交车的当前位置等信息，合理安排行程，提高出行效率。
- 智慧医疗。医生利用平板计算机、智能手机等手持设备，通过无线网络，可以随时连接并访问各种诊疗仪器，实时掌握每个病人的各项生理指标，科学、合理地制订诊疗方案，甚至可以支持远程诊疗。
- 智能家居。利用物联网技术可以提升家居安全性、便利性、舒适性、艺术性，并创建环保、节能的居住环境。比如可以在工作单位通过智能手机远程开启家里的电饭煲、空调、门锁、监控、窗帘和电灯等，家里的窗帘和电灯也可以根据时间和光线变化自动开启和关闭。
- 环保监测。在重点区域放置监控摄像头或水质土壤成分检测仪器，相关数据可以实时传输到监控中心，出现问题时实时发出警报。
- 智能安防。采用红外线、监控摄像头、RFID 等物联网设备，可以实现小区出入口智能识别和控制、意外情况自动识别和报警、安保巡逻智能化管理等功能。
- 智能物流。利用集成智能化技术，可以使物流系统模仿人的智能，具有思维、感知、学习、推理判断和自行解决物流中某些问题的能力（如选择最佳行车路线，选择最佳包裹装车方案等），从而实现物流资源优化调度和有效配置，提升物流系统效率。
- 智能电网。通过智能电表，不仅可以免去抄表工的大量工作，还可以实时获得用户的用电信息，提前预测用电高峰期和低谷期，为合理设计电力需求响应系统提供依据。
- 智慧农业。利用温度传感器、湿度传感器和光线传感器等，可以实时获得种植大棚内的农作物生长环境信息，远程控制大棚遮光板、通风口、喷水口的开启和关闭，让农作物始终处于最优生长环境，提高农作物产量和品质。
- 智能工业。将具有环境感知能力的各类终端、基于泛在技术的计算模式、移动通信技术等不断融入工业生产的各个环节，可以大幅提高制造效率，改善产品质量，降低产品成本和资源消耗，将传统工业提升到智能化的新阶段。

4．物联网产业链

完整的物联网产业链（见图 1-12）主要包括核心感应器件提供商、感知层末端设备提供商、网络运营商、软件与行业解决方案提供商、系统集成商、运营及服务提供商等，具体如下。

- 核心感应器件提供商：提供二维码、RFID 标签及读写器、传感器、智能仪器仪表等物联网核心产品。
- 感知层末端设备提供商：提供 RFID 设备、传感系统及设备、智能控制系统及设备、GPS 设备、末端网络产品等。

- 网络运营商：包括电信网络运营商、广电网络运营商、互联网运营商、卫星网络运营商和其他网络运营商等。
- 软件与行业解决方案提供商：提供微操作系统、中间件、解决方案等。
- 系统集成商：提供行业应用集成服务。
- 运营及服务提供商：提供行业物联网运营及服务。

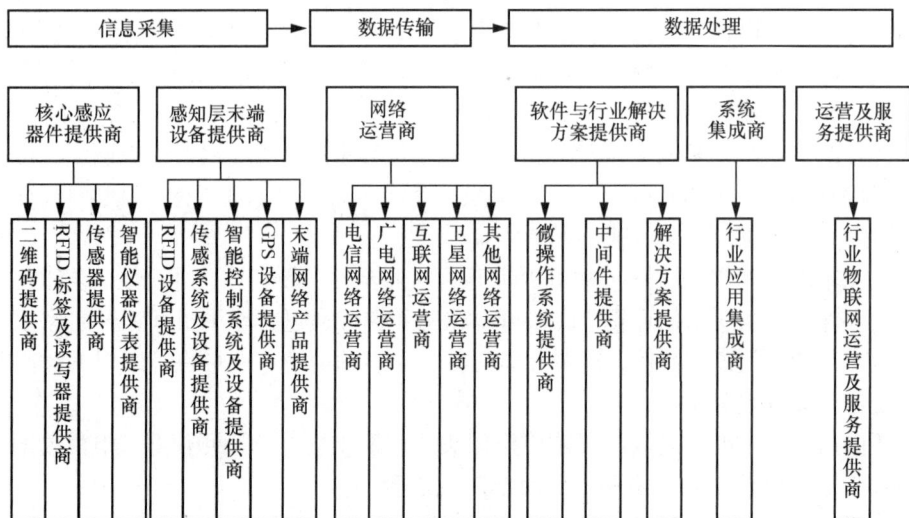

图 1-12　物联网产业链

1.8.3　人工智能

近年来，科技的发展非常迅速，由原先的信息时代迅速进入了智能时代，人工智能技术成为未来时代的主题。今天，人工智能技术已经彻底普及在我们的生活当中，无论是吃饭、睡觉还是使用计算机与手机，全都是人工智能在支撑，哪怕是一个简单的搜索引擎，都会根据我们的喜好进行智能推荐，我们的一切都融入了人工智能，我们与人工智能已经无法分离了。

人工智能（artificial intelligence，AI），是研究、开发用于模拟、延伸和扩展人的智能的理论、方法、技术及应用系统的一门新的技术科学。

人工智能是计算机科学的一个分支，它企图了解智能的实质，并生产出一种新的能以与人类智能相似的方式做出反应的智能机器，该领域的研究包括机器人、语言识别、图像识别、自然语言处理和专家系统等。人工智能从诞生以来，理论和技术日益成熟，应用领域也不断扩大，可以设想，未来人工智能带来的科技产品，将会是人类智慧的"容器"。人工智能不是人的智能，但能像人那样思考，也可能超过人的智能。

人工智能是一门极富挑战性的科学，属于自然科学和社会科学的交叉学科，涉及哲学和认知科学、数学、神经生理学、心理学、计算机科学、信息论、控制论、不定性论等。从事这项工作的人，必须懂得计算机知识、心理学和哲学等。总的来说，人工智能研究的一个主要目标是使机器能够胜任一些通常需要人类智能才能完成的复杂工作。

人工智能包含机器学习、知识图谱、自然语言处理、人机交互、计算机视觉、生物特征识别、AR/VR（增强现实/虚拟现实）7 个关键技术。

1．机器学习

机器学习（machine learning）是一门涉及统计学、系统辨识、逼近理论、神经网络、优化理论、计算机科学、脑科学等诸多领域的交叉科学，研究计算机怎样模拟或实现人类的学习行为，以获取新的知识或技能。重新组织已有的知识结构使之不断改善自身的性能，是人工智能技术的核心。基于数据的机器学习是现代智能技术中的重要方法之一，研究从观测数据（样本）出发寻找规律，利用这些规律对未来数据或无法观测的数据进行预测。

机器学习强调 3 个关键词：任务、经验、性能，其处理过程如图 1-13 所示。在数据的基础上，通过算法构建出模型并对模型进行评估。评估的性能如果达到要求，就用该模型来测试其他的数据；如果达不到要求，就要调整算法来重新建立模型，再次进行评估。如此循环往复，最终获得满意的模型来处理其他数据。机器学习技术和方法已经被成功应用到多个领域，比如个性推荐系统、金融反欺诈、语音识别、自然语言处理和机器翻译、模式识别、智能控制等。

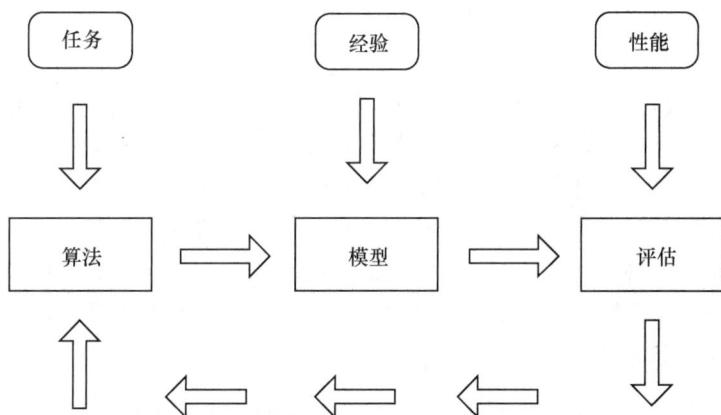

图 1-13　机器学习的处理过程

机器学习模型的发展经历了传统机器学习模型、深度学习模型、超大规模深度学习模型 3 个阶段。

（1）传统机器学习模型阶段。20 世纪 90 年代初，机器学习模型主要以逻辑回归、神经网络、决策树和贝叶斯方法等为代表。传统机器学习模型最大的特点是模型规模较小，只能处理较小的数据集。

（2）深度学习模型阶段。深度学习模型的兴起可以追溯至 20 世纪 80 年代。但是受制于硬件和软件，深度学习模型的应用一直受到限制。直到近年来，随着计算机硬件和软件的发展，深度学习模型才得到了广泛应用。深度学习模型包括卷积神经网络、循环神经网络、深度信念网络等。

（3）超大规模深度学习模型阶段（大模型阶段）。随着深度学习模型在各个领域的成功应用，人们开始关注如何将深度学习模型扩大到更大的规模。学者们开始尝试训练更大的深度学习模型，超大规模深度学习模型应运而生，其参数规模可以达到百亿级别。这样的模型需要在超级计算机上进行训练，需要消耗大量的时间和能源。但是，超大规模深度学习模型的出现，为机器学习的应用带来了更多的可能性。

大模型是目前机器学习领域的热门技术，具有以下优点。

（1）处理大规模数据的能力强。大模型可以处理海量数据，从而提高机器学习模型的准确性和泛化能力。

（2）处理复杂问题的能力强。大模型具有更高的复杂度和更强的灵活性，可以处理更加复杂的问题。

（3）具有更高的准确率和性能。大模型具有更多的参数和更为复杂的结构，能够更加准确地表达数据分布和学习到更复杂的特征，从而提高模型的准确率和性能。

大模型的主要应用场景如下。

（1）自然语言处理。大模型在机器翻译、文本生成、情感分析等任务中取得了显著的突破。它可以理解上下文、抓取语义，并生成准确、流畅的文字内容。

（2）计算机视觉。大模型在图像识别、目标检测、图像生成等领域表现出色。它能够识别复杂的图像内容、提取关键特征，并生成逼真的图像。

典型的大模型产品包括 ChatGPT、文心一言、通义千问、讯飞星火认知等。

2．知识图谱

知识图谱（knowledge graph）又称为科学知识图谱，在图书情报界称为知识域可视化或知识领域映射地图，是显示知识发展进程与结构关系的一系列各种不同的图形，用可视化技术描述知识资源及其载体，挖掘、分析、构建、绘制和显示知识及它们之间的联系。

现实世界中的很多场景非常适合用知识图谱来表达。如图 1-14 所示的案例，在社交网络图谱里，既有"人"的实体，也有"公司"的实体。人和人之间的关系可以是"朋友"，也可以是"同事"。人和公司之间的关系可以是"现任职"，也可以是"曾任职"。类似地，风控知识图谱中包含"电话""公司"的实体，电话和电话之间的关系可以是"通话"关系，而且每个公司有固定的电话。

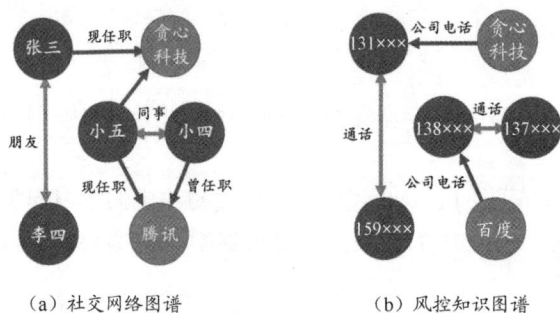

（a）社交网络图谱　　　　　　（b）风控知识图谱

图 1-14　知识图谱案例

知识图谱可用于反欺诈、不一致性验证、组团欺诈等公共安全保障领域，需要用到异常分析、静态分析、动态分析等数据挖掘方法。特别地，知识图谱在搜索引擎、可视化展示和精准营销方面有很大的优势，已成为业界的热门工具。但是，知识图谱的发展还有很大的挑战，如数据的噪声问题，即数据本身有错误或者数据存在冗余。随着知识图谱应用的不断深入，还有一系列关键技术需要突破。

3．自然语言处理

自然语言处理是计算机科学领域与人工智能领域中的一个重要方向。它研究能实现人与计算机之间用自然语言进行有效通信的各种理论和方法。自然语言处理是一门融语言学、计算机科学、数学于一体的科学。因此，这一领域的研究会涉及自然语言，即人们日常使用的语言，所以它与语言学的研究有着密切的联系，但又有重要的区别。自然语言处理并不是简单地研究自然语言，而在于研制能有效地实现自然语言通信的计算机系统，特别是其中的软件系统。

自然语言处理的应用包罗万象，例如机器翻译、手写体和印刷体字符识别、语音识别、信息检索、信息抽取与过滤、文本分类与聚类、舆情分析和观点挖掘等，它涉及与语言处理相关的数据挖掘、机器学习、知识获取、知识工程、人工智能研究和与语言计算相关的语言学研究等。

4．人机交互

人机交互是一门研究系统与用户之间的交互关系的科学。系统可以是各种各样的机器，也可以是计算机化的软件。人机交互界面通常是指用户可见的部分。用户通过人机交互界面与系统交流，并进行操作。人机交互是与认知心理学、人机工程学、多媒体技术、虚拟现实技术等密切相关的综合科学。传统的人与计算机之间的信息交换主要依靠交互设备进行，主要包括键盘、鼠标、操纵杆、数据服装、眼动跟踪器、位置跟踪器、数据手套、压力笔等输入设备，以及打印机、绘图仪、显示器、头盔式显示器、音箱等输出设备。人机交互技术除了包括传统的基本交互和图形交互外，还包括语音交互、情感交互、体感交互及脑机交互等技术。

人机交互具有广泛的应用场景，比如，我国某高校已经成功研发了大指令集、高速、无创"脑-机接口打字系统"，使用者只需头戴脑电帽，双眼盯着计算机屏幕，就能用"意念"打字，如图1-15所示。这个打字系统会在屏幕上呈现一个虚拟的键盘，键盘中的每个字符背后都有一套特定模式的视觉刺激设备。当使用者想拼写某个字符的时候，只要看着这个字符就行。视觉刺激设备就会让使用者的大脑诱发出特定模式的脑电波，然后通过算法解码脑电波模式，确定使用者看的是哪个字符，这就是现有脑-机接口打字的基本原理。

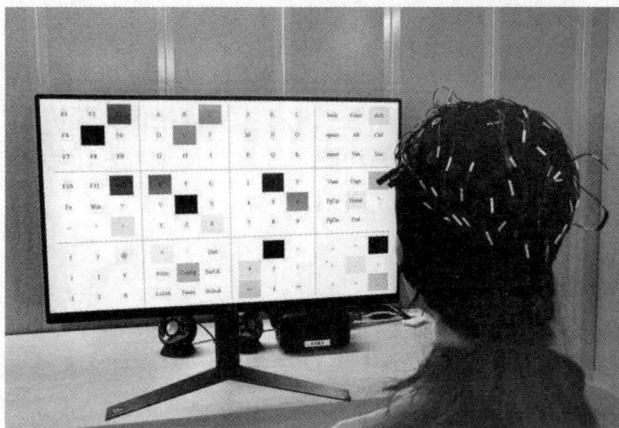

图1-15　脑-机接口打字系统

5．计算机视觉

计算机视觉是一门研究如何使机器"看"的科学，更进一步地说，是指用摄影机和计算机代替人眼对目标进行识别、跟踪和测量的机器视觉，并进一步做图形处理，成为更适合人眼观察或传送给仪器检测的图像，如图 1-16 所示。计算机视觉既是工程领域也是科学领域中的一个富有挑战性的重要研究领域。计算机视觉是一门综合性的科学，它已经吸引了来自各个科学领域的研究者参加到对它的研究之中，其中包括计算机科学和工程、信号处理、物理学、应用数学和统计学、神经生理学和认知科学等。根据解决的问题，计算机视觉可分为计算成像学、图像理解、三维视觉、动态视觉和视频编解码五大类。

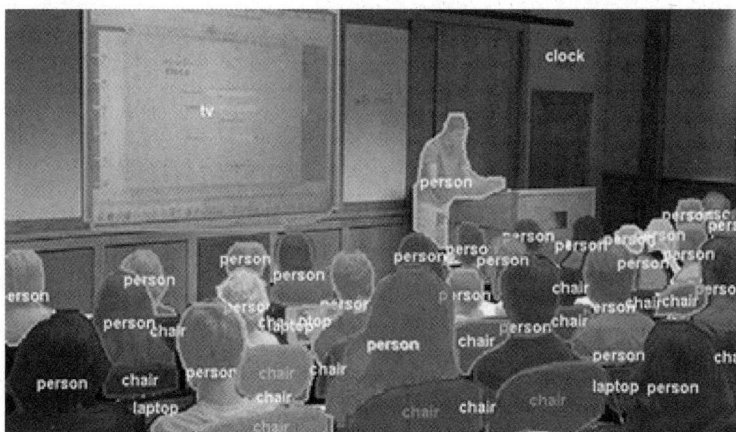

图 1-16　依靠计算机视觉技术自动识别室内物体和人

计算机视觉研究领域已经衍生出一大批快速成长的、有实际作用的应用，如下。

- 人脸识别：商汤科技、旷视科技、云从科技、依图科技等公司是我国人脸识别技术领域的领军企业，在人脸识别技术方面具有高准确率、低误报率等特点，并支持多种复杂场景的应用。
- 图像检索：Google Images 使用基于内容的查询来搜索相关图片，通过算法分析查询图像中的内容并根据最佳匹配内容返回结果。
- 游戏和控制：使用立体视觉较为成功的游戏应用产品有微软 Kinect。
- 监测：用于监测可疑行为的监视摄像头遍布于各大公共场所中。
- 智能汽车：计算机视觉是检测交通标志、灯光和其他视觉特征的主要信息来源。如特斯拉的无人驾驶系统通过计算机视觉技术处理摄像头等传感器捕捉的图像，实现环境感知、障碍物识别与跟踪等功能。计算机视觉技术让特斯拉车辆能够"看懂"道路情况，从而做出准确的驾驶决策。

6．生物特征识别

在当今信息化时代，如何准确鉴定一个人的身份、保护信息安全，已成为一个必须解决的关键社会问题。传统的身份认证由于极易伪造和丢失信息，越来越难以满足社会的需求，目前最为便捷与安全的解决方案无疑就是生物识别技术。它不但简洁、快速，而且利用它进行身份的认定，安全、可靠、准确。同时更容易配合计算机和安全、监控、管理系统整合，实现自动化管理。由于其具有广阔的应用前景、巨大的社会效益和经济效益，已引起各国的广泛关注和高度重视。生物特征识别技术涉及的内容十分广泛，包括指纹、掌纹、人脸（见图 1-17）、虹膜、指静脉、声纹、步态等多种生物特征，其识别过程涉及图像处理、计算机视觉、语音识别、机器学习等多项技术。目前生物特征识别作为重要的智能化身份认证技术，在金融、公共安全、教育、交通等领域得到广泛的应用。

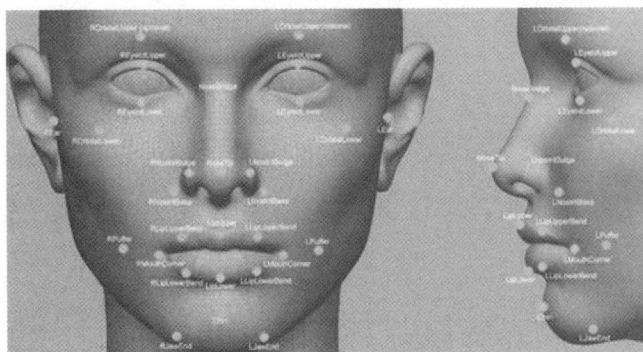

图 1-17　人脸识别技术

7. AR/VR

AR/VR 是以计算机为核心的新型视听技术，结合相关科学技术，在一定范围内生成与真实环境在视觉、听觉、触感等方面高度近似的数字化环境。用户借助必要的装备与数字化环境中的对象进行交互，相互影响，获得近似真实环境的感受和体验，图 1-18 所示的虚拟弓，其中综合运用了显示设备、跟踪定位设备、触力觉交互设备、数据获取设备、专用芯片等。

比如，谷歌公司推出了一款被内嵌在 VR 头显 HTC Vive 中的画图应用——Tilt Brush，用户通过 Tilt Brush 就可利用 VR 技术绘画，如图 1-19 所示。

图 1-18　采用 VR 技术的虚拟弓　　　　图 1-19　利用 VR 技术绘画

1.8.4　大数据与云计算、物联网的关系

大数据、云计算和物联网三者既有区别又有联系。云计算最初主要包含两类内容：一类是以谷歌公司的 GFS 和 MapReduce 为代表的大规模分布式并行计算技术；另一类是以亚马逊公司的虚拟机和对象存储为代表的"按需租用"的商业模式。但是，随着大数据概念的提出，云计算中的分布式计算技术开始更多地被列入大数据技术，而人们提到云计算时，更多的是指底层基础 IT 资源的整合优化，以及以服务的方式提供 IT 资源的商业模式（如 IaaS、PaaS、SaaS）。从云计算和大数据的概念诞生到现在，二者之间的关系非常微妙，既密不可分，又千差万别。因此，我们不能把云计算和大数据割裂开作为截然不同的两类

技术来看待。此外，物联网也是和云计算、大数据相伴相生的技术。下面总结一下大数据、云计算和物联网的关系与区别，如图 1-20 所示。

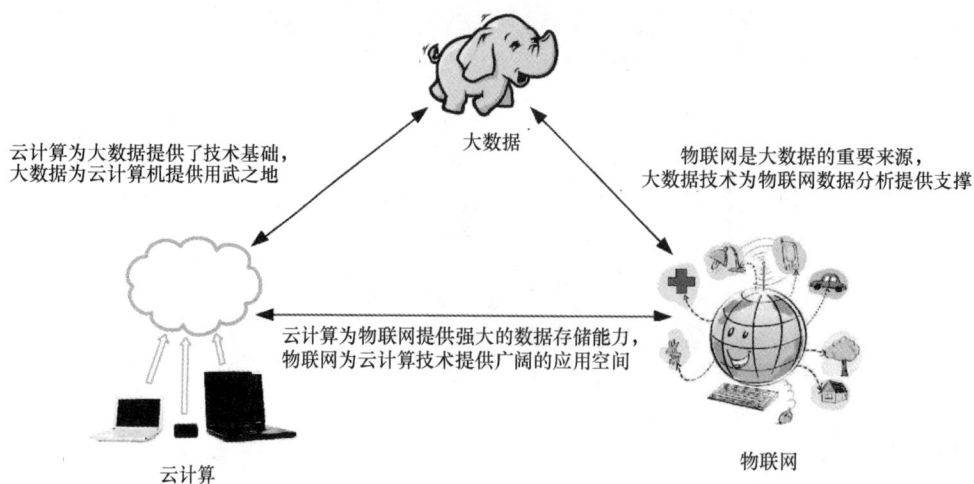

大数据

云计算为大数据提供了技术基础，大数据为云计算机提供用武之地

物联网是大数据的重要来源，大数据技术为物联网数据分析提供支撑

云计算为物联网提供强大的数据存储能力，物联网为云计算技术提供广阔的应用空间

云计算

物联网

图 1-20　大数据、云计算和物联网的关系与区别

第一，大数据、云计算和物联网的区别。大数据侧重于对海量数据的存储、处理与分析，从海量数据中发现价值，服务于生产和生活；云计算旨在整合和优化各种 IT 资源，并通过网络以服务的方式廉价地提供给用户；物联网的发展目标是实现"物物相连"，应用创新是物联网发展的核心。

第二，大数据、云计算和物联网的关系。从整体上看，大数据、云计算和物联网这三者是相辅相成的。大数据根植于云计算，大数据的很多分析技术都来自云计算，云计算的分布式数据存储和管理系统（包括分布式文件系统和分布式数据库系统）提供了海量数据的存储和管理能力，分布式并行处理框架 MapReduce 提供了海量数据分析能力。没有这些云计算技术作为支撑，大数据分析就无从谈起。反之，大数据为云计算提供了"用武之地"，没有大数据这个"练兵场"，云计算技术再先进，也不能发挥它的应用价值。物联网的传感器源源不断产生大量数据，成了大数据的重要数据来源，没有物联网的飞速发展，就不会有数据产生方式的变革，即由人工产生阶段转向自动产生阶段，大数据时代也不会这么快就到来。同时，物联网需要借助云计算和大数据技术，实现物联网大数据的存储、分析和处理。

可以说，云计算、大数据和物联网三者已经彼此渗透、相互融合，在很多应用场合都可以同时看到三者的身影。在未来，三者会继续相互促进、相互影响，更好地服务于社会生产和生活的各个领域。

1.8.5　大数据与人工智能的关系

人工智能和大数据都是当前的热门技术，人工智能的发展要早于大数据，人工智能在 20 世纪 50 年代就已经开始发展，而大数据的概念直到 2010 年左右才形成。人工智能受到国人关注的时间要远早于大数据，且受到人们长期、广泛的关注，2016 年 AlphaGo 的发布和 2022 年 ChatGPT 的发布，一次又一次把人工智能推向新的巅峰。

人工智能的影响力要大于大数据的影响力。人工智能和大数据是紧密相关的两种技术，二者既有关系，又有区别。

1．人工智能与大数据的关系

一方面，人工智能需要数据来建立其智能，特别是机器学习。例如，机器学习图像识别应用程序可以查看数以万计的飞机图像，以了解飞机的构成，以便将来能够识别出它们。人工智能应用的数据越多，其获得的结果就越准确。在过去，人工智能由于处理器运行速度慢、数据量小而不能很好地工作。今天，大数据为人工智能提供了海量的数据，使得人工智能技术有了长足的发展，甚至可以说，没有大数据就没有人工智能。

另一方面，大数据技术为人工智能提供了强大的存储能力和计算能力。在过去，人工智能算法依赖于单机的存储和单机的算法，而在大数据时代，面对海量的数据，传统的单机存储和单机算法已经无能为力，建立在集群技术之上的大数据技术（主要是分布式存储和分布式计算），可以为人工智能提供强大的存储能力和计算能力。

2．人工智能与大数据的区别

人工智能与大数据也存在着明显的区别，人工智能是一种计算形式，它允许机器执行认知功能，例如对输入起作用或做出反应，类似于人的做法，而大数据是一种传统计算，它不会根据结果采取行动，只是寻找结果。

另外，二者要达成的目标和实现目标的手段不同。大数据的主要目的是通过数据的对比分析来掌握和推演出更优的方案。就拿视频推送为例，我们之所以会接收到不同的推送内容，便是因为大数据根据我们日常观看的内容，综合考虑了我们的观看习惯和日常的观看内容，推断出哪些内容更可能让我们有同样的感觉，并将其推送给我们。而人工智能的开发，是为了辅助和代替我们更快、更好地完成某些任务或做出某些决定。不管是汽车自动驾驶、自我软件调整，还是医学样本检查工作，人工智能都是在模仿人类完成相同的任务，但区别就在于人工智能速度更快、错误更少，它能通过机器学习的方法，掌握我们日常进行的重复性的事项，并以其计算机的处理优势来高效地达成目标。

1.9 本章小结

本章介绍了大数据技术的发展历程，并指出信息科技的不断进步为大数据时代提供了技术支撑，数据产生方式的变革促成了大数据时代的来临。

大数据具有数据量大、数据类型多、处理速度快、价值密度低等特点，统称为"4V"。

大数据对科学研究、思维方式、就业市场等方面都产生了重要的影响，深刻理解大数据的这些影响，有助于我们更好地把握学习和应用大数据的方向。

大数据在制造、金融、汽车、互联网、餐饮、电信、能源、物流、城市管理、生物医学、体育和娱乐等在内的社会各个行业或领域都得到了广泛的应用，深刻地改变着我们的社会生产和日常生活。

大数据并非单一的数据或技术，而是数据和大数据技术的综合体。大数据技术主要包括数据采集与预处理、数据存储与管理、数据处理与分析、数据安全与隐私保护等几个层面的内容。

大数据产业包括 IT 基础设施层、数据源层、数据管理层、数据分析层、数据平台层和数据应用层，在不同层面都已经形成了一批引领市场的技术和企业。

本章最后介绍了云计算、物联网和人工智能的概念和关键技术，并阐述了大数据与云计算、物联网、人工智能的区别与关系。

1.10 习题

1. 试述信息技术发展史上的 3 次信息化浪潮及其具体内容。
2. 试述数据产生方式经历的几个阶段。
3. 试述大数据的 4 个基本特征。
4. 试述大数据时代的"数据爆炸"的特性。
5. 科学研究经历了哪 4 种范式？
6. 试述大数据对思维方式的重要影响。
7. 举例说明大数据的具体应用。
8. 举例说明大数据的关键技术。
9. 大数据产业包含哪些层面？
10. 简述云计算、物联网、人工智能的定义。
11. 试述大数据、云计算和物联网三者的区别与关系。
12. 试述大数据与人工智能的区别与关系。

第2章 大数据处理架构 Hadoop

Hadoop 是一个开源的、可运行于大规模集群上的分布式计算平台，它实现了 MapReduce 计算模型和分布式文件系统 HDFS 等功能，在业内得到了广泛的应用，并成为大数据的代名词。借助 Hadoop，程序员可以轻松地编写分布式并行程序，并将其运行于计算机集群上，完成海量数据的存储与处理分析。

本章先介绍 Hadoop 的发展简史和特性，然后介绍 Hadoop 生态系统及其各个组件，最后介绍如何在 Linux 操作系统（简称 Linux 系统）下安装和配置 Hadoop。

2.1 Hadoop 概述

本节简要介绍 Hadoop 的发展简史和特性。

2.1.1 Hadoop 简介

Hadoop 是 Apache 软件基金会旗下的一个开源分布式计算平台，为用户提供系统底层细节透明的分布式基础架构。Hadoop 是基于 Java 开发的，具有很好的跨平台特性，并且可以部署在廉价的计算机集群中。Hadoop 的核心是 HDFS 和 MapReduce。HDFS 是针对 GFS 的开源实现，是面向普通硬件环境的分布式文件系统，具有较高的读写速度、很好的容错性和可伸缩性，支持大规模数据的分布式存储，其冗余数据存储的方式很好地保证了数据的安全性。Hadoop MapReduce 是针对谷歌 MapReduce 的开源实现，允许用户在不了解分布式系统底层细节的情况下开发并行应用程序，采用 MapReduce 来整合分布式文件系统上的数据，可保证分析和处理数据的高效性。借助 Hadoop，程序员可以轻松地编写分布式并行程序，将其运行于廉价计算机集群中，完成海量数据的存储与计算。

Hadoop 被公认为行业大数据标准开源软件，在分布式环境下提供了海量数据的处理能力。几乎所有主流厂商都围绕 Hadoop 提供开发工具、开源软件、商业化工具和技术服务，如谷歌、雅虎、微软、思科、淘宝等都支持 Hadoop。

2.1.2 Hadoop 的发展简史

Hadoop 这个名称朗朗上口，至于为什么要取这样一个名字，其实并没有深奥的道理，只是追求名称简短、容易发音和记忆而已。很显然，小孩子是这方面的高手，大名鼎鼎的 "Google" 就是小孩子给取的名字，Hadoop 同样如此，它是小孩子给 "一头吃饱了的棕黄色大象"取的名字（标志见图 2-1）。Hadoop 后来的很多子项目和模块的命名方式都沿用了这种风格，如 Pig 和 Hive 等。

图 2-1　Hadoop 的标志

Hadoop 最初是由 Apache Lucene 项目的创始人道格·卡廷（Doug Cutting）开发的文本搜索库。Hadoop 源自 2002 年的 Apache Nutch 项目——一个开源的网络搜索引擎，并且也是 Apache Lucene 项目的一部分。2002 年，Apache Nutch 项目遇到了棘手的难题，该搜索引擎框架无法扩展到拥有数十亿网页的网络。而就在一年以后的 2003 年，谷歌公司发布了分布式文件系统 GFS 方面的论文，可以解决大规模数据存储的问题。2004 年，Apache Nutch 项目模仿 GFS 开发了自己的分布式文件系统 NDFS（Nutch Distributed File System），也就是 HDFS 的前身。

2004 年，谷歌公司又发表了另一篇具有深远影响的论文，阐述了 MapReduce 分布式编程思想。2005 年，Apache Nutch 开源实现了谷歌的 MapReduce。2006 年 2 月，Apache Nutch 中的 NDFS 和 MapReduce 开始独立出来，成为 Apache Lucene 项目的子项目，称为 Hadoop，同时道格·卡廷加盟雅虎公司。2008 年 1 月，Hadoop 正式成为 Apache 顶级项目，Hadoop 也逐渐开始被雅虎之外的其他公司使用。2008 年 4 月，Hadoop 打破世界纪录，成为最快排序 1 TB 数据的系统，它采用一个由 910 个节点构成的集群进行运算，排序时间只用了 209 s。2009 年 5 月，Hadoop 把 1 TB 数据的排序时间缩短到 62 s。从此 Hadoop 声名大噪，迅速发展成为大数据时代颇具影响力的开源分布式开发平台。

2.1.3　Hadoop 的特性

Hadoop 是一个能够对大量数据进行分布式处理的软件框架，并且是以一种可靠、高效、可伸缩的方式进行处理的，它具有以下几个方面的特性。

- 高可靠性。采用冗余数据存储方式，即使一个副本发生故障，其他副本也可以保证正常对外提供服务。
- 高效性。作为并行分布式计算平台，Hadoop 采用分布式存储和分布式处理两大核心技术，能够高效地处理 PB 级数据。
- 高可扩展性。Hadoop 的设计目标是可以高效、稳定地运行在廉价的计算机集群上，可以扩展到数以千计的计算机节点上。
- 高容错性。采用冗余数据存储方式，自动保存数据的多个副本，并且能够自动对失败的任务进行重新分配。
- 低成本。Hadoop 采用廉价的计算机集群，成本比较低，普通用户也很容易用自己的计算机搭建 Hadoop 运行环境。
- 运行在 Linux 系统上。Hadoop 是基于 Java 开发的，可以较好地运行在 Linux 系统上。
- 支持多种编程语言。Hadoop 上的应用程序也可以使用其他语言编写，如 C++语言。

2.2　Hadoop 生态系统

经过多年的发展，Hadoop 生态系统（见图 2-2）不断完善和成熟，目前已经包含多个子项目。除了核心的 HDFS 和 MapReduce 以外，Hadoop 生态系统还包括 YARN（Yet

Another Resource Negotiator）、ZooKeeper、HBase、Hive、Pig、Mahout、Flume、Kafka、Ambari 等功能组件。

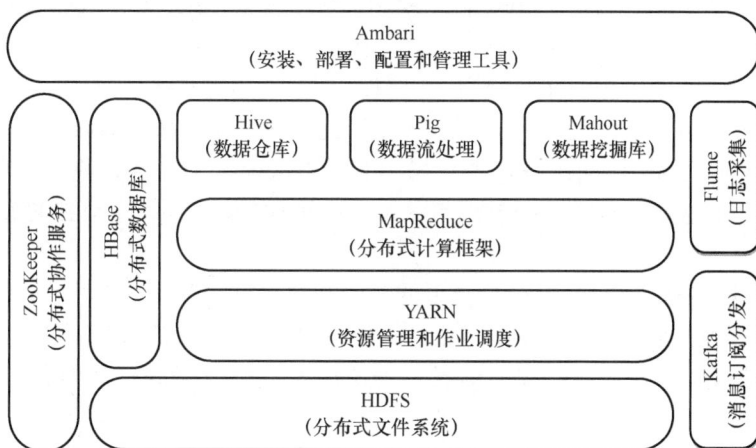

图 2-2　Hadoop 生态系统

Hadoop 生态系统中各个组件的具体功能如下。

（1）HDFS：Hadoop 项目的两大核心之一，是针对 GFS 的开源实现。HDFS 具有处理超大数据、流式处理、可以在廉价商用服务器上运行等优点。HDFS 在设计之初就是为了运行在廉价的大型服务器集群上，因此在设计上就把硬件故障作为一种常态来考虑，实现在部分硬件发生故障的情况下仍然能够保证文件系统的整体可用性和可靠性。HDFS 在访问应用程序数据时，可以具有很高的吞吐率，因此对于超大数据集的应用程序而言，选择HDFS 作为底层数据存储系统是较好的选择。

（2）HBase：一个提供高可靠性、高性能、可伸缩、实时读写、分布式的列式数据库，一般采用 HDFS 作为其底层数据存储系统。HBase 是针对谷歌 BigTable 的开源实现，二者都采用了相同的数据模型，具有强大的非结构化数据存储能力。HBase 与传统关系数据库的一个重要区别是，前者采用基于列的存储，后者采用基于行的存储。HBase 具有良好的横向扩展能力，可以通过不断增加廉价的商用服务器来提高存储能力。

（3）MapReduce：针对谷歌分布式计算框架的开源实现。MapReduce 是一种编程模型，用于大规模数据集（大于 1 TB）的并行运算，它将复杂的、运行于大规模集群上的并行计算过程高度地抽象为两个函数——Map 和 Reduce，并且允许用户在不了解分布式系统底层细节的情况下开发并行应用程序，并将其运行于廉价的计算机集群上，完成海量数据的处理。通俗地说，MapReduce 的核心思想就是"分而治之"，它把输入的数据集切分为若干独立的数据块，分发给一个主节点管理下的各个分节点来共同并行完成；最后，通过整合各个节点的中间结果得到最终结果。

（4）YARN：Hadoop 生态系统中的关键组件，用于资源管理和作业调度。YARN 支持多种计算框架，提高了集群资源的利用率和作业执行效率。

（5）Hive：一个基于 Hadoop 的数据仓库工具，可以用于对 Hadoop 文件中的数据集进行数据整理、特殊查询和分析存储。Hive 的学习门槛较低，因为它提供了类似关系数据库SQL 的查询语言——HiveQL，可以通过 HiveQL 语句快速实现简单的 MapReduce 任务，Hive自身可以将 HiveQL 语句转换为 MapReduce 任务运行，而不必开发专门的 MapReduce 应用，因而十分适合数据仓库的统计分析。

（6）Pig：一种数据流语言和运行环境，适合使用 Hadoop 和 MapReduce 平台来查询大型半结构化数据集。虽然编写 MapReduce 应用程序不是很复杂，但也是需要一定的开发经验的。Pig 的出现大大简化了 Hadoop 常见的工作任务，它在 MapReduce 的基础上创建了更简单、抽象的过程语言，为 Hadoop 应用程序提供了一种更加接近结构化查询语言的接口。Pig 是一种相对简单的语言，它可以执行语句，因此当我们需要从大型数据集中搜索满足某个给定搜索条件的记录时，采用 Pig 要比采用 MapReduce 更有优势，前者只需要编写一个简单的脚本即可在集群中自动并行处理与分发，后者则需要编写一个单独的 MapReduce 应用程序。

（7）Mahout：Apache 软件基金会旗下的一个开源项目，提供一些可扩展的机器学习领域经典算法的实现，旨在帮助开发人员更加方便、快捷地创建智能应用程序。Mahout 包含许多实现，如聚类、分类、推荐过滤、频繁子项挖掘等。此外，通过使用 Hadoop 库，Mahout 可以有效地扩展到云中。

（8）ZooKeeper：针对谷歌 Chubby 的一个开源实现，是高效和可靠的协同工作系统，提供分布式锁之类的基本服务（如统一命名服务、状态同步服务、集群管理、分布式应用配置项的管理等），用于构建分布式应用，减轻分布式应用程序所承担的协调任务。ZooKeeper 使用 Java 编写，很容易编程接入，它使用一个和文件树结构相似的数据模型，可以使用 Java 或者 C 语言来进行编程接入。

（9）Flume：Cloudera 提供的一个高可用的、高可靠的、分布式的海量日志采集、聚合和传输的系统。Flume 支持在日志系统中定制各类数据发送方，用于收集数据；同时，Flume 提供对数据进行简单处理并将数据写到各种数据接收方的能力。

（10）Kafka：由 LinkedIn 公司开发的一种高吞吐量的分布式发布订阅消息系统，用户通过 Kafka 系统可以发布大量的消息，同时也能实时订阅消费消息。在公司的大数据生态系统中，可以把 Kafka 作为数据交换枢纽，不同类型的分布式系统（如关系数据库、NoSQL 数据库、流处理系统、批处理系统等）可以统一接入 Kafka，从而实现和 Hadoop 各个组件之间的不同类型数据的实时、高效交换，较好地满足各种企业的应用需求。

（11）Ambari：一种基于 Web 的工具，支持 Hadoop 集群的安装、部署、配置和管理。Ambari 目前已支持大多数 Hadoop 组件，包括 HDFS、MapReduce、Hive、Pig、HBase、ZooKeeper 等。

2.3 Linux 系统的安装与使用

包括 Hadoop 在内的大数据软件一般部署在 Linux 系统中。Linux 是一套免费使用和自由传播的类 UNIX 操作系统，是一个基于 POSIX 和 UNIX 的多用户、多任务并且支持多线程和多 CPU 的操作系统。Linux 有许多服务于不同目的的发行版，包括对不同计算机结构的支持、对一个具体区域或语言的本地化、实时应用和嵌入式系统等，已经有超过 300 个发行版，但是，目前在全球范围内只有 10 个左右的发行版被普遍使用，比如 Fedora、Debian、Ubuntu、RedHat、SUSE、CentOS 等。

Linux 发行版可以大体分为两类，一类是商业公司维护的发行版本，一类是社区组织维护的发行版本，前者以著名的 RedHat 为代表，后者以 Debian 为代表。Debian 是社区类 Linux 的典范，是迄今为止最遵循 GNU 规范的 Linux 系统。严格来说 Ubuntu 不能算一个独立的发行版本，Ubuntu 是基于 Debian 的 unstable 版本加强而来的。Ubuntu 就是一个拥有 Debian 所有的优点以及自己所加强的优点的近乎完美的 Linux 桌面系统，在服务端和桌面端的使用占比最高，网络上相关资料非常齐全，因此，本书采用 Ubuntu 进行讲解。

Linux 系统的安装主要有两种方式：虚拟机安装方式和双系统安装方式。

（1）虚拟机安装方式：在 Windows 操作系统（简称 Windows 系统）上安装虚拟机软件（比如 VMware），然后，在虚拟机软件上安装 Linux 系统。采用这种安装方式时，Linux 系统就相当于运行在 Windows 系统上的一个软件，如果要使用 Linux 系统，需要在计算机开机后，先进入 Windows 系统，然后，在 Windows 系统中打开虚拟机软件（比如 VMware），最后，在虚拟机软件中启动 Linux，之后才能使用 Linux 系统。

（2）双系统安装方式：直接把 Linux 系统安装在计算机"裸机"上，而不是安装在 Windows 系统之上。采用这种安装方式时，Linux 系统和 Windows 系统的地位是平等的，当计算机开机时，会显示提示信息，让用户选择要启动的系统：如果用户选择 Windows 系统，计算机就继续启动进入 Windows 系统；如果用户选择 Linux 系统，计算机就继续启动进入 Linux 系统。

对于虚拟机安装方式而言，由于要同时运行 Windows 系统和 Linux 系统，因此，这种安装方式对计算机硬件的要求较高。

由于大多数大数据初学者对 Windows 系统比较熟悉，对 Linux 系统可能稍显陌生，因此，本书推荐采用虚拟机方式安装 Linux 系统。请参考本书在高校大数据课程公共服务平台发布的相关内容，完成虚拟机 VMware 和操作系统 Ubuntu 22.04 的安装，并学习 Linux 系统的基本使用方法。

2.4 安装 Hadoop 前的准备工作

本节介绍安装 Hadoop 之前的一些准备工作，包括创建 hadoop 用户、更新 APT、安装 SSH 和安装 Java 环境等。

2.4.1 创建 hadoop 用户

本书需要创建一个名称为 hadoop 的普通用户，后续所有操作都会使用该用户名登录 Linux 系统。安装好 Linux 系统以后，如果还没有创建 hadoop 用户，请使用安装时设置的用户名登录 Linux 系统，打开一个终端，使用如下命令创建一个 hadoop 用户。

```
$ sudo useradd -m hadoop -s /bin/bash
```

这条命令创建了可以登录的 hadoop 用户，并使用/bin/bash 作为 Shell。
接着使用如下命令为 hadoop 用户设置密码。

```
$ sudo passwd hadoop
```

由于目前处于学习阶段，不需要把密码设置得过于复杂，本书把密码简单设置为 123456，方便记忆。在执行上面的命令设置密码时，需要按照提示输入两次密码。

随后，可为 hadoop 用户增加管理员权限，以方便部署，避免对于新手来说比较棘手的一些权限问题，命令如下。

```
$ sudo adduser hadoop sudo
```

最后，退出当前登录的用户，返回到 Linux 系统的登录界面。在登录界面的右下角单击用户图标，这时，登录界面中会出现创建好的 hadoop 用户，选择 hadoop 用户身份并输入密码进行登录。

2.4.2　更新 APT

APT 是一个非常优秀的软件管理工具，Linux 系统采用 APT 来安装和管理各种软件。成功安装 Linux 系统以后，需要及时更新 APT，否则，后续一些软件可能无法正常安装。

用 hadoop 用户身份登录 Linux 系统后，打开一个终端，执行如下命令更新 APT。

```
$ sudo apt-get update
```

2.4.3　安装 SSH

SSH 是 secure shell（安全外壳）的缩写，是建立在应用层和传输层基础上的安全协议。SSH 是目前较可靠、专为远程登录会话和其他网络服务提供安全性的协议。利用 SSH 协议可以有效防止远程管理过程中的信息泄露问题。SSH 最初是 UNIX 系统上的一个程序，后来又迅速扩展到其他操作平台。SSH 由客户端和服务端的软件组成，服务端是一个守护进程，它在后台运行并响应来自客户端的连接请求，客户端包含 ssh 程序以及 scp（远程复制）、slogin（远程登录）、sftp（安全文件传输）等其他应用程序。

为什么在安装 Hadoop 之前要配置 SSH 呢？这是因为 Hadoop 名称节点（namenode）需要启动集群中所有机器的 Hadoop 守护进程，这个过程需要通过 SSH 登录来实现。Hadoop 并没有提供 SSH 输入密码登录的形式，因此，为了能够顺利登录集群中的每台机器，需要将所有机器配置为"名称节点可以无密码登录它们"。

Ubuntu 默认已安装了 SSH 客户端，因此，这里还需要安装 SSH 服务端，请在 Linux 系统的终端中执行以下命令。

```
$ sudo apt-get install openssh-server
```

安装后，可以使用如下命令登录本机。

```
$ ssh localhost
```

执行该命令后会出现图 2-3 所示的提示信息（SSH 首次登录提示），输入 yes 并按回车键，然后按提示输入密码 hadoop 并按回车键，就登录到本机了。

图 2-3　SSH 登录提示信息

但是，这样登录需要每次都输入密码，所以，配置成 SSH 无密码登录会比较方便，而且，Hadoop 集群中，名称节点要登录某台机器（数据节点，datanode）时，也不可能人工输入密码，所以，需要设置成 SSH 无密码登录。

首先，请执行命令 exit 退出前文的 SSH，回到原先的终端窗口；然后，可以利用 ssh-keygen 生成密钥，并将密钥加入授权中，命令如下。

```
$ cd ~/.ssh/                          # 若没有该目录，请先执行一次 ssh localhost
$ ssh-keygen -t rsa                   # 会有提示，都按 Enter 键即可
$ cat ./id_rsa.pub >> ./authorized_keys   # 加入授权
```

此时，再执行 ssh localhost 命令，无须输入密码就可以直接登录了，登录后的提示信息如图 2-4 所示。

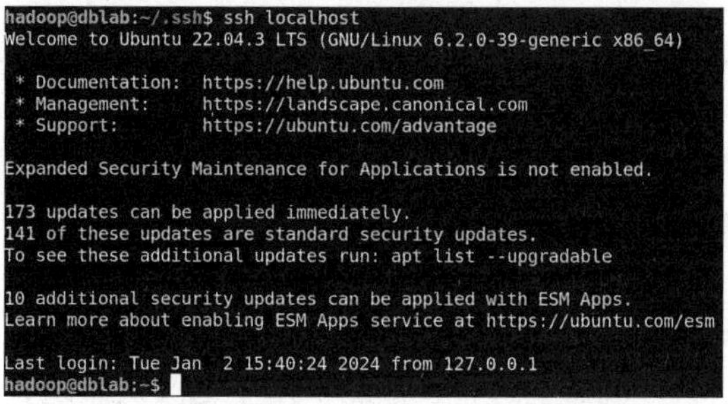

```
hadoop@dblab:~/.ssh$ ssh localhost
Welcome to Ubuntu 22.04.3 LTS (GNU/Linux 6.2.0-39-generic x86_64)

 * Documentation:  https://help.ubuntu.com
 * Management:     https://landscape.canonical.com
 * Support:        https://ubuntu.com/advantage

Expanded Security Maintenance for Applications is not enabled.

173 updates can be applied immediately.
141 of these updates are standard security updates.
To see these additional updates run: apt list --upgradable

10 additional security updates can be applied with ESM Apps.
Learn more about enabling ESM Apps service at https://ubuntu.com/esm

Last login: Tue Jan  2 15:40:24 2024 from 127.0.0.1
hadoop@dblab:~$
```

图 2-4　SSH 登录后的提示信息

2.4.4　安装 Java 环境

由于 Hadoop 本身是使用 Java 编写的，因此，Hadoop 的开发和运行都需要 Java 的支持，对于 Hadoop 3.3.5 而言，要求使用 JDK 1.8 或者更新的版本。

访问 Oracle 官网下载 JDK 1.8 安装包。也可以访问本书服务平台官网，进入"下载专区"，在"软件"目录下找到文件 jdk-8u371-linux-x64.tar.gz 并下载到本地。这里假设下载得到的 JDK 安装文件保存在 Ubuntu 系统的/home/hadoop/Downloads/目录下。

执行如下命令创建/usr/lib/jvm 目录来存放 JDK 文件。

```
$cd /usr/lib
$sudo mkdir jvm # 创建/usr/lib/jvm 目录来存放 JDK 文件
```

执行如下命令对安装文件进行解压。

```
$cd ~ #进入 hadoop 用户的主目录
$cd Downloads
$sudo tar -zxvf ./jdk-8u371-linux-x64.tar.gz -C /usr/lib/jvm
```

执行如下命令，设置环境变量。

```
$vim ~/.bashrc
```

上面的命令使用 vim 编辑器打开了 hadoop 这个用户的环境变量配置文件（关于 vim 编辑器的具体用法可以参考本书服务平台官网），请在这个文件的开头位置，添加如下几行内容。

```
export JAVA_HOME=/usr/lib/jvm/jdk1.8.0_371
export JRE_HOME=${JAVA_HOME}/jre
export CLASSPATH=.:${JAVA_HOME}/lib:${JRE_HOME}/lib
export PATH=${JAVA_HOME}/bin:$PATH
```

保存.bashrc 文件并退出 vim 编辑器。然后，执行如下命令让.bashrc 文件的配置立即生效。

```
$source ~/.bashrc
```

这时，可以使用如下命令查看是否安装成功。

```
$java -version
```

如果返回如下信息，则说明安装成功。

```
java version "1.8.0_371"
Java(TM) SE Runtime Environment (build 1.8.0_371-b11)
Java HotSpot(TM) 64-Bit Server VM (build 25.371-b11, mixed mode)
```

至此，就成功安装了 Java 环境。下面就可以进行 Hadoop 的安装。

2.5 Hadoop 的安装

Hadoop 包括 3 种安装模式。
- 单机模式：只在一台机器上运行，存储采用本地文件系统，不采用分布式文件系统 HDFS。
- 伪分布式模式：存储采用分布式文件系统 HDFS，但是，HDFS 的名称节点和数据节点都在同一台机器上。
- 分布式模式：存储采用分布式文件系统 HDFS，而且 HDFS 的名称节点和数据节点位于不同机器上。

本节介绍 Hadoop 的具体安装方法，包括下载安装文件、配置单机模式、配置伪分布式模式等。由于篇幅限制，关于配置分布式模式的具体方法（Hadoop 集群的搭建方法）请参考本书服务平台官网，这里不进行介绍。

2.5.1 下载安装文件

这里采用的 Hadoop 版本是 3.3.5。可以到 Hadoop 官网或者到本书服务平台官网的"下载专区"的"软件"目录下，下载安装文件 hadoop-3.3.5.tar.gz，并存到/home/hadoop/Downloads/目录下。

下载完安装文件以后，需要对文件进行解压。按照 Linux 系统使用的默认规范，用户安装的软件一般都是存放在/usr/local/目录下。请使用 hadoop 用户身份登录 Linux 系统，打开一个终端，执行如下命令。

```
$ sudo tar -zxvf ~/Downloads/hadoop-3.3.5.tar.gz -C /usr/local  # 解压到/usr/local 目录下
$ cd /usr/local/
$ sudo mv ./hadoop-3.3.5/ ./hadoop                # 将文件夹名改为 hadoop
$ sudo chown -R hadoop:hadoop ./hadoop            # 修改文件权限
```

Hadoop 解压后即可使用，可以执行如下命令检查 Hadoop 是否可用，可用则会显示 Hadoop 版本信息。

```
$ cd /usr/local/hadoop
$ ./bin/hadoop version
```

2.5.2　配置单机模式

Hadoop 的默认模式为非分布式模式（本地模式），无须进行其他配置即可运行。Hadoop 附带了丰富的例子，执行如下命令可以查看所有例子。

```
$ cd /usr/local/hadoop
$ ./bin/hadoop jar ./share/hadoop/mapreduce/hadoop-mapreduce-examples-3.3.5.jar
```

执行上述命令后，会显示所有例子的简介，包括 grep、join、wordcount 等。这里选择运行 grep，可以先在/usr/local/hadoop 目录下创建一个文件夹 input，并复制一些文件到该文件夹下，然后，运行 grep 程序，将 input 文件夹中的所有文件作为 grep 的输入，让 grep 程序从所有文件中筛选出符合正则表达式 "dfs[a-z.]+" 的单词，并统计单词出现的次数，最后，把统计结果输出到/usr/local/hadoop/output 文件夹中。完成上述操作的具体命令如下。

```
$ cd /usr/local/hadoop
$ mkdir input
$ cp ./etc/hadoop/*.xml ./input    # 将配置文件复制到 input 目录下
$ ./bin/hadoop jar ./share/hadoop/mapreduce/hadoop-mapreduce-examples-*.jar grep
./input ./output 'dfs[a-z.]+'
$ cat ./output/*                   # 查看运行结果
```

运行结果如图 2-5 所示，输出了作业的相关信息，结果是符合正则表达式的单词 "dfsadmin" 出现了 1 次。

图 2-5　grep 程序运行结果

需要注意的是，Hadoop 默认不会覆盖结果文件，因此，再次运行上面实例会提示出错。如果要再次运行，需要先使用如下命令把 output 文件夹删除。

```
$ rm -r ./output
```

2.5.3　配置伪分布式模式

Hadoop 可以在单个节点（一台机器）上以伪分布式模式运行，同一个节点既作为名称节点，也作为数据节点，读取的是分布式文件系统 HDFS 中的文件。

1．修改配置文件

需要配置相关文件，才能够让 Hadoop 在伪分布式模式下顺利运行。Hadoop 的配置文件位于/usr/local/hadoop/etc/hadoop/目录中，进行伪分布式模式配置时，需要修改两个配置文件，即 core-site.xml 和 hdfs-site.xml。

可以使用 vim 编辑器打开 core-site.xml 文件，它的初始内容如下。

```
<configuration>
</configuration>
```

修改以后，core-site.xml 文件的内容如下。

```
<configuration>
    <property>
```

```
            <name>hadoop.tmp.dir</name>
            <value>file:/usr/local/hadoop/tmp</value>
            <description>Abase for other temporary directories.</description>
        </property>
        <property>
            <name>fs.defaultFS</name>
            <value>hdfs://localhost:9000</value>
        </property>
    </configuration>
```

在上面的配置文件中，hadoop.tmp.dir 用于保存临时文件，若没有配置 hadoop.tmp.dir 这个参数，则默认使用的临时目录为/tmp/hadoop-hadoop，而这个目录在 Hadoop 重启时有可能被系统清理掉，导致出现一些意想不到的问题，因此，必须配置这个参数。fs.defaultFS 这个参数，用于指定 HDFS 的访问地址，其中，9000 是端口号。

同样，需要修改配置文件 hdfs-site.xml，修改后的内容如下。

```
<configuration>
    <property>
        <name>dfs.replication</name>
        <value>1</value>
    </property>
    <property>
        <name>dfs.namenode.name.dir</name>
        <value>file:/usr/local/hadoop/tmp/dfs/name</value>
    </property>
    <property>
        <name>dfs.datanode.data.dir</name>
        <value>file:/usr/local/hadoop/tmp/dfs/data</value>
    </property>
</configuration>
```

在 hdfs-site.xml 文件中，dfs.replication 这个参数用于指定副本的数量，因为在分布式文件系统 HDFS 中数据会被冗余存储多份，以保证可靠性和可用性。但是，由于这里采用伪分布式模式，只有一个节点，只可能有一个副本，因此，设置 dfs.replication 的值为 1。dfs.namenode.name.dir 用于设定名称节点的元数据的保存目录，dfs.datanode.data.dir 用于设定数据节点的数据保存目录，这两个参数必须设定，否则后面会出错。

配置文件 core-site.xml 和 hdfs-site.xml 的相关内容，也可以直接到本书服务平台官网的"下载专区"下载，位于"代码"目录下。

需要指出的是，Hadoop 的运行方式（比如运行在单机模式下还是运行在伪分布式模式下）是由配置文件决定的，启动 Hadoop 时会读取配置文件，然后根据配置文件来决定运行在什么模式下。因此，如果需要从伪分布式模式切换回单机模式，只需要删除 core-site.xml 中的配置项即可。

2．执行名称节点格式化

修改配置文件以后，要执行名称节点的格式化，命令如下。

```
$ cd /usr/local/hadoop
$ ./bin/hdfs namenode -format
```

如果格式化成功，会看到 successfully formatted 的提示信息，如图 2-6 所示。

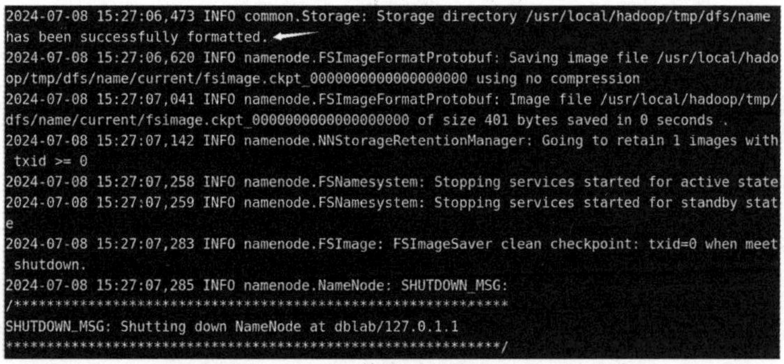

图 2-6　执行名称节点格式化后的提示信息

3．启动 Hadoop

执行以下命令启动 Hadoop。

```
$ cd /usr/local/hadoop
$ ./sbin/start-dfs.sh  #start-dfs.sh 是完整的可执行文件，中间没有空格
```

Hadoop 启动完成后，可以通过命令 jps 来判断是否成功启动，命令如下。

```
$ jps
```

若成功启动，则会显示 NameNode、DataNode 和 SecondaryNameNode 等进程，如图 2-7 所示。如果看不到 SecondaryNameNode，请执行命令./sbin/stop-dfs.sh 关闭 Hadoop 相关进程，然后，再次尝试启动。如果看不到 NameNode 或 DataNode 进程，则表示配置不成功，请仔细检查之前的步骤，或通过查看启动日志排查原因。

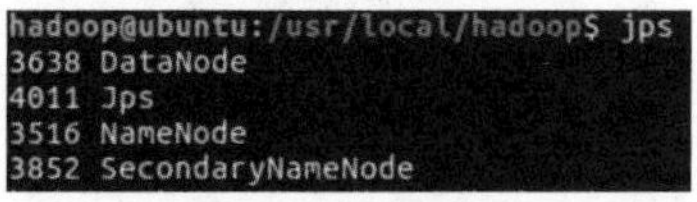

图 2-7　Hadoop 启动成功以后显示的进程

4．使用 Web 界面查看 HDFS 中的文件

Hadoop 成功启动后，可以在 Linux 系统（不是 Windows 系统）中打开一个浏览器，在地址栏输入地址 http://localhost:9870，就可以查看名称节点和数据节点的信息，还可以在线查看 HDFS 中的文件，如图 2-8 所示。

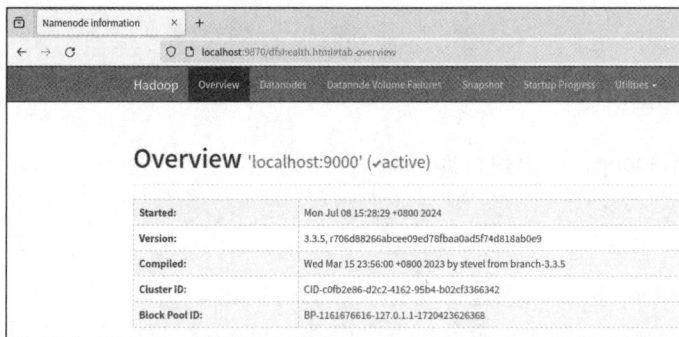

图 2-8　查看 HDFS 中的文件

5．运行 Hadoop 伪分布式模式实例

前文的单机模式中，grep 例子读取的是本地数据，伪分布式模式下，读取的是分布式文件系统 HDFS 上的数据。要使用 HDFS，首先需要在 HDFS 中创建用户目录（本书统一采用 hadoop 用户身份登录 Linux 系统），命令如下。

```
$ cd /usr/local/hadoop
$ ./bin/hdfs dfs -mkdir -p /user/hadoop
```

上面的命令是分布式文件系统 HDFS 的操作命令，第 3 章 "分布式文件系统 HDFS" 中会做详细介绍，目前只需要按照命令操作即可。

接着需要把本地文件系统的/usr/local/hadoop/etc/hadoop 目录中的所有.xml 文件作为输入文件，复制到分布式文件系统 HDFS 中的/user/hadoop/input 目录中，命令如下。

```
$ cd /usr/local/hadoop
$ ./bin/hdfs dfs -mkdir input    # 在 HDFS 中创建 hadoop 用户对应的 input 目录
$ ./bin/hdfs dfs -put ./etc/hadoop/*.xml input    # 把本地文件复制到 HDFS 中
```

复制完成后，可以通过如下命令查看 HDFS 中的文件列表。

```
$ ./bin/hdfs dfs -ls input
```

执行上述命令以后，可以看到 input 目录下的文件信息。

现在就可以运行 Hadoop 自带的 grep 程序，命令如下。

```
$ ./bin/hadoop jar ./share/hadoop/mapreduce/hadoop-mapreduce-examples-3.3.5.jar grep input output 'dfs[a-z.]+'
```

运行结束后，可以通过如下命令查看 HDFS 的 output 文件夹中的内容。

```
$ ./bin/hdfs dfs -cat output/*
```

执行结果如图 2-9 所示。

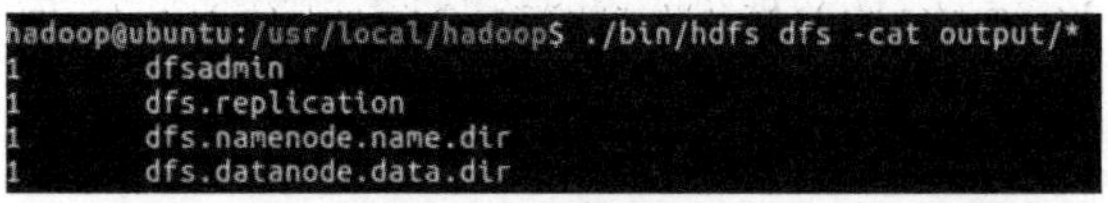

图 2-9　在 Hadoop 伪分布式模式下的执行结果

需要强调的是，Hadoop 运行程序时，输出目录不能存在，否则会报错。因此，若要再次执行 grep 程序，需要执行如下命令删除 HDFS 中的 output 文件夹。

```
$ ./bin/hdfs dfs -rm -r output    # 删除 output 文件夹
```

6．关闭 Hadoop

如果要关闭 Hadoop，可以执行如下命令。

```
$ cd /usr/local/hadoop
$ ./sbin/stop-dfs.sh
```

下次启动 Hadoop 时，无须进行名称节点的初始化（否则会出错），也就是说，不要再次执行 hdfs namenode -format 命令，每次启动 Hadoop 时只需要直接运行 start-dfs.sh 命令即可。

7. 配置PATH环境变量

前文在启动 Hadoop 时，都要加上命令的路径，比如，./sbin/start-dfs.sh 这条命令中就带上了路径，实际上，通过设置 PATH 环境变量，就可以在执行命令时不用带上命令本身所在的路径。比如，打开一个 Linux 终端，在任何一个目录下执行 ls 命令时，都没有带上 ls 命令的路径，实际上，执行 ls 命令时，是执行/bin/ls 这个程序，之所以不需要带上路径，是因为 Linux 系统已经把 ls 命令的路径加入 PATH 环境变量中，执行 ls 命令时，系统根据 PATH 环境变量中包含的目录位置，逐一进行查找，直至在这些目录下找到匹配的 ls 程序（若没有匹配的程序，则系统会提示该命令不存在）。

知道这个原理以后，我们可以把 start-dfs.sh、stop-dfs.sh 等命令所在的目录 /usr/local/hadoop/sbin 加入环境变量 PATH 中，这样，以后在任何目录下都可以直接使用命令 start-dfs.sh 启动 Hadoop，不用带上命令路径。具体操作方法是，首先使用 vim 编辑器打开~/.bashrc 这个文件，然后，在这个文件的最前面位置加入如下单独一行。

```
export PATH=$PATH:/usr/local/hadoop/sbin
```

在后面的学习过程中，如果要继续把其他命令的路径也加入 PATH 环境变量中，只需要修改~/.bashrc 文件，用英文冒号 ":" 隔开，把新的路径加到后面即可。例如，如果要把 /usr/local/hadoop/bin 路径增加到环境变量 PATH 中，只要将其追加到后面，如下所示。

```
export PATH=$PATH:/usr/local/hadoop/sbin:/usr/local/hadoop/bin
```

添加后，执行命令 source ~/.bashrc 使设置生效。设置生效后，在任何目录下启动 Hadoop，都只需要直接执行 start-dfs.sh 命令，同理，停止 Hadoop，也只需要在任何目录下执行 stop-dfs.sh 命令。

2.6 本章小结

Hadoop 被视为事实上的大数据处理标准，本章介绍了 Hadoop 的发展历程，并阐述了 Hadoop 的高可靠性、高效性、高可扩展性、高容错性、低成本、运行在 Linux 系统上、支持多种编程语言等特性。Hadoop 目前已经在各个领域得到了广泛的应用，如雅虎、百度、淘宝、网易等公司都建立了自己的 Hadoop 集群。经过多年发展，Hadoop 生态系统已经变得非常成熟和完善，包括 ZooKeeper、HDFS、HBase、MapReduce、Hive、Pig 等子项目，其中 HDFS 和 MapReduce 是 Hadoop 的两大核心组件。本章最后介绍了如何在 Linux 系统中完成 Hadoop 的安装和使用，该部分是后续实践环节的基础。

2.7 习题

1. 试述 Hadoop 和 MapReduce、GFS 等之间的关系。
2. 试述 Hadoop 具有哪些特性。
3. 试述 Hadoop 在各个领域的应用情况。
4. 试述 Hadoop 生态系统以及每个部分的具体功能。
5. 配置 Hadoop 时，Java 的路径 JAVA_HOME 是在哪一个配置文件中进行设置的？

6. 试列举单机模式和伪分布式模式的异同点。

7. 伪分布式模式 Hadoop 运行启动后所具有的进程有哪些？

实验 1　熟悉常用的 Linux 操作和 Hadoop 操作

一、实验目的

（1）掌握虚拟机软件和 Linux 系统的安装方法。Hadoop 在 Linux 系统中运行可以发挥最佳性能。鉴于目前很多读者正在使用 Windows 系统，因此，为了完成本书的后续实验，这里有必要通过本实验让读者掌握在 Windows 系统中搭建 Linux 虚拟机的方法。

（2）掌握一些常用的 Linux 命令。本书的所有实验都在 Linux 系统中完成，因此，需要读者熟悉一些常用的 Linux 命令。

（3）掌握配置 Hadoop 伪分布式模式的方法。可能有读者的计算机并不具备集群环境，而 Hadoop 操作需要在一台机器上模拟一个小的集群，因此，需要通过本实验让读者掌握在单机上实现 Hadoop 的伪分布式模式的安装方法。

（4）掌握 Hadoop 的常用操作。熟练使用一些基本的 Shell 命令对 Hadoop 进行操作，包括创建目录、复制文件、查看文件等。

二、实验平台

- 操作系统：Windows 系统和 Linux 系统。
- 虚拟机软件：推荐使用的开源虚拟机软件为 VMware。读者可以在 Windows 系统中安装 VMware，然后在 VMware 上安装并且运行 Linux 系统。本实验默认使用的 Linux 系统发行版为 Ubuntu Kylin 22.04 LTS。
- Hadoop 版本：3.3.5。

三、实验内容和要求

1. 安装虚拟机软件和 Linux 系统

下载 VMware 和 Ubuntu 22.04 镜像文件。可以到本书服务平台官网的"下载专区"的"软件"目录中下载，也可以到软件的官网下载。

首先，在 Windows 系统中安装虚拟机软件 VMware；其次，在虚拟机软件 VMware 上安装 Ubuntu 22.04。关于具体安装方法，可以参考网络资料，也可以参考本书服务平台官网的"教材配套大数据软件安装和编程实践指南"栏目。

2. 熟悉常用的 Linux 命令

（1）cd 命令：切换目录。
① 切换到目录/usr/local。
② 切换到当前目录的上一级目录。
③ 切换到当前登录 Linux 系统的用户的主文件夹。
（2）ls 命令：查看文件与目录。
查看目录/usr 下的所有文件和目录。

（3）mkdir 命令：新建目录。

① 进入/tmp 目录，创建一个名为 a 的目录，并查看/tmp 目录下已经存在的目录。

② 进入/tmp 目录，创建目录 a1/a2/a3/a4。

（4）rmdir 命令：删除空的目录。

① 将上面创建的目录 a（在/tmp 目录下）删除。

② 删除前面创建的目录 a1/a2/a3/a4（在/tmp 目录下），然后查看/tmp 目录下存在的目录。

（5）cp 命令：复制文件或目录。

① 将当前用户的主文件夹下的文件.bashrc 复制到目录/usr 下，并重命名为 bashrc1。

② 在目录/tmp 下新建目录 test，再把这个目录复制到/usr 目录下。

（6）mv 命令：移动或重命名文件与目录。

① 将/usr 目录下的文件 bashrc1 移动到/usr/test 目录下。

② 将/usr 目录下的 test 目录重命名为 test2。

（7）rm 命令：移除文件或目录。

① 将/usr/test2 目录下的 bashrc1 文件删除。

② 将/usr 目录下的 test2 目录删除。

（8）cat 命令：查看文件内容。

查看当前用户主文件夹下.bashrc 文件的内容。

（9）tac 命令：反向查看文件内容。

反向查看当前用户主文件夹下.bashrc 文件的内容。

（10）more 命令：一页一页翻动查看。

翻页查看当前用户主文件夹下.bashrc 文件的内容。

（11）head 命令：取出前面几行。

① 查看当前用户主文件夹下.bashrc 文件的内容的前 20 行。

② 查看当前用户主文件夹下.bashrc 文件的内容，后面 50 行不显示，只显示前面几行。

（12）tail 命令：取出后面几行。

① 查看当前用户主文件夹下.bashrc 文件的内容的最后 20 行。

② 查看当前用户主文件夹下.bashrc 文件的内容，并且只列出 50 行以后的数据。

（13）touch 命令：修改文件时间或创建新文件。

① 在/tmp 目录下创建一个空文件 hello，并查看文件时间。

② 修改 hello 文件，将文件时间修改为 5 天前。

（14）chown 命令：修改文件所有者。

将 hello 文件所有者改为 root，并查看属性。

（15）find 命令：查找文件。

找出主文件夹下文件名为.bashrc 的文件。

（16）tar 命令：压缩命令。

① 在根目录/下新建文件夹 test，然后在根目录/下将其压缩成 test.tar.gz。

② 把上面的 test.tar.gz 压缩包，解压到/tmp 目录下。

（17）grep 命令：查找字符串。

在 ~ /.bashrc 文件中查找字符串'examples'。

（18）配置环境变量。

① 在 ~/.bashrc 中设置，配置 Java 环境变量。

② 查看 JAVA_HOME 变量的值。

3．进行 Hadoop 伪分布式模式安装

访问 Hadoop 官网或者本书服务平台官网，下载 Hadoop 安装文件 hadoop-3.3.5.tar.gz。在 Linux 虚拟机环境下完成 Hadoop 伪分布式模式环境的搭建，并运行 Hadoop 自带的 WordCount 实例检测是否运行正常。具体安装方法可以参考网络资料，也可以参考本书服务平台官网的"教材配套大数据软件安装和编程实践指南"。

4．熟悉常用的 Hadoop 操作

（1）以 hadoop 用户身份登录 Linux 系统，启动 Hadoop（Hadoop 的安装目录为 /usr/local/hadoop），为 hadoop 用户在 HDFS 中创建用户目录/user/hadoop。

（2）在 HDFS 的目录/user/hadoop 下，创建 test 文件夹，并查看文件列表。

（3）将 Linux 系统本地的 ~/.bashrc 文件上传到 HDFS 的 test 文件夹中，并查看 test 文件夹。

（4）将 HDFS 的 test 文件夹复制到 Linux 系统中本地文件系统的/usr/local/hadoop 目录下。

四、实验报告

"大数据技术原理与应用"实验报告 1		
题目：	姓名：	日期：

实验环境：

实验内容与完成情况：

出现的问题：

解决方案（列出已解决的问题和解决办法，以及没有解决的问题）：

第二篇
大数据存储与管理

本篇内容

本篇介绍大数据存储与管理相关技术的概念、原理与编程实践，包括分布式文件系统 HDFS、分布式数据库 HBase 和 NoSQL 数据库。HDFS 提供了在廉价服务器集群中进行大规模分布式文件存储的能力。HBase 是一个高可靠、高性能、面向列、可伸缩的分布式数据库，主要用来存储非结构化和半结构化的松散数据。NoSQL 数据库可以支持超大规模数据存储，灵活的数据模型可以很好地支持 Web 2.0 应用，具有强大的横向扩展能力，可以有效弥补传统关系数据库的不足。

本篇包括 3 章。第 3 章介绍分布式文件系统 HDFS，第 4 章介绍分布式数据库 HBase，第 5 章介绍 NoSQL 数据库。实际上，HBase 也是 NoSQL 数据库的一种，但是，HBase 是 Hadoop 生态系统中的重要组件，所以这里单用一章进行介绍。

知识地图

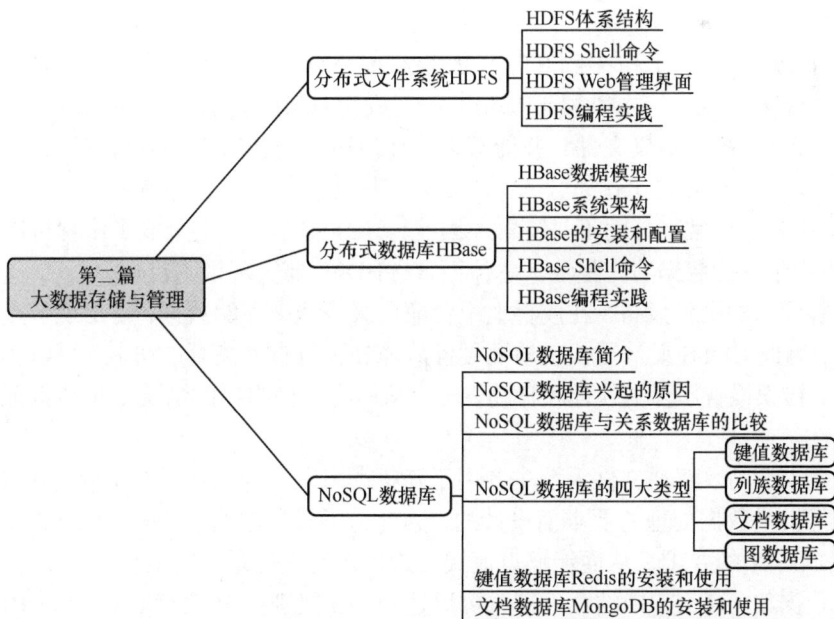

重点与难点

重点为掌握分布式文件系统 HDFS 和分布式数据库 HBase 的实现原理与编程方法。难点为理解 HDFS 的体系结构与编程实践、HBase 的数据模型与编程实践。

第3章 分布式文件系统 HDFS

大数据时代必须解决海量数据的高效存储问题，为此，谷歌公司开发了分布式文件系统 GFS，通过网络实现文件在多台机器上的分布式存储，较好地满足了大规模数据存储的需求。HDFS 是针对 GFS 的开源实现，它是 Hadoop 两大核心组成部分之一，具有很好的容错能力，并且兼容廉价的硬件设备，因此可以以较低的成本利用现有机器实现大流量和大数据量的读写。

本章首先给出 HDFS 简介，然后详细阐述 HDFS 的相关概念和体系结构，接下来介绍 HDFS 操作常用的 Shell 命令以及 HDFS 的 Web 管理界面，最后介绍一些 HDFS 编程实践方面的知识。

3.1 HDFS 简介

HDFS 开源实现了 GFS。HDFS 原来是 Apache Nutch 项目的一部分，后来独立出来作为单独的 Apache 子项目，并和 MapReduce 一起成为 Hadoop 的核心组成部分。HDFS 支持流数据读取和处理超大规模文件，并能够运行在由廉价的普通服务器组成的集群上，这主要得益于 HDFS 在设计之初就充分考虑了实际应用环境的特点，那就是，硬件出错在普通服务器集群中是一种常态，而不是异常。因此，HDFS 在设计上采取了多种机制保证在硬件出错的环境中维持数据的完整性。总体而言，HDFS 要实现以下目标。

- 兼容廉价的硬件设备。在成百上千台廉价服务器中存储数据，常出现节点失效的情况，因此 HDFS 设计了快速检测硬件故障和进行自动恢复的机制，可以实现持续监视、错误检查、容错处理和自动恢复，从而在硬件出错的情况下也能保证数据的完整性。
- 流数据读写。普通文件系统主要用于随机读写以及与用户进行交互，HDFS 是为了满足批量数据处理的要求而设计的，因此为了提高数据吞吐率，HDFS 放松了一些对 POSIX 的要求，从而能够以流式方式来访问文件系统的数据。
- 大数据集。HDFS 中的文件通常可以达到 GB 级别甚至 TB 级别，一个由数百台机器组成的集群可以支持千万级别这样的文件。
- 简单的文件模型。HDFS 采用了"一次写入、多次读取"的简单文件模型，文件一旦完成写入，关闭后就无法再次写入，只能被读取。
- 强大的跨平台兼容性。HDFS 是采用 Java 实现的，具有很好的跨平台兼容性，支持 Java 虚拟机（Java virtual machine，JVM）的机器都可以运行 HDFS。

由于 HDFS 的特殊设计，在具有上述优良特性的同时，也使 HDFS 自身具有一些应用的局限性，主要包括以下几个方面。

- 不适合低延迟数据访问。HDFS 主要是面向大规模数据批量处理而设计的，采用流式数据读取，具有很高的数据吞吐率，但是，这也意味着有较高的延迟。因此，HDFS 不适合用在需要较低延迟（如数十毫秒）的应用场合。对于有低延时要求的应用程序而言，HBase 是一个更好的选择。
- 无法高效存储大量小文件。小文件是指文件大小小于一个块的文件。HDFS 无法高效存储和处理大量小文件，小文件过多会给系统扩展性和性能带来诸多问题。首先，HDFS 采用名称节点来管理文件系统的元数据，这些元数据被保存在内存中，从而使客户端可以快速获取文件实际存储位置。通常，每个文件、目录和块大约占 150 B，如果有 1000 万个文件，每个文件对应一个块，那么，名称节点至少要消耗 3 GB 的内存来保存这些元数据信息。很显然，这时元数据检索的效率就比较低了，需要花费较多的时间找到一个文件的实际存储位置。而且，如果继续扩展到数十亿个文件，名称节点保存元数据所需要的内存空间会大大增加，以现有的硬件水平，是难以在内存中保存如此大量的元数据的。其次，用 MapReduce 处理大量小文件时，会产生过多的 Map 任务，进程管理开销会大大增加，因此处理大量小文件的速度远远低于处理同等规模的大文件的速度。再者，访问大量小文件的速度远远低于访问几个大文件的速度，因为访问大量小文件，需要不断从一个数据节点跳到另一个数据节点，严重影响性能。
- 不支持多用户写入及任意修改文件。HDFS 只允许一个文件有一个写入者，不允许多个用户对同一个文件执行写操作，而且只允许对文件执行追加操作，不能执行随机写操作。

3.2 HDFS 的相关概念

本节介绍 HDFS 中的相关概念，包括块、名称节点和数据节点、第二名称节点（secondary namenode）。

3.2.1 块

在传统的文件系统中，为了提高磁盘读写效率，一般以数据块为单位，而不是以字节为单位。比如机械式硬盘（磁盘的一种）包含磁头和转动部件，在读取数据时有一个寻道的过程，通过转动盘片和移动磁头的位置，找到数据在机械式硬盘中的存储位置，才能进行读写。在 I/O 开销中，机械式硬盘的寻址是最耗时的，一旦找到第一条记录，剩下的顺序读取效率是非常高的。因此，以块为单位读写数据，可以把磁盘寻道时间分摊到大量数据中。

HDFS 也采用了块的概念，默认一个块的大小是 128 MB。HDFS 中的文件会被拆分成多个块，每个块作为独立的单元进行存储。HDFS 这么做，是为了最小化寻址开销。HDFS 的寻址开销不仅包括磁盘的寻道开销，还包括数据块的定位开销。当客户端需要访问一个文件时，首先从名称节点获得组成这个文件的数据块的位置列表，然后根据位置列表获取实际存储各个数据块的数据节点的位置，最后数据节点根据数据块信息在本地 Linux 文件系统中找到对应的文件，并把数据返回给客户端。设计一个比较大的块，可以把上述寻址开销分摊到较多的数据中，降低单位数据的寻址开销。因此，HDFS 在文件块大小的设置上要远远大于普通文件系统的，以期在处理大规模文件时能够获得更好的性能。当然，块也不宜设置得过大，因为通常 MapReduce 中的 Map 任务一次只处理一个块中的数据，如果启动的任务太少，就会降低作业并行处理速度。

HDFS 采用抽象的块概念可以有以下几个明显的好处。

- 支持大规模文件存储。文件以块为单位进行存储，一个大规模文件可以被拆分成若干个文件块，不同的文件块可以被分发到不同的节点上，因此一个文件的大小不会受到单个节点的存储容量的限制，可以远远大于网络中任意节点的存储容量。
- 简化系统设计。首先，HDFS 采用块概念大大简化了存储管理，因为文件块大小是固定的，这样就可以很容易地计算出一个节点能存储多少文件块；其次，这方便了元数据的管理，元数据不需要和文件块一起存储，可以由其他系统负责管理元数据。
- 适合数据备份。每个文件块都可以冗余存储到多个节点上，大大提高了系统的容错性和可用性。

3.2.2 名称节点和数据节点

在 HDFS 中，名称节点负责管理分布式文件系统的命名空间（namespace），保存了两个核心的数据结构（见图 3-1），即 FsImage 和 EditLog。FsImage 用于维护文件系统树以及文件系统树中所有文件和文件夹的元数据，操作日志文件 EditLog 中记录了所有针对文件的创建、删除、重命名等操作。名称节点记录了每个文件中各个块所在的数据节点的位置信息，但是并不持久化地存储这些信息，而是在系统每次启动时扫描所有数据节点并重构，从而得到这些信息。

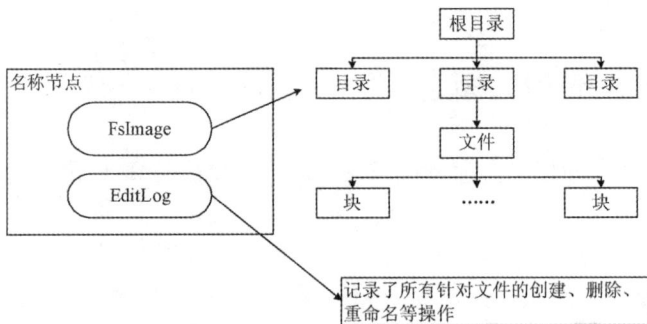

图 3-1 名称节点的数据结构

名称节点在启动时，会将 FsImage 的内容加载到内存当中，然后执行 EditLog 文件中的各项操作，使内存中的元数据始终是最新的。这个操作完成以后，就会创建一个新的 FsImage 文件和一个空的 EditLog 文件。名称节点启动成功并进入正常运行状态以后，HDFS 中的更新操作都会被写入 EditLog，而不是直接被写入 FsImage。这是因为对于分布式文件系统而言，FsImage 文件通常都很庞大（一般都是 GB 级别以上），如果所有的更新操作都直接在 FsImage 文件中进行，那么系统的运行速度会变得非常缓慢。相对而言，EditLog 通常都要远远小于 FsImage，更新操作写入 EditLog 是非常高效的。名称节点在启动的过程中处于安全模式，只能对外提供读操作，无法提供写操作。启动过程结束后，系统就会退出安全模式，进入正常运行状态，对外提供读写操作。

数据节点是分布式文件系统 HDFS 的工作节点，负责数据的存储和读取，会根据客户端或者名称节点的调度进行数据的存储和检索，并且向名称节点定期发送自己所存储的块的列表信息。每个数据节点中的数据会被保存在各自节点的本地 Linux 文件系统中。

3.2.3 第二名称节点

在名称节点运行期间，HDFS 会不断产生更新操作，这些更新操作直接被写入 EditLog 文件，因此 EditLog 文件也会逐渐变大。在名称节点运行期间，不断变大的 EditLog 文件通常不会对系统性能产生显著影响，但是当名称节点重启时，需要将 FsImage 加载到内存中，然后逐条执行 EditLog 中的记录，使 FsImage 保持最新。可想而知，如果 EditLog 很大，就会导致整个过程变得非常缓慢，使名称节点在启动过程中长期处于安全模式，无法正常对外提供写操作，影响用户的使用。

为了有效解决 EditLog 逐渐变大带来的问题，HDFS 在设计中采用了第二名称节点。第二名称节点是 HDFS 架构的一个重要组成部分，具有两个方面的功能：首先，它可以完成 EditLog 与 FsImage 的合并操作，减小 EditLog 文件的大小，缩短名称节点重启时间；其次，它可以作为名称节点的"检查点"，保存名称节点中的元数据信息。具体如下。

（1）EditLog 与 FsImage 的合并操作。每隔一段时间，第二名称节点会和名称节点通信，请求其停止使用 EditLog 文件（这里假设这个时刻为 t_1），暂时将新到达的写操作添加到一个新的文件 EditLog.new 中。然后，第二名称节点把名称节点中的 FsImage 文件和 EditLog 文件下载到本地，再加载到内存中；对二者执行合并操作，即在内存中逐条执行 EditLog 中的操作，使 FsImage 保持最新。合并结束后，第二名称节点会把合并得到的最新的 FsImage.ckpt 文件发送到名称节点。名称节点收到后，会用最新的 FsImage.ckpt 文件替换旧的 FsImage 文件，同时用 EditLog.new 文件替换 EditLog 文件（这里假设这个时刻为 t_2），从而减小了 EditLog 文件的大小。工作过程示意如图 3-2 所示。

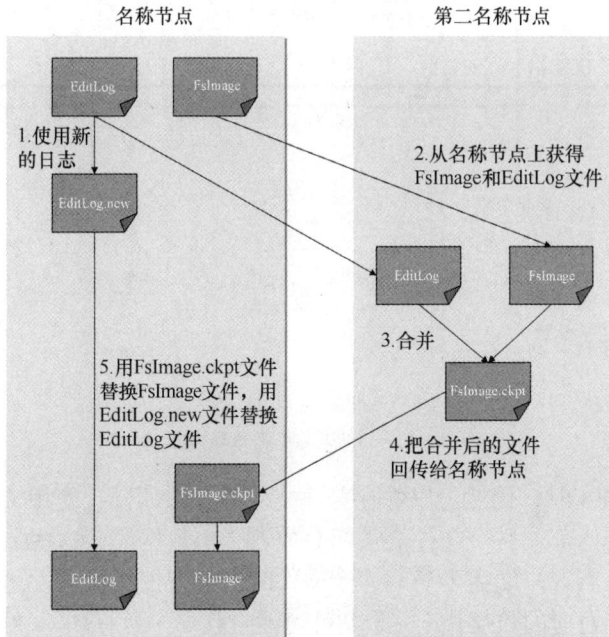

图 3-2　第二名称节点的工作过程示意

（2）作为名称节点的"检查点"。从上面的合并过程可以看出，第二名称节点会定期和名称节点通信，从名称节点获取 FsImage 文件和 EditLog 文件，执行合并操作得到新的 FsImage.ckpt 文件。从这个角度来讲，第二名称节点相当于为名称节点设置了一个"检查点"，周期性地备份名称节点中的元数据信息，当名称节点发生故障时，就可以用第二名称节点中记录的元数据信息进行系统恢复。但是，在第二名称节点上合并操作得到的新的 FsImage 文件是合并操作发生时（t_1 时刻）HDFS 记录的元数据信息，并没有包含 t_1 和 t_2 期间发生的更新操作。如果名称节点在 t_1 和 t_2 期间发生故障，系统就会丢失部分元数据信息，在 HDFS 的设计中，也并不支持把系统直接切换到第二名称节点。因此从这个角度来讲，第二名称节点只是起到了名称节点的"检查点"作用，并不能起到"热备份"作用。即使有了第二名称节点的存在，当名称节点发生故障时，系统还是有可能丢失部分元数据信息。

3.3 HDFS 体系结构

HDFS 采用了主从（master/slave）结构模型，一个 HDFS 集群包括一个名称节点和若干个数据节点，体系结构如图 3-3 所示。名称节点作为中心服务器，负责管理文件系统的命名空间及客户端对文件的访问。集群中的数据节点一般是一个节点运行一个数据节点进程，负责处理文件系统客户端的读/写请求，在名称节点的统一调度下进行数据块的创建、删除和复制等操作。每个数据节点的数据实际上是保存在本地 Linux 文件系统中的。每个数据节点会周期性地向名称节点发送"心跳"信息，报告自己的状态，没有按时发送"心跳"信息的数据节点会被标记为"死机"，不会再给它分配任何 I/O 请求。

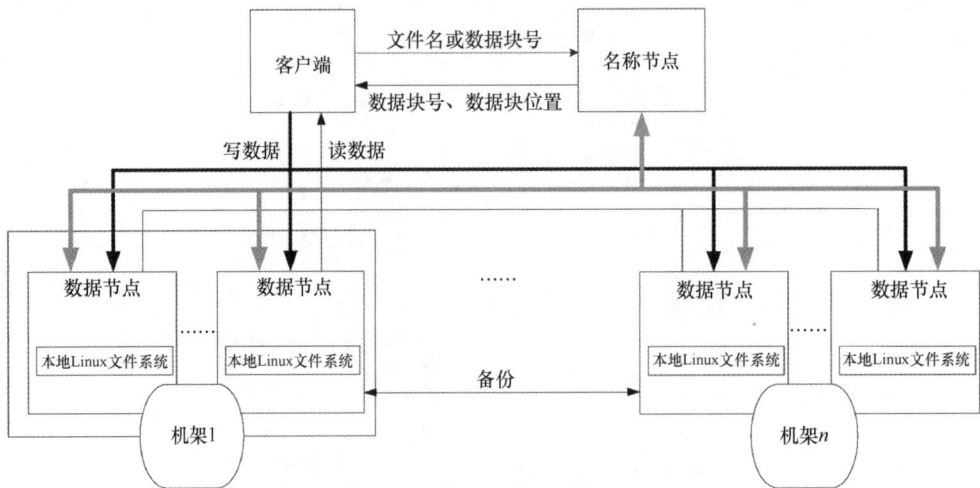

图 3-3 HDFS 的体系结构

用户在使用 HDFS 时，仍然可以像在普通文件系统中那样，使用文件名存储和访问文件。实际上，在系统内部，一个文件会被切分成若干个数据块，这些数据块被分布存储到若干个数据节点上。当客户端需要访问一个文件时，首先把文件名发送给名称节点，名称节点根据文件名找到对应的数据块（一个文件可能包括多个数据块），再根据每个数据块信息找到实际存储各个数据块的数据节点的位置，并把数据节点位置发送给客户端，最后客户端直接访问这些数据节点获取数据。在整个访问过程中，名称节点并不参与数据的传输。这种设计方式，使得一个文件的数据能够在不同的数据节点上实现并发访问，大大提高数据访问速度。

HDFS 采用 Java 开发，因此，任何支持 JVM 的机器都可以部署名称节点和数据节点。在实际部署时，通常在集群中选择一台性能较好的机器作为名称节点，其他机器作为数据节点。当然，一台机器可以运行任意多个数据节点，甚至名称节点和数据节点也可以在一台机器上运行，不过，很少在正式部署中采用这种模式。

3.4 HDFS 操作常用 Shell 命令

Hadoop 支持很多 Shell 命令，比如 hadoop fs、hadoop dfs 和 hdfs dfs 等都是 HDFS 常用的 Shell 命令，用来查看 HDFS 的目录结构、上传和下载数据、创建文件等。这 3 个命令既有联系又有区别。

- hadoop fs：适用于任何不同的文件系统，比如本地文件系统和 HDFS。
- hadoop dfs：只适用于 HDFS。
- hdfs dfs：跟 hadoop dfs 命令的作用一样，也只适用于 HDFS。

下面统一使用 hdfs dfs 命令对 HDFS 进行操作。

3.4.1 查看命令使用方法

登录 Linux 系统，打开一个终端，首先启动 Hadoop，命令如下。

```
$ cd /usr/local/hadoop
$ ./sbin/start-dfs.sh
```

可以在终端中执行如下命令，查看 hdfs dfs 支持哪些操作。

```
$ cd /usr/local/hadoop
$ ./bin/hdfs dfs
```

可以查看某条命令的作用，比如，当需要查询 put 命令的具体用法时，可以执行如下命令。

```
$ ./bin/hdfs dfs -help put
```

3.4.2 HDFS 目录操作

1．目录操作

需要注意的是，Hadoop 系统安装好以后，第一次使用 HDFS 时，需要先在 HDFS 中创建用户目录。本书全部采用 hadoop 用户身份登录 Linux 系统，因此，需要在 HDFS 中为 hadoop 用户创建一个用户目录，命令如下。

```
$ cd /usr/local/hadoop
$ ./bin/hdfs dfs -mkdir -p /user/hadoop
```

该命令表示在 HDFS 中创建一个名为/user/hadoop 的目录，-mkdir 是创建目录的操作，-p 表示如果是多级目录，则父目录和子目录一起创建，这里的/user/hadoop 就是一个多级目录，因此必须使用参数-p，否则会出错。

/user/hadoop 目录就成为 hadoop 用户对应的用户目录，可以使用如下命令显示 HDFS 中与当前用户 hadoop 对应的用户目录下的内容。

```
$ ./bin/hdfs dfs -ls .
```

该命令中，-ls 表示列出 HDFS 某个目录下的所有内容，.表示 HDFS 中的当前用户目录，也就是/user/hadoop 目录，因此，上面的命令和下面的命令是等价的。

```
$ ./bin/hdfs dfs -ls /user/hadoop
```

如果要列出 HDFS 上的所有目录，可以使用如下命令。

```
$ ./bin/hdfs dfs -ls
```

可以使用如下命令创建一个 input 目录。

```
$ ./bin/hdfs dfs -mkdir input
```

在创建 input 目录时，采用了相对路径形式，实际上，这个 input 目录创建成功以后，它在 HDFS 中的完整路径是/user/hadoop/input。如果要在 HDFS 的根目录下创建一个名称为 input 的目录，则需要使用如下命令。

```
$ ./bin/hdfs dfs -mkdir /input
```

可以使用 rm 命令删除一个目录，比如，可以使用如下命令删除前文在 HDFS 中创建的/input 目录（不是/user/hadoop/input 目录）。

```
$ ./bin/hdfs dfs -rm -r /input
```

上面的命令中，-r 参数表示如果删除/input 目录及其子目录下的所有内容，而且要删除的某个目录包含子目录，则必须使用-r 参数，否则会执行失败。

2．文件操作

在实际应用中，经常需要从本地文件系统向 HDFS 上传文件，或者把 HDFS 中的文件下载到本地文件系统中。

首先，使用 vim 编辑器，在本地 Linux 文件系统的/home/hadoop/目录下创建一个文件 myLocalFile.txt，可以随意输入一些单词，比如，输入如下 3 行内容。

```
Hadoop
Spark
XMU DBLAB
```

然后，可以使用如下命令把本地文件系统的/home/hadoop/myLocalFile.txt 上传到 HDFS 中当前用户目录的 input 目录下，也就是上传到 HDFS 的/user/hadoop/input/目录下。

```
$ ./bin/hdfs dfs -put /home/hadoop/myLocalFile.txt  input
```

可以使用 ls 命令查看文件是否成功上传到 HDFS 中，具体如下。

```
$ ./bin/hdfs dfs -ls input
```

该命令执行后会显示如下信息。

```
Found 1 items
```

```
-rw-r--r--  1 hadoop supergroup 36 2024-07-12 03:11 input/ myLocalFile.txt
```

使用如下命令查看 HDFS 中的 myLocalFile.txt 文件的内容。

```
$ ./bin/hdfs dfs -cat input/myLocalFile.txt
```

下面把 HDFS 中的 myLocalFile.txt 文件下载到本地文件系统中的/home/hadoop/Downloads/目录下，命令如下。

```
$ ./bin/hdfs dfs -get input/myLocalFile.txt   /home/hadoop/Downloads
```

可以使用如下命令，到本地文件系统中查看下载的文件 myLocalFile.txt。

```
$ cd ~
$ cd Downloads
$ ls
$ cat myLocalFile.txt
```

最后，了解如何把文件从 HDFS 的一个目录复制到 HDFS 中的另外一个目录。比如，如果要把 HDFS 的/user/hadoop/input/myLocalFile.txt 文件复制到 HDFS 的另外一个目录/input 中（注意，这个 input 目录位于 HDFS 根目录下），可以使用如下命令。

```
$ ./bin/hdfs dfs -cp input/myLocalFile.txt   /input
```

3.5 HDFS 的 Web 管理界面

HDFS 提供了 Web 管理界面，可以很方便地查看 HDFS 相关信息。需要在 Linux 系统（不是 Windows 系统）中打开自带的 Firefox 浏览器，在浏览器的地址栏中输入 http://localhost:9870，就可以看到如图 3-4 所示的 HDFS 的 Web 管理界面。

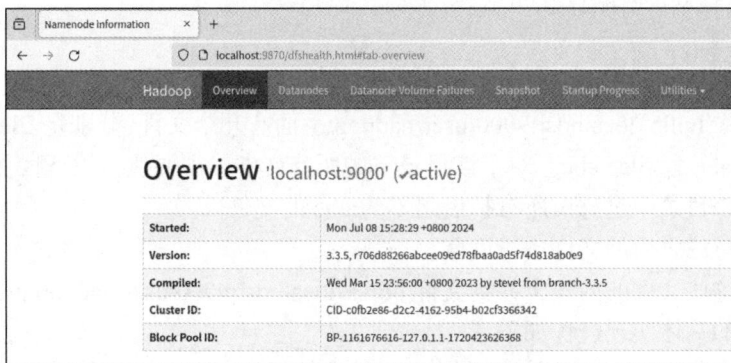

图 3-4 HDFS 的 Web 管理界面

在 HDFS 的 Web 管理界面中，包含 Overview、Datanodes、Datanode Volume Failures、Snapshot、Startup Progress 和 Utilities 等菜单，单击菜单可以进入相应的管理界面，查询各种详细信息。

3.6 HDFS 编程实践

Hadoop 采用 Java 开发，提供了 Java API（应用程序接口）与 HDFS 进行交互。前文介绍的 Shell 命令，在执行时实际上会被系统转换成 Java API 调用。Hadoop 官方网站提供了完整的 Hadoop API 文档，想要深入学习 Hadoop 编程，可以访问 Hadoop 官网查看各个 API 的功能和用法。这里只介绍基础的 HDFS 编程。

3.6.1　常用 Java API 简介

HDFS 编程的常用 Java API 如下。

- org.apache.hadoop.fs.FileSystem：一个通用文件系统的抽象基类，可以被分布式文件系统继承。所有可能使用 Hadoop 文件系统的代码都要使用这个类。Hadoop 为 FileSystem 这个抽象类提供了多种具体的实现，如 LocalFileSystem、Distributed FileSystem、HftpFileSystem、HsftpFileSystem、HarFileSystem、KosmosFileSystem、FtpFileSystem 和 NativeS3FileSystem 等（可参见《Hadoop 权威指南》了解更多的信息）。
- org.apache.hadoop.fs.FileStatus：一个接口，用于向客户端展示系统中文件和目录的元数据，具体包括文件大小、块大小、副本信息、所有者、修改时间等，可通过 FileSystem.listStatus( )方法获得具体的实例对象。
- org.apache.hadoop.fs.FSDataInputStream：文件输入流，用于读取 Hadoop 文件。
- org.apache.hadoop.fs.FSDataOutputStream：文件输出流，用于写 Hadoop 文件。
- org.apache.hadoop.conf.Configuration：访问配置项，包含所有配置项的值，如果在 core-site.xml 中有对应的配置，则以 core-site.xml 为准。
- org.apache.hadoop.fs.Path：用于表示 Hadoop 文件系统中的一个文件或者一个目录的路径。
- org.apache.hadoop.fs.PathFilter：一个接口，通过实现方法 PathFilter.accept(Path path) 来判定是否接收路径 path 表示的文件或目录。

3.6.2　编程实例

假设在目录 hdfs://localhost:9000/user/hadoop/下面有几个文件，分别是 file1.txt、file2.txt、file3.txt、file4.abc 和 file5.abc。对于该目录下的所有文件，需要执行以下操作。

首先，从该目录中过滤出所有扩展名不为.abc 的文件。

然后，对过滤之后的文件进行读取。

最后，将这些文件的内容合并到文件 hdfs://localhost:9000/user/hadoop/merge.txt 中。

上述操作的具体实现过程如下。

（1）定义过滤器，将过滤掉扩展名为.abc 的文件，这里通过实现接口 org.apache.hadoop. fs.PathFilter 中的方法 accept(Path path)，对 path 指代的文件进行过滤。

（2）利用 FileSystem.listStatus(Path path, PathFilter filter)方法获得目录 path 中所有文件经过过滤器过滤后的状态对象数组。

（3）利用 FileSystem.open(Path path)方法获得与路径 path 相关的 FSDataInputStream 对象，并利用该对象读取文件的内容。

（4）利用 FileSystem.create(Path path)方法获得与路径 path 相关的 FSDataOutputStream 对象，并利用该对象将字节数组输出到文件。

（5）利用 FileSystem.get(URI uri, Configuration conf)方法，根据资源表示符 uri 和文件

系统配置信息 conf 获得对应的文件系统。

上述操作的具体代码如下（代码文件名为 MergeFile.java）：

```java
import java.io.IOException;
import java.io.PrintStream;
import java.net.URI;

import org.apache.hadoop.conf.Configuration;
import org.apache.hadoop.fs.*;

/**
 * 过滤掉文件名满足特定条件的文件
 */
class MyPathFilter implements PathFilter {
    String reg = null;
    MyPathFilter(String reg) {
        this.reg = reg;
    }
    public boolean accept(Path path) {
        if (!(path.toString().matches(reg)))
            return true;
        return false;
    }
}
/***
 * 利用 FSDataOutputStream 和 FSDataInputStream 合并 HDFS 中的文件
 */
public class MergeFile {
    Path inputPath = null;  //待合并的文件所在的目录的路径
    Path outputPath = null;  //输出文件的路径
    public MergeFile(String input, String output) {
        this.inputPath = new Path(input);
        this.outputPath = new Path(output);
    }
    public void doMerge() throws IOException {
        Configuration conf = new Configuration();
        conf.set("fs.defaultFS","hdfs://localhost:9000");
        conf.set("fs.hdfs.impl","org.apache.hadoop.hdfs.DistributedFileSystem");
        FileSystem fsSource = FileSystem.get(URI.create(inputPath.toString()), conf);
        FileSystem fsDst = FileSystem.get(URI.create(outputPath.toString()), conf);
        //下面过滤掉输入目录中扩展名为.abc 的文件
        FileStatus[] sourceStatus = fsSource.listStatus(inputPath,
                new MyPathFilter(".*\\.abc"));
        FSDataOutputStream fsdos = fsDst.create(outputPath);
        PrintStream ps = new PrintStream(System.out);
        //下面分别读取过滤之后的每个文件的内容，并将其输出到同一个文件中
        for (FileStatus sta : sourceStatus) {
            //下面输出扩展名不为.abc 的文件的路径、文件大小
            System.out.print("路径: " + sta.getPath() + "文件大小: " + sta.getLen()
                            + "权限: " + sta.getPermission() + "内容: ");
            FSDataInputStream fsdis = fsSource.open(sta.getPath());
            byte[] data = new byte[1024];
            int read = -1;
```

```
            while ((read = fsdis.read(data)) > 0) {
                ps.write(data, 0, read);
                fsdos.write(data, 0, read);
            }
            fsdis.close();
        }
        ps.close();
        fsdos.close();
    }
    public static void main(String[] args) throws IOException {
        MergeFile merge = new MergeFile(
                "hdfs://localhost:9000/user/hadoop/",
                "hdfs://localhost:9000/user/hadoop/merge.txt");
        merge.doMerge();
    }
}
```

可以采用 Eclipse 开发工具调试上述代码，具体的调试和运行方法可以参考教材官网。

运行上述代码后，可以在 Web 页面中输入 http://localhost:9870/查看文件系统。可以发现，目录/user/hadoop 中存在一个文件 merge.txt；或者，在 Linux 终端窗口执行命令 hadoop fs -ls /user/hadoop，也可以发现 merge.txt 这个文件。

3.7 本章小结

分布式文件系统是大数据时代解决大规模数据存储问题的有效解决方案，HDFS 开源实现了 GFS，可以利用由廉价硬件设备构成的计算机集群实现海量数据的分布式存储。

HDFS 实现了具有兼容廉价的硬件设备、流数据读写、大数据集、简单的文件模型、强大的跨平台兼容性等目标。但是也要注意，HDFS 也有自身的局限性，比如不适合低延迟数据访问、无法高效存储大量小文件和不支持多用户写入及任意修改文件等。

块是 HDFS 的核心概念，一个大的文件会被拆分成很多个块。HDFS 采用抽象的块概念，具有支持大规模文件存储、简化系统设计、适合数据备份等优点。

HDFS 采用了主从结构模型，一个 HDFS 集群包括一个名称节点和若干个数据节点。名称节点负责管理分布式文件系统的命名空间；数据节点是分布式文件系统 HDFS 的工作节点，负责数据的存储和读取。

本章最后介绍了 HDFS Shell 命令、Web 管理界面以及 HDFS 编程实践方面的相关知识。

3.8 习题

1. 试述 HDFS 中的块和普通文件系统中的块的区别。
2. 试述 HDFS 中的名称节点和数据节点的具体功能。
3. 在分布式文件系统中，中心节点的设计至关重要，请阐述 HDFS 是如何减轻中心节点的负担的。
4. 试述 HDFS 中第二名称节点的具体功能。
5. 试述可以通过哪些方式访问 HDFS。

实验 2　熟悉常用的 HDFS 操作

一、实验目的

（1）理解 HDFS 在 Hadoop 体系结构中的角色。

（2）熟练使用 HDFS 操作的常用 Shell 命令。

（3）熟悉 HDFS 操作常用的 Java API。

二、实验平台

- 操作系统：Ubuntu 22.04。
- Hadoop 版本：3.3.5。
- JDK 版本：1.8。
- Java IDE：Eclipse。

三、实验内容和要求

（1）编程实现以下指定功能，并利用 Hadoop 提供的 Shell 命令完成相应的任务。

① 向 HDFS 中上传任意文本文件，如果指定的文件在 HDFS 中已经存在，由用户指定是追加到原有文件末尾还是覆盖原有的文件。

② 从 HDFS 中下载指定文件，如果本地文件与要下载的文件名称相同，则自动对下载的文件重命名。

③ 将 HDFS 中指定文件的内容输出到终端。

④ 显示 HDFS 中指定的文件的读写权限、大小、创建时间、路径等信息。

⑤ 给定 HDFS 中某一个目录，输出该目录下的所有文件的读写权限、大小、创建时间、路径等信息，如果该文件是目录，则递归输出该目录下的所有文件的相关信息。

⑥ 提供一个 HDFS 中的文件的路径，对该文件进行创建和删除操作。如果文件所在目录不存在，则自动创建目录。

⑦ 提供一个 HDFS 的目录的路径，对该目录进行创建和删除操作。创建目录时，如果目录文件所在目录不存在，则自动创建相应目录；删除目录时，由用户指定当该目录不为空时是否还删除该目录。

⑧ 向 HDFS 中指定的文件追加内容，由用户指定将内容追加到原有文件的开头还是结尾。

⑨ 删除 HDFS 中指定的文件。

⑩ 在 HDFS 中将文件从原路径移动到目的路径。

（2）编程实现一个类 MyFSDataInputStream，该类继承 org.apache.hadoop.fs.FSDataInput-Stream，要求如下。

① 实现按行读取 HDFS 中指定文件的方法 readLine( )，如果读到文件末尾，则返回空，否则返回文件一行的文本。

② 实现缓存功能，即利用 MyFSDataInputStream 读取若干字节数据时，首先查找缓存，如果缓存中有所需数据，则直接由缓存提供，否则从 HDFS 中读取数据。

（3）查看 Java 帮助手册或其他资料，用 java.net.URL 和 org.apache.hadoop.fs.FsURL StreamHandlerFactory 编程来输出 HDFS 中指定文件的文本到终端中。

四、实验报告

"大数据技术原理与应用"实验报告 2		
题目：	姓名：	日期：
实验环境：		
实验内容与完成情况：		
出现的问题：		
解决方案（列出已解决的问题和解决办法，以及没有解决的问题）：		

第4章 分布式数据库 HBase

HBase 是针对谷歌 BigTable 的开源实现，是一个高可靠、高性能、面向列、可伸缩的分布式数据库，主要用来存储非结构化和半结构化的松散数据。HBase 可以支持超大规模数据存储，它可以通过横向扩展的方式，利用廉价计算机集群处理由超过 10 亿行数据和超过 100 万列元素组成的数据表。

本章先简要介绍 HBase，并阐述其与传统关系数据库的区别，然后介绍 HBase 数据模型和系统架构，最后介绍 HBase 的安装、配置、常用的 Shell 命令以及编程实践方面的知识。

4.1 HBase 概述

本节先简要介绍 HBase，然后对 HBase 和传统关系数据库进行对比分析。

4.1.1 HBase 简介

HBase 是谷歌 BigTable 的开源实现，支持大规模海量数据，分布式并发数据处理效率极高，易于扩展且支持动态伸缩，适用于廉价设备。HBase 也是 Hadoop 生态系统中的重要组件，图 4-1 所示为 Hadoop 生态系统中 HBase 与其他部分的关系。HBase 利用 MapReduce 来处理 HBase 中的海量数据，实现高性能计算；利用 ZooKeeper 协同服务，实现稳定服务和失败恢复；使用 HDFS 作为高可靠的底层存储系统，利用廉价集群提供海量数据存储能力。当然，HBase 也可以直接使用本地文件系统而不用 HDFS 作为底层数据存储方式。不过，为了提高数据的可靠性和系统的健壮性，发挥 HBase 处理大数据的功能，一般都使用 HDFS 作为 HBase 的底层数据存储系统。

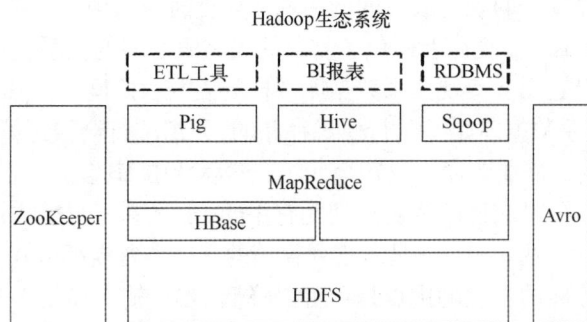

图 4-1 Hadoop 生态系统中 HBase 与其他部分的关系

4.1.2 HBase 与传统关系数据库的对比分析

在数据库的发展历史上，先后出现过网状数据库、层次数据库、关系数据库、NoSQL 数据库等不同类型的数据库。这些数据库分别采用了不同的数据模型（数据组织方式），其中，目前仍在广泛使用的关系数据库，采用关系数据模型来组织和管理数据。

一个关系数据库可以看成许多关系表的集合，每张关系表都可以看成一张二维表格，如表 4-1 所示的学生信息表。目前市场上常见的关系数据库产品包括 Oracle、SQL Server、MySQL 等。

表 4-1　学生信息表

学号	姓名	性别	年龄	考试成绩
95001	张三	男	21	88
95002	李四	男	22	95
95003	王梅	女	22	73
95004	林莉	女	21	96

关系数据库从 20 世纪 70 年代发展到今天，已经是一种非常成熟、稳定的数据库管理系统，通常具备的功能包括面向磁盘的存储和索引结构、多线程访问、基于锁的同步访问机制、基于日志记录的恢复机制和事务机制等。但是，随着 Web 2.0 应用的不断发展，传统的关系数据库已经无法满足 Web 2.0 的需求，无论是在数据高并发方面，还是在高可扩展性和高可用性方面，传统的关系数据库都显得力不从心。关系数据库的关键特性——完善的事务机制和高效的查询机制，在 Web 2.0 时代也成为"鸡肋"。包括 HBase 在内的非关系数据库（又称为 NoSQL 数据库）的出现，有效弥补了传统关系数据库的缺陷，在 Web 2.0 应用中被大量使用（本书第 5 章"NoSQL 数据库"会详细介绍非关系数据库和传统关系数据库的区别）。

HBase 与传统的关系数据库的区别主要体现在以下几个方面。

- 数据类型。关系数据库采用关系模型，具有丰富的数据类型和存储方式。HBase 则采用了更加简单的数据模型，它把数据存储为未经解释的字符串，用户可以把不同格式的结构化数据和非结构化数据都序列化成字符串并保存到 HBase 中，用户需要自己编写程序把字符串解析成不同的数据类型。

- 数据操作。关系数据库中提供了丰富的操作，如插入、删除、更新、查询等，其中会涉及复杂的多表连接，通常借助多个表之间的主外键关联来实现。HBase 提供的操作则不存在复杂的表与表之间的关系，只有简单的插入、查询、删除、清空等操作。因为 HBase 在设计上避免了复杂的表与表之间的关系，通常只采用单表的主键查询，所以它无法实现关系数据库那样的表与表之间的连接操作。

- 存储模式。关系数据库是基于行模式存储的，元组或行会被连续地存储在磁盘页中。在读取数据时，需要顺序扫描每个元组，然后从中筛选出查询所需的属性。如果每个元组只有少量属性的值对查询是有用的，那么基于行模式存储就会浪费许多磁盘空间和内存带宽。HBase 是基于列存储的，每个列族都由几个文件保存，不同列族的文件是分离的。它的优点是：可以降低 I/O（输入输出）开销，支持大量并发用户查询（因为仅需要处理可以回答这些查询的列，而不需要处理与查询无关的大量数据行）；同一个列族中的数据会被一起压缩（由于同一列族内的数据相似度较高，因此可以获得较高的数据压缩比）。

- 数据索引。关系数据库通常可以针对不同列构建复杂的多个索引，以提高数据访问性能。与关系数据库不同的是，HBase 只有一个索引——行键，通过巧妙的设计，HBase 中的所有访问方法，或者通过行键访问，或者通过行键扫描，从而使得整个系统不会慢下来。由于 HBase 位于 Hadoop 框架之上，因此可以使用 Hadoop MapReduce 来快速、高效地生成索引表。

- 数据维护。在关系数据库中，更新操作会用最新的当前值去替换记录中的"旧"值，旧值被覆盖后就不会存在。而在 HBase 中执行更新操作时，并不会删除数据的旧的版本，而是生成一个新的版本，旧的版本仍然保留。

- 可伸缩性。关系数据库很难实现横向扩展，纵向扩展的空间也比较有限。相反，HBase 和 BigTable 这些分布式数据库就是为了实现灵活的横向扩展而开发的，因此能够轻易地通过在集群中增加或者减少硬件数量来实现性能的伸缩。

但是，相对关系数据库，HBase 也有自身的局限性，如 HBase 不支持事务，因此无法实现跨行的原子性。

4.2 HBase 数据模型

数据模型是一个数据库产品的核心，本节介绍 HBase 数据模型的相关概念，包括表、行键、列族、列限定符、单元格、时间戳等概念。

4.2.1 数据模型概述

HBase 是一张稀疏、多维度、排序的映射表，这张表的索引包括行键、列族、列限定符和时间戳。每个值是一个未经解释的字符串，没有数据类型。用户在表中存储数据，每一行都有一个可排序的行键和任意多的列。表在横向由一个或者多个列族组成，一个列族中可以包含任意多个列，同一个列族里面的数据存储在一起。列族支持动态扩展，可以很轻松地添加一个列族或列，无须预先定义列的数量及类型，所有列均以字符串形式存储，用户需要自行进行数据类型转换。由于同一张表里面的每一行数据都可以有截然不同的列，因此对于整张映射表的每行数据而言，有些列的值是空的，所以说 HBase 是稀疏的。

HBase 可以对允许保留的版本的数量进行设置。客户端可以选择获取距离某个时间最近的版本，或者一次获取所有版本。如果在查询的时候不提供时间戳，那么会返回距离现在最近的那一个版本的数据，因为在存储的时候，数据会按照时间戳排序。HBase 提供了两种数据版本回收方式：一是保存数据的最后 n 个版本；二是保存最近一段时间内的版本（如最近 7 天）。

4.2.2 数据模型的相关概念

HBase 采用行键（row key）、列族（column family）、列限定符（column qualifier）和时间戳（timestamp）等进行索引，每个值都是未经解释的字节数组 byte[ ]。下面具体介绍 HBase 数据模型的相关概念。

1．表

HBase 采用表来组织数据，表由行和列组成，列划分为若干个列族。

2．行键

每张 HBase 表都由若干行组成，每行由行键来标识。访问表中的行只有 3 种方式：通过单个行键访问；通过一个行键的区间访问；全表扫描。行键可以是任意字符串（最大长度是 64 KB，实际应用中长度一般为 10 ~ 100 B）。在 HBase 内部，行键保存为字节数组。存储时，数据按照行键的字典序存储。在设计行键时，要充分考虑这个特性，将经常一起读取的行存储在一起。

3．列族

一张 HBase 表被分组成许多"列族"的集合，它是基本的访问控制单元。列族需要在表创建时就定义好，数量不能太多（HBase 的一些缺陷使得列族的数量被限制为几十个），而且不能频繁修改。存储在一个列族当中的所有数据，通常都属于同一种数据类型，这意味着数据具有较高的压缩率。表中的每个列都归属于某个列族，数据可以被存放到列族的某个列下面，但是在把数据存放到这个列族的某个列下面之前，必须先创建这个列族。在创建完列族以后，就可以使用同一个列族当中的列。列名都以列族作为前缀。例如，courses:history 和 courses:math 这两个列都属于 courses 这个列族。在 HBase 中，访问控制、磁盘和内存的使用统计都是在列族层面进行的。实际应用中，可以借助列族上的控制权限帮助实现特定的目的。比如，可以允许一些应用能够向表中添加新的数据，而另一些应用只被允许浏览数据。HBase 列族还可以被配置成支持不同类型的访问模式。比如，一个列族也可以被设置成放入内存当中，以消耗内存为代价，从而换取更高的响应性能。

4．列限定符

列族里的数据通过列限定符（或列）来定位。列限定符不用事先定义，也不需要在不同行之间保持一致。列限定符没有数据类型，总被视为字节数组 byte[ ]。

5．单元格

在 HBase 表中，通过行键、列族和列限定符确定一个单元格（cell）。单元格中存储的数据没有数据类型，总被视为字节数组 byte[ ]。每个单元格中可以保存一个数据的多个版本，每个版本对应一个不同的时间戳。

6．时间戳

每个单元格都保存着同一份数据的多个版本，这些版本采用时间戳进行索引。每次对一个单元格执行操作（新建、修改、删除）时，HBase 都会隐式地自动生成并存储一个时间戳。时间戳一般是 64 位整型数据，可以由用户自己赋值（自己生成唯一时间戳可以避免应用程序中出现数据版本冲突），也可以由 HBase 在数据写入时自动赋值。一个单元格的不同版本根据时间戳降序存储，这样，最新的版本可以被最先读取。

4.2.3　数据模型实例

下面以一个实例来阐释 HBase 的数据模型。图 4-2 所示是一张用来存储学生信息的 HBase 表，学号作为行键来唯一标识每个学生，表中设计了列族 Info 来保存学生的相关信息，列族 Info 中包含 3 个列——name、major 和 email，分别用来保存学生的姓名、专业和电子邮件信息。学号为"201505003"的学生存在两个版本的电子邮件地址，时间戳分别为 ts1=1174184619081 和 ts2=1174184620720，时间戳较大的版本的数据是最新的。

图 4-2　HBase 数据模型的一个实例

4.3　HBase 系统架构

在一个 HBase 数据库中，存储了许多表。对于每张 HBase 表而言，表中的行是根据行键的值的字典序进行维护的，表中包含的行的数量可能非常庞大，无法存储在一台机器上，需要分布存储到多台机器上。因此，需要根据行键的值对表中的行进行分区。每个行区间构成一个分区，被称为 Region。Region 包含位于某个值域区间内的所有数据，是负载均衡和数据分发的基本单位。这些 Region 会被分发到不同的 Region 服务器上。

总体而言，HBase 的系统架构如图 4-3 所示，包括客户端、ZooKeeper 服务器、Master 主服务器、Region 服务器等。需要说明的是，HBase 一般采用 HDFS 作为底层数据存储系统，因此图 4-3 中加入了 HDFS 和 Hadoop。

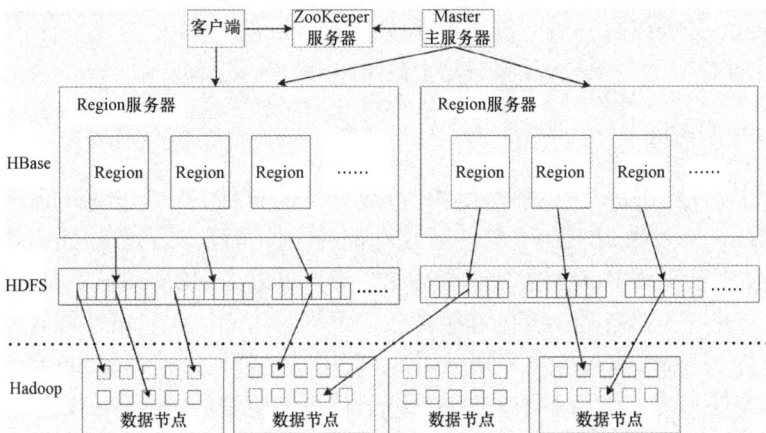

图 4-3　HBase 的系统架构

1．客户端

客户端包含访问 HBase 的接口，同时在缓存中维护着已经访问过的 Region 位置信息，用来加快后续的数据访问过程。HBase 客户端使用 HBase 的 RPC（远程过程调用）机制与 Master 主服务器和 Region 服务器进行通信。其中，对于管理类操作，客户端与 Master 主服务器进行 RPC；而对于数据读写类操作，客户端会与 Region 服务器进行 RPC。

2．ZooKeeper 服务器

ZooKeeper 服务器并非一台单一的机器，可能是由多台机器构成的集群，以提供稳定、可靠的协同服务。ZooKeeper 服务器能够很容易地实现集群管理功能，如果有多台服务器组成一个服务器集群，那么必须有一个"总管"知道当前集群中每台机器的服务状态，一旦某台机器不能提供服务，集群中的其他机器必须知道，从而做出调整、重新分配服务策略。同样，当增加集群的服务能力时，就会增加一台或多台服务器，此时也必须让"总管"知道。

在 HBase 服务器集群中，包含一个 Master 主服务器和多个 Region 服务器。Master 主服务器就是这个 HBase 集群的"总管"，它必须知道 Region 服务器的状态。ZooKeeper 服务器就可以轻松做到这一点，每个 Region 服务器都需要到 ZooKeeper 服务器中进行注册，ZooKeeper 服务器会实时监控每个 Region 服务器的状态并通知 Master 主服务器，这样，Master 主服务器就可以通过 ZooKeeper 服务器随时感知到各个 Region 服务器的工作状态。

ZooKeeper 服务器不仅能够帮助维护当前集群中机器的服务状态，还能够帮助选出一个"总管"，让这个总管来管理集群。HBase 中可以启动多个 Master，ZooKeeper 服务器可以帮助选举出一个 Master 主服务器作为集群的总管，并保证在任何时刻总有唯一一个 Master 主服务器在运行，这就避免了 Master 主服务器的单点故障问题。

3．Master 主服务器

Master 主服务器主要负责表和 Region 的管理工作。
* 管理用户对表的增加、删除、修改、查询等操作。
* 实现不同 Region 服务器之间的负载均衡。
* 在 Region 分裂或合并后，负责重新调整 Region 的分布。
* 将发生故障失效的 Region 服务器上的 Region 进行迁移。

4．Region 服务器

Region 服务器是 HBase 中的核心模块，负责维护分配给自己的 Region，并响应用户的读写请求。HBase 一般采用 HDFS 作为底层存储的文件系统，因此 Region 服务器需要向 HDFS 中读写数据。采用 HDFS 作为底层存储系统，可以为 HBase 提供可靠、稳定的数据存储，HBase 自身并不具备数据复制和维护数据副本的功能，而 HDFS 可以为 HBase 提供这些支持。当然，HBase 也可以不采用 HDFS，使用其他任何支持 Hadoop 接口的文件系统作为底层存储文件系统，比如本地文件系统或云计算环境中的 Amazon S3。

4.4　HBase 的安装

本节介绍 HBase 的安装方法，包括下载安装文件、配置环境变量、添加用户权限、查看 HBase 版本信息等。

4.4.1　下载安装文件

HBase 是 Hadoop 生态系统中的一个组件，但是，Hadoop 本身并不包含 HBase，因此，安装 Hadoop 以后，需要单独安装 HBase。到 HBase 官网或者教材官网下载安装文件 hbase-2.5.4-bin.tar.gz，保存到~/Downloads/目录下。

使用 hadoop 用户身份登录 Linux 系统，打开一个终端，执行如下命令解压文件。

```
$ sudo  tar  -zxf  ~/Downloads/hbase-2.5.4-bin.tar.gz  -C  /usr/local
```

将解压的文件名 hbase-2.5.4 改为 hbase，以方便使用，命令如下。

```
$ cd /usr/local
$ sudo  mv  hbase-2.5.4  hbase
```

4.4.2　配置环境变量

将 HBase 安装目录下的 bin 目录（/usr/local/hbase/bin）添加到系统的 PATH 环境变量中，这样，每次启动 HBase 时就不需要到/usr/local/hbase 目录下执行启动命令，方便使用。使用 vim 编辑器打开~/.bashrc 文件，命令如下。

```
$ vim ~/.bashrc
```

打开.bashrc 文件以后，可以看到，已经存在如下所示的 PATH 环境变量的配置信息，因为之前在第 2 章安装配置 Hadoop 时，已经为 Hadoop 添加了 PATH 环境变量的配置信息。

```
export PATH=$PATH:/usr/local/hadoop/sbin:/usr/local/hadoop/bin
```

这里，需要把 HBase 的 bin 目录/usr/local/hbase/bin 追加到环境变量 PATH 中。当要在环境变量 PATH 中继续加入新的路径时，只要用英文冒号:隔开，把新的路径加到后面即可，追加后的结果如下。

```
export PATH=$PATH:/usr/local/hadoop/sbin:/usr/local/hadoop/bin:/usr/local/hbase/bin
```

添加后，执行如下命令使设置生效。

```
$ source ~/.bashrc
```

4.4.3　添加用户权限

要为当前登录 Linux 系统的 hadoop 用户添加访问 HBase 目录的权限，可以将 HBase 安装目录下的所有文件的所有者改为 hadoop，命令如下。

```
$ cd  /usr/local
$ sudo  chown  -R hadoop:hadoop  ./hbase
```

4.4.4 查看 HBase 版本信息

可以通过如下命令查看 HBase 版本信息，以确认 HBase 已经安装成功。

```
$ /usr/local/hbase/bin/hbase version
```

执行上述命令以后，如果出现如图 4-4 所示的信息，则说明安装成功。

```
HBase 2.5.4
Source code repository git://buildbox.localdomain/home/apurtell
9d126e683577b6e94f890800c5122910
Compiled by apurtell on Thu Apr  6 09:11:53 PDT 2023
From source with checksum 74cef211e0f229be66c12578a49953af5d5a9
387640891a59dcaee40b0667b2ed7dbb2c73ddea80129128f6d2ea05fdbb
```

图 4-4　HBase 版本信息

4.5　HBase 的配置

HBase 有 3 种运行模式，即单机模式、伪分布式模式和分布式模式。
- 单机模式：采用本地文件系统存储数据。
- 伪分布式模式：采用伪分布式模式的 HDFS 存储数据。
- 分布式模式：采用分布式模式的 HDFS 存储数据。

本节仅介绍单机模式和伪分布式模式（可以根据需要，任选一种模式，推荐使用伪分布式模式），分布式模式的配置方法（HBase 集群的搭建方法）请参考教材官网。

在进行 HBase 配置之前，需要确认已经安装了 3 个组件：JDK、Hadoop、SSH。HBase 单机模式不需要安装 Hadoop，伪分布式模式和分布式模式需要安装 Hadoop。JDK、Hadoop 和 SSH 的安装方法，已经在第 2 章"大数据处理架构 Hadoop"中做了详细介绍，如果已经按照第 2 章的方法安装了 Hadoop，则这里不需要重复安装 JDK、Hadoop 和 SSH。

4.5.1 配置单机模式

1. 配置 hbase-env.sh 文件

使用 vim 编辑器打开/usr/local/hbase/conf/hbase-env.sh 文件，命令如下。

```
$ vim /usr/local/hbase/conf/hbase-env.sh
```

打开 hbase-env.sh 文件以后，需要在 hbase-env.sh 文件中配置 JAVA 环境变量，在第 2 章中，已经配置了 JAVA_HOME=/usr/lib/jvm/jdk1.8.0_371，这里可以直接复制该配置信息到 hbase-env.sh 文件中。此外，还需要添加 ZooKeeper 配置信息，配置 HBASE_MANAGES_ ZK 为 true，表示由 HBase 自己管理 ZooKeeper，不需要单独的 ZooKeeper，由于 hbase-env.sh 文件中本来就存在这些变量的配置，因此，只需要删除前面的注释符号#并修改配置内容即可，修改后的 hbase-env.sh 文件应该包含如下两行信息。

```
export JAVA_HOME=/usr/lib/jvm/jdk1.8.0_371
export HBASE_MANAGES_ZK=true
```

修改完成以后，保存 hbase-env.sh 文件并退出 vim 编辑器。

2. 配置 hbase-site.xml 文件

使用 vim 编辑器打开并编辑/usr/local/hbase/conf/hbase-site.xml 文件，命令如下。

```
$ vim /usr/local/hbase/conf/hbase-site.xml
```

在 hbase-site.xml 文件中，需要设置属性 hbase.rootdir，用于指定 HBase 数据的存储位置，如果没有设置，则 hbase.rootdir 默认为/tmp/hbase-${user.name}，这意味着每次重启系统都会丢失数据。这里把 hbase.rootdir 设置为 HBase 安装目录下的 hbase-tmp 文件夹，即/usr/local/hbase/hbase-tmp，修改后的 hbase-site.xml 文件中的配置信息如下。

```
<configuration>
        <property>
                <name>hbase.rootdir</name>
                <value>file:///usr/local/hbase/hbase-tmp</value>
        </property>
</configuration>
```

保存 hbase-site.xml 文件，并退出 vim 编辑器。

3. 启动运行 HBase

现在就可以测试运行 HBase，命令如下。

```
$ cd /usr/local/hbase
$ bin/start-hbase.sh   #启动 HBase
$ bin/hbase shell   #进入 HBase Shell 命令行模式
```

进入 HBase Shell 命令行模式以后，用户可以通过执行 Shell 命令操作 HBase 数据库。成功启动 HBase 后会出现如图 4-5 所示的界面。

图 4-5　HBase Shell 命令行模式界面

最后，可以使用如下命令停止 HBase 的运行。

```
$ bin/stop-hbase.sh
```

需要说明的是，如果在操作 HBase 的过程中发生错误，可以查看{HBASE_HOME}目录（/usr/local/hbase）下的 logs 子目录中的日志文件，以寻找可能的错误原因，然后搜索网络资料寻找相关解决方案。

4.5.2　配置伪分布式模式

HBase 的底层数据存储需要借助 Hadoop 的 HDFS。当 HBase 采用伪分布式模式时，底层的 Hadoop 也要采用伪分布式模式。

1. 配置 hbase-env.sh 文件

使用 vim 编辑器打开/usr/local/hbase/conf/hbase-env.sh 文件，命令如下。

```
$ vim /usr/local/hbase/conf/hbase-env.sh
```

打开 hbase-env.sh 文件以后，需要在 hbase-env.sh 文件中配置 JAVA_HOME、HBASE_CLASSPATH 和 HBASE_MANAGES_ZK。其中，HBASE_CLASSPATH 设置为本机 Hadoop 安装目录下的 conf 目录（/usr/local/hadoop/conf）。JAVA_HOME 和 HBASE_MANAGES_ZK 的配置方法与单机模式的配置方法相同。修改后的 hbase-env.sh 文件应该包含如下 3 行信息。

```
export JAVA_HOME=/usr/lib/jvm/jdk1.8.0_371
export HBASE_CLASSPATH=/usr/local/hbase/conf
export HBASE_MANAGES_ZK=true
```

修改完成以后，保存 hbase-env.sh 文件并退出 vim 编辑器。

2. 配置 hbase-site.xml 文件

使用 vim 编辑器打开并编辑/usr/local/hbase/conf/hbase-site.xml 文件，命令如下。

```
$ vim /usr/local/hbase/conf/hbase-site.xml
```

在 hbase-site.xml 文件中，需要设置属性 hbase.rootdir，用于指定 HBase 数据的存储位置。在 HBase 伪分布式模式中，是使用伪分布式模式的 HDFS 存储数据，因此，需要把 hbase.rootdir 设置为 HBase 在 HDFS 上的存储路径，根据第 3 章 Hadoop 伪分布式模式的配置可以知道，HDFS 的访问路径为 hdfs://localhost:9000/，因此，这里设置 hbase.rootdir 为 hdfs://localhost:9000/hbase。此外，由于采用了伪分布式模式，因此还需要将属性 hbase.cluter.distributed 设置为 true。修改后的 hbase-site.xml 文件中的配置信息如下。

```
<configuration>
        <property>
                <name>hbase.rootdir</name>
                <value>hdfs://localhost:9000/hbase</value>
        </property>
        <property>
                <name>hbase.cluster.distributed</name>
                <value>true</value>
        </property>
        <property>
                <name>hbase.unsafe.stream.capability.enforce</name>
                <value>false</value>
        </property>
        <property>
                <name>hbase.wal.provider</name>
                <value>filesystem</value>
        </property>
</configuration>
```

保存 hbase-site.xml 文件，并退出 vim 编辑器。

3. 启动运行 HBase

首先登录 SSH，由于之前在第 2 章 "大数据处理架构 Hadoop" 中已经设置了无密码登录，因此这里不需要密码。然后，切换至/usr/local/hadoop，启动 Hadoop，让 HDFS 进入运行状态，从而可以为 HBase 存储数据，具体命令如下。

```
$ ssh localhost
$ cd /usr/local/hadoop
$ ./sbin/start-dfs.sh
```

执行 jps 命令，如果能够看到 NameNode、DataNode 和 SecondaryNameNode 这 3 个进程，则表示已经成功启动 Hadoop。

然后，启动 HBase，命令如下。

```
$ cd /usr/local/hbase
$ bin/start-hbase.sh
```

执行 jps 命令，如果出现以下进程，则说明 HBase 启动成功。

```
Jps
HMaster
HQuorumPeer
NameNode
HRegionServer
SecondaryNameNode
DataNode
```

现在就可以进入 HBase Shell 命令行模式，命令如下。

```
$ bin/hbase shell    #进入 HBase Shell 命令行模式
```

进入 HBase Shell 命令行模式以后，用户可以通过执行 Shell 命令操作 HBase 数据库。

4. 停止运行 HBase

最后，可以使用如下命令停止 HBase 的运行。

```
$ bin/stop-hbase.sh
```

如果在操作 HBase 的过程中发生错误，可以查看 {HBASE_HOME} 目录（/usr/local/hbase）下的 logs 子目录中的日志文件，以寻找可能的错误原因。

关闭 HBase 以后，如果不再使用 Hadoop，就可以运行如下命令关闭 Hadoop。

```
$ cd /usr/local/hadoop
$ ./sbin/stop-dfs.sh
```

最后需要注意的是，启动与关闭 Hadoop 和 HBase 的顺序一定是启动 Hadoop、启动 HBase、关闭 HBase、关闭 Hadoop。

4.6 HBase 常用 Shell 命令

在使用具体的 Shell 命令操作 HBase 数据之前，需要先启动 Hadoop，再启动 HBase，并且启动 HBase Shell，进入 Shell 命令提示符状态，具体命令如下。

```
$ cd /usr/local/hadoop
$ ./sbin/start-dfs.sh
$ cd /usr/local/hbase
$ ./bin/start-hbase.sh
$ ./bin/hbase shell
```

需要注意的是，如果 HBase 采用分布式模式，则 Hadoop 也要采用分布式模式；如果 HBase 采用伪分布式模式，则 Hadoop 也要采用伪分布式模式。这里建议采用伪分布式模式，这样可以节省计算机系统资源，确保实验顺利开展。

4.6.1　在 HBase 中创建表

假设这里要创建一张表 student，该表包含 Sname、Ssex、Sage、Sdept、course 等字段。需要注意的是，在关系数据库（比如 MySQL）中，需要先创建数据库，然后创建表，但是，在 HBase 数据库中，不需要创建数据库，只要直接创建表就可以。在 HBase 中创建 student 表的 Shell 命令如下。

```
hbase> create 'student','Sname','Ssex','Sage','Sdept','course'
```

对于 HBase 而言，在创建 HBasae 表时，不需要自行创建行键，系统会默认一个属性作为行键，通常是把 put 命令操作中跟在表名后的第一个数据作为行键。

创建完 student 表后，可通过 describe 命令查看 student 表的基本信息。describe 命令如下。

```
hbase> describe 'student'
```

可以使用 list 命令查看当前 HBase 数据库中已经创建了哪些表，命令如下。

```
hbase> list
```

4.6.2　添加数据

HBase 使用 put 命令添加数据，一次只能为一张表的一行数据的一个列（也就是一个单元格，单元格是 HBase 中的概念）添加一个数据，所以，直接用 Shell 命令插入数据效率很低，在实际应用中，一般都是利用编程操作数据。因为这里只需要插入一条学生记录，所以可以用 Shell 命令手动插入数据，命令如下。

```
hbase> put 'student','95001','Sname','LiYing'
```

上面的 put 命令会为 student 表添加学号为'95001'、名字为'LiYing'的一个单元格数据，其行键为 95001，也就是说，系统默认把跟在表名 student 后面的第一个数据作为行键。

下面继续添加 4 个单元格的数据，用来记录 LiYing 同学的相关信息，命令如下。

```
hbase> put 'student','95001','Ssex','male'
hbase> put 'student','95001','Sage','22'
hbase> put 'student','95001','Sdept','CS'
hbase> put 'student','95001','course:math','80'
```

4.6.3　查看数据

HBase 中有两个用于查看数据的命令。
* get 命令：用于查看表的某一个单元格数据。
* scan 命令：用于查看某张表的全部数据。

比如，可以使用如下命令返回 student 表中 95001 行的数据。

```
hbase> get 'student','95001'
```

get 命令的执行结果如图 4-6 所示。

```
hbase:012:0> get 'student','95001'
COLUMN                    CELL
 Sage:                    timestamp=2024-07-08T16:27:24.506, value=22
 Sdept:                   timestamp=2024-07-08T16:27:32.264, value=CS
 Sname:                   timestamp=2024-07-08T16:27:06.651, value=LiYing
 Ssex:                    timestamp=2024-07-08T16:27:15.022, value=male
 course:math              timestamp=2024-07-08T16:27:39.712, value=80
1 row(s)
Took 0.1003 seconds
```

图 4-6　get 命令的执行结果

下面使用 scan 命令查询 student 表的全部数据。

```
hbase> scan 'student'
```

scan 命令的执行结果如图 4-7 所示。

```
hbase:014:0> scan 'student'
ROW                       COLUMN+CELL
 95001                    column=Sage:, timestamp=2024-07-08T16:27:24.506, value=22
 95001                    column=Sdept:, timestamp=2024-07-08T16:27:32.264, value=CS
 95001                    column=Sname:, timestamp=2024-07-08T16:27:06.651, value=LiYing
 95001                    column=Ssex:, timestamp=2024-07-08T16:27:15.022, value=male
 95001                    column=course:math, timestamp=2024-07-08T16:27:39.712, value=80
1 row(s)
Took 0.0538 seconds
```

图 4-7　scan 命令的执行结果

4.6.4　删除数据

在 HBase 中用 delete 以及 deleteall 命令进行删除数据操作，二者的区别是：delete 命令用于删除一个单元格数据，是 put 命令的反向操作，而 deleteall 命令用于删除一行数据。

首先，使用 delete 命令删除 student 表中 95001 行中的 Ssex 列的所有数据，命令如下。

```
hbase > delete 'student','95001','Ssex'
```

需要注意的是，delete 操作并不会马上删除数据，只会为对应的数据打上删除标记，只有在系统合并数据时，数据才会被删除。所以，在执行 delete 命令以后，如果马上执行 scan 命令查看数据，还是可以看到被删除的数据，如图 4-8 所示。

```
hbase:016:0> delete 'student','95001','Ssex'
Took 0.0242 seconds
hbase:017:0> scan 'student'
ROW                       COLUMN+CELL
 95001                    column=Sage:, timestamp=2024-07-08T16:27:24.506, value=22
 95001                    column=Sdept:, timestamp=2024-07-08T16:27:32.264, value=CS
 95001                    column=Sname:, timestamp=2024-07-08T16:27:06.651, value=LiYing
 95001                    column=Ssex:, timestamp=2024-07-08T16:27:15.022, value=male
 95001                    column=course:math, timestamp=2024-07-08T16:27:39.712, value=80
1 row(s)
Took 0.1121 seconds
```

图 4-8　还是可以看到被删除的数据

然后，使用 deleteall 命令删除 student 表中 95001 行的全部数据，命令如下。

```
hbase> deleteall 'student','95001'
```

4.6.5　删除表

删除表需要分两步操作，第一步是让该表不可用，第二步是删除表。比如，要删除 student 表，可以使用如下命令。

```
hbase> disable 'student'
hbase> drop 'student'
```

4.6.6　查询历史数据

在添加数据时，HBase 会自动为添加的数据添加一个时间戳。在修改数据时，HBase 会为修改后的数据生成一个新的版本（时间戳），从而完成"改"操作，旧的版本依旧保留，系统会定时回收垃圾数据，只留下最新的几个版本，保存的版本数可以在创建表的时候指定。

为了查询历史数据，这里创建一张 teacher 表。首先，在创建表的时候，需要指定保存的版本数（假设指定为 5），命令如下。

```
hbase> create 'teacher',{NAME=>'username',VERSIONS=>5}
```

然后，插入数据，并更新数据，使其产生历史版本数据。需要注意的是，这里插入数据和更新数据都使用 put 命令，具体如下。

```
hbase> put 'teacher','91001','username','Mary'
hbase> put 'teacher','91001','username','Mary1'
hbase> put 'teacher','91001','username','Mary2'
hbase> put 'teacher','91001','username','Mary3'
hbase> put 'teacher','91001','username','Mary4'
hbase> put 'teacher','91001','username','Mary5'
```

查询时，默认情况下会显示当前最新版本的数据，如果要查询历史数据，则需要指定查询的历史版本数，由于前文设置了保存版本数为 5，所以在查询时指定的历史版本数的有效取值为 1 到 5，具体命令如下。

```
hbase> get 'teacher','91001',{COLUMN=>'username',VERSIONS=>5}
hbase> get 'teacher','91001',{COLUMN=>'username',VERSIONS=>3}
```

上述命令的执行结果如图 4-9 所示。

```
hbase:031:0> get 'teacher','91001',{COLUMN=>'username',VERSIONS=>5}
COLUMN                    CELL
 username:                timestamp=2024-07-08T16:38:52.769, value=Mary5
 username:                timestamp=2024-07-08T16:38:44.509, value=Mary4
 username:                timestamp=2024-07-08T16:38:34.952, value=Mary3
 username:                timestamp=2024-07-08T16:38:27.233, value=Mary2
 username:                timestamp=2024-07-08T16:38:18.653, value=Mary1
1 row(s)
Took 0.0518 seconds
hbase:032:0> get 'teacher','91001',{COLUMN=>'username',VERSIONS=>3}
COLUMN                    CELL
 username:                timestamp=2024-07-08T16:38:52.769, value=Mary5
 username:                timestamp=2024-07-08T16:38:44.509, value=Mary4
 username:                timestamp=2024-07-08T16:38:34.952, value=Mary3
1 row(s)
Took 0.0156 seconds
```

图 4-9　get 命令的执行结果

4.6.7　退出 HBase 数据库

执行 exit 命令即可退出 HBase 数据库，命令如下。

```
hbase> exit
```

注意，这里退出 HBase 数据库是退出 HBase Shell，而不是停止 HBase 数据库的后台运行。执行 exit 命令后，HBase 仍然在后台运行，如果要停止 HBase 的运行，需要使用如下命令。

```
$ bin/stop-hbase.sh
```

4.7　HBase 编程实践

下面介绍与 HBase 数据存储管理相关的 Java API（HBase 版本为 2.5.4），主要包括 HBaseConfiguration、TableDescriptor、ColumnFamilyDescriptor、Put、Get、ResultScanner、Result、Scan 等。下面先介绍这些接口的功能与常用方法，然后给出具体的编程实例，从而帮助大家更好地了解这些接口的使用。

4.7.1　HBase 常用 Java API

1．org.apache.hadoop.hbase.client.Admin

Admin 为 Java 接口类型，不可以直接用该接口实例化对象，必须先调用 Connection. getAdmin( ) 方法返回一个 Admin 的子对象，然后用这个 Admin 接口来操作返回的子对象方法。该接口用于管理 HBase 数据库的表信息，包括创建或删除表、列出表项、使表有效或无效、添加或删除表的列族成员、检查 HBase 的运行状态等，其主要方法如表 4-2 所示。

表 4-2　Admin 接口的主要方法

返回值	方法
void	addColumnFamily(TableName tableName, ColumnFamilyDescriptor columnFamily) 向一个已存在的表添加列
void	createTable(TableDescriptor desc) 创建表
void	deleteTable(TableName tableName) 删除表
void	disableTable(TableName tableName) 使表无效
void	enableTable(TableName tableName) 使表有效
boolean	tableExists(TableName tableName) 检查表是否存在
TableDescriptor	listTableDescriptors( ) 列出所有的表项
void	abort(String why, Throwable e) 终止服务器或客户端

2. org. apache. hadoop. hbase. HBaseConfiguration

HBaseConfiguration 类用于管理 HBase 的配置信息，其主要方法如表 4-3 所示。

表 4-3　HBaseConfiguration 类的主要方法

返回值	方法
static org.apache.hadoop.conf.Configuration	create( ) 使用默认的 HBase 配置文件创建 Configuration
static org.apache.hadoop.conf.Configuration	addHBaseResources(org.apache.hadoop.conf.Configuration conf) 向当前 Configuration 添加参数 conf 中的配置信息
static void	merge(org.apache.hadoop.conf.Configuration destConf, org.apache.hadoop. conf.Configuration srcConf) 合并两个 Configuration

3. org. apache. hadoop. hbase. client. Table

Table 是 Java 接口类型，不可以用 Table 接口直接实例化对象，必须先调用 Connection. getTable( )方法返回 Table 的一个子对象，然后调用返回的子对象的成员方法。这个接口用于与 HBase 进行通信。如果多个线程对一个 Table 接口子对象进行 put 或者 delete 操作，则写缓冲器可能会崩溃。因此，在多线程环境下，建议使用 Connection 和 ConnectionFactory。Table 接口的主要方法如表 4-4 所示。

表 4-4　Table 接口的主要方法

返回值	方法
void	close( ) 释放所有资源，根据缓冲区中数据的变化更新 Table
void	delete(Delete delete) 删除指定的单元格或行
boolean	exists(Get get) 检查 Get 对象指定的列是否存在
Result	get(Get get) 从指定的行的某些单元格中取出相应的值
void	put(Put put) 向表中添加值
ResultScanner	getScanner(byte[] family) || getScanner(byte[] family, byte[] qualifier) || getScanner(Scan scan) 获得 ResultScanner 实例
TableDescriptor	getDescriptor( ) 获得当前表格的 TableDescriptor 实例
TableName	getName( ) 获得当前表格的名字实例

4. org. apache. hadoop. hbase. client. TableDescriptor

TableDescriptor 接口包含 HBase 中表的详细信息，例如表中的列族、表的类型（.META.）、表是否只读、MemStore 的最大空间、Region 什么时候应该分裂等。该接口的主要方法如表 4-5 所示。

表 4-5　TableDescriptor 接口的主要方法

返回值	方法
ColumnFamilyDescriptor[ ]	getColumnFamilies( ) 返回表中所有列族的名字
TableName	getTableName( ) 返回表的名字实例
byte[]	getValue(byte[ ] key) 获得某个属性的值

5．org. apache. hadoop. hbase. client. TableDescriptorBuilder

TableDescriptorBuilder 类用于构建 TableDescriptorBuilder，其主要方法如表 4-6 所示。

表 4-6　**TableDescriptorBuilder 类的主要方法**

返回值	方法
TableDescriptor	build( ) 构建 TableDescriptor
TableDescriptorBuilder	newBuilder(TableName name) 构建 TableDescriptorBuilder
TableDescriptorBuilder	setColumnFamily(ColumnFamilyDescriptor family) 设置某个列族
TableDescriptorBuilder	removeColumnFamily(byte[ ] name) 删除某个列族
TableDescriptorBuilder	setValue(byte[ ] key, byte[ ] value) 设置属性的值

6．org. apache. hadoop. hbase. client. ColumnFamilyDescriptor

ColumnFamilyDescriptor 接口包含列族的详细信息，例如列族的版本号、压缩设置等。ColumnFamilyDescriptor 接口通常在添加列族或者创建表的时候使用。列族一旦建立就不能被修改，只能通过删除列族，再创建新的列族来间接地修改列族。一旦列族被删除了，该列族包含的数据也随之被删除。ColumnFamilyDescriptor 接口的主要方法如表 4-7 所示。

表 4-7　**ColumnFamilyDescriptor 接口的主要方法**

返回值	方法
byte[ ]	getName( ) 获取列族的名字
byte[ ]	getValue(byte[ ] key) 获得某列单元格的值

7．org. apache. hadoop. hbase. client. ColumnFamilyDescriptorBuilder

ColumnFamilyDescriptorBuilder 类用于构建 ColumnFamilyDescriptor 接口，其主要方法如表 4-8 所示。

表 4-8 ColumnFamilyDescriptorBuilder 类的主要方法

返回值	方法
ColumnFamilyDescriptor	build( ) 构建 ColumnFamilyDescriptor 接口
ColumnFamilyDescriptorBuilder	newBuilder(byte[ ] name) 构建 ColumnFamilyDescriptorBuilder 类
ColumnFamilyDescriptorBuilder	setValue(byte[ ] key, byte[ ] value) 设置某列单元格的值

8. org. apache. hadoop. hbase. client. Put

Put 类用来对单元格执行添加数据操作。Put 的主要方法如表 4-9 所示。

表 4-9 Put 类的主要方法

返回值	方法
Put	addColumn(byte[ ] family, byte[ ] qualifier, byte[ ] value) 将指定的列族、列限定符、对应的值添加到 Put 实例中
Put	add(Cell cell) 添加特定的键值到此次 Put
Put	setAttribute(String name, byte[ ] value) 设置属性

9. org. apache. hadoop. hbase. client. Get

Get 类用来获取单行的信息。Get 类的主要方法如表 4-10 所示。

表 4-10 Get 类的主要方法

返回值	方法
Get	addColumn(byte[ ] family, byte[ ] qualifier) 根据列族和列限定符获得对应的列
Get	setFilter(Filter filter) 为获得具体的列，设置相应的过滤器

10. org. apache. hadoop. hbase. client. Result

Result 类用于存放 Get 或 Scan 操作后的查询结果，并以<key,value>的格式存储在 map 结构中。该类不是线程安全的。Result 类的主要方法如表 4-11 所示。

表 4-11 Result 类的主要方法

返回值	方法
boolean	containsColumn(byte[ ] family, byte[ ] qualifier) 检查是否包含列族和列限定符指定的列
List<Cell>	getColumnCells(byte[ ] family, byte[ ] qualifier) 获得列族和列限定符指定列中的所有单元格
NavigableMap<byte[ ], byte[ ]>	getFamilyMap(byte[ ] family) 根据列族获得包含列限定符和值的所有行的键值对
byte[ ]	getValue(byte[ ] family, byte[ ] qualifier) 获得列族和列限定符指定的单元格的最新值

11．org．apache．hadoop．hbase．client．ResultScanner

ResultScanner 接口是客户端获取值的接口。该接口的主要方法如表 4-12 所示。

表 4-12　ResultScanner 接口的主要方法

返回值	方法
void	close( ) 关闭 scanner 并释放相应的资源
Result	next( ) 获得下一个 Result 实例

12．org．apache．hadoop．hbase．client．Scan

可以利用 Scan 类来限定需要查找的数据，例如限定版本号、起始行号、终止行号、列族、列限定符、返回值的数量的上限等。该类的主要方法如表 4-13 所示。

表 4-13　Scan 类的主要方法

返回值	方法
Scan	addFamily(byte[ ] family) 限定需要查找的列族
Scan	addColumn(byte[ ] family, byte[ ] qualifier) 限定列族和列限定符指定的列
Scan	readAllVersions( )　‖ readVersions(int versions) readAllVersions( )表示取所有的版本，readVersions(int versions)只会取到特定的版本
Scan	setTimeRange(long minStamp, long maxStamp) 限定最大的时间戳和最小的时间戳，只有在此范围内的单元格才能被获取
Scan	setFilter(Filter filter) 指定 Filter 来过滤掉不需要的数据
Scan	withStartRow(byte[ ] startRow) 限定开始的行，否则从表头开始
Scan	withStopRow(byte[ ] stopRow) 限定结束的行（不含此行）
Scan	setBatch(int batch) 限定最多返回的单元格数目。用于防止返回过多的数据而导致 OutofMemory 错误

4.7.2　HBase 编程实例

下面通过具体的编程实例来深入学习前文所述 Java API 的使用方法。在本实例中，先创建一张学生信息表 student，格式如表 4-14 所示，用来存储学生姓名（姓名作为行键，并且假设姓名不会重复）以及考试成绩，其中，考试成绩是一个列族，分别存储了各个科目的考试成绩。然后，向 student 表中添加数据，效果如表 4-15 所示。

表 4-14　学生信息表 student 的表结构

name	score		
	English	Math	Computer

表 4-15　向 student 表中添加数据后的效果

name	score		
	English	Math	Computer
Zhangsan	69	86	77
Lisi	55	100	88

下面是完成上述基本操作过程的代码框架，其中，ExampleForHBase 类的方法 init( )、close( )、createTable( )、insertData( )、getData( )的代码细节将在下面逐一给予介绍。

```
import org.apache.hadoop.conf.Configuration;
import org.apache.hadoop.hbase.*;
import org.apache.hadoop.hbase.client.*;
import java.io.IOException;
public class ExampleForHBase {
    public static Configuration configuration; //管理HBase的配置信息
    public static Connection connection;   //管理HBase连接
    public static Admin admin; //管理HBase数据库的表信息
    public static void main(String[] args)throws IOException{
        init();//建立连接
        createTable();//建表
        insertData();//插入单元格数据
        insertData();//插入单元格数据
        insertData();//插入单元格数据
        getData();//浏览单元格数据
        close();//关闭连接
    }
    public static void init(){……}//建立连接
    public static void close(){……}//关闭连接
    public static void createTable(){……}//创建表
    public static void insertData() {……}//插入数据
    public static void getData(){……}//浏览单元格数据
}
```

（1）建立连接，关闭连接

在操作 HBase 数据库前，需要先建立连接，具体代码如下。

```
//建立连接
public static void init(){
    configuration  = HBaseConfiguration.create();
    configuration.set("hbase.rootdir","hdfs://localhost:9000/hbase");
    try{
        connection = ConnectionFactory.createConnection(configuration);
        admin = connection.getAdmin();
    }catch (IOException e){
        e.printStackTrace();
    }
}
```

在上述代码中，configuration 对象用于管理 HBase 的配置信息，这里需要为"hbase.rootdir"这个参数设置具体的值，用于指明 HBase 数据库的存储路径。默认情况下 "hbase.rootdir"指

向 /tmp/hbase-${user.name}，这意味着在重启后会丢失数据，因为重启的时候操作系统会清理/tmp 目录。由于本实例中把 HDFS 作为 HBase 的底层存储系统，因此这个参数的值设置为 "hdfs://localhost:9000/hbase"；如果采用单机模式的 HBase，即不使用 HDFS 作为 HBase 的底层存储方式，而是直接把 HBase 数据存储到本地磁盘中，则需要把这个参数的值设置为 "file:///DIRECTORY/hbase"，其中，DIRECTORY 就是 HBase 数据写入的目录。

HBase 数据库操作结束以后，需要关闭连接，具体代码如下。

```
public static void close(){
        try{
                if(admin != null){
                        admin.close();
                }
                if(null != connection){
                        connection.close();
                }
        }catch (IOException e){
                e.printStackTrace();
        }
    }
```

（2）创建表

创建表时，需要给出表名和列族名称，具体代码如下。

```
/*创建表*/
    /**
     * @param myTableName 表名
     * @param colFalimy 列族数组
     * @throws Exception
     */
    public static void createTable(String myTableName,String[]colFamily) throws
IOException{
    TableName tableName = TableName.valueOf(myTableName);
        if(admin.tableExists(tableName)){
            System.out.println("talbe exists!");
        }else {
            TableDescriptorBuilder tableDescriptor = TableDescriptorBuilder.
newBuilder(tableName);
            for(String str:colFamily){
                ColumnFamilyDescriptor family =
ColumnFamilyDescriptorBuilder.newBuilder(Bytes.toBytes(str)).build();
                tableDescriptor.setColumnFamily(family);
            }
            admin.createTable(tableDescriptor.build());
        }
    }
```

在上述代码中，为了创建学生信息表 student，需要指定参数 myTableName 为 student，colFamily 为{"score"}。上述代码与如下 HBase Shell 命令等效。

```
create 'student', 'score'
```

（3）添加数据

HBase 采用"四维坐标"定位一个单元格，即行键、列族、列限定符、时间戳，其中时间戳可以在插入数据时由系统自动生成。因此，在添加数据时，这里需要提供行键、列族、列限定符以及数据等信息，具体实现代码如下。

```
/*添加数据*/
/**
 * @param tableName 表名
 * @param rowKey 行键
 * @param colFamily 列族
 * @param col 列限定符
 * @param val 数据
 * @throws Exception
 */
    public static void insertData(String tableName,String rowKey,String
colFamily, String col,String val) throws IOException {
        Table table = connection.getTable(TableName.valueOf(tableName));
        Put put = new Put(rowKey.getBytes());
        put.addColumn(colFamily.getBytes(),col.getBytes(), val.getBytes());
        table.put(put);
        table.close();
    }
```

添加数据时，需要分别设置参数 tableName、rowKey、colFamily、col、val 的值，然后运行上述代码。例如，添加表 4-15 的第一行数据时，为 insertData( )方法指定相应参数，并运行如下 3 行代码。

```
insertData("student","Zhangsan","score","English","69");
insertData("student","Zhangsan","score","Math","86");
insertData("student","Zhangsan","score","Computer","77");
```

上述代码与如下 HBase Shell 命令等效。

```
put 'student', 'Zhangsan', 'score:English', '69';
put 'student', 'Zhangsan', 'score:Math', '86';
put 'student', 'Zhangsan', 'score:Computer', '77';
```

（4）浏览数据

可以浏览前面插入的数据了，使用如下代码获取某个单元格的数据。

```
/*获取某个单元格的数据*/
/**
 * @param tableName 表名
 * @param rowKey 行
 * @param colFamily 列族
 * @param col 列限定符
 * @throws IOException
 */
    public static void getData(String tableName,String rowKey,String colFamily,
String col)throws  IOException{
        Table table = connection.getTable(TableName.valueOf(tableName));
        Get get = new Get(rowKey.getBytes());
        get.addColumn(colFamily.getBytes(),col.getBytes());
        Result result = table.get(get);
        System.out.println(new String(result.getValue(colFamily.getBytes(),
```

```
col==null?null:col.getBytes())));
        table.close();
    }
```

比如，要获取 Zhangsan 的 English 成绩，就可以在运行上述代码时，指定参数 tableName 为 student、rowKey 为 Zhangsan、colFamily 为 score、col 为 English。代码如下。

```
getData("student", "Zhangsan", "score", "English");
```

用 Eclipse 运行的结果如下。

```
69
```

上述代码与如下 HBase Shell 命令等效。

```
get 'student','Zhangsan',{COLUMN=>'score:English'}
```

（5）代码清单

本实例完整代码如下（ExampleForHBase.java 文件的内容）。

```java
import org.apache.hadoop.conf.Configuration;
import org.apache.hadoop.hbase.*;
import org.apache.hadoop.hbase.client.*;
import org.apache.hadoop.hbase.util.Bytes;
import java.io.IOException;
public class ExampleForHBase {
    public static Configuration configuration;
    public static Connection connection;
    public static Admin admin;
    public static void main(String[] args)throws IOException{
        init();
        createTable("student",new String[]{"score"});
        insertData("student","Zhangsan","score","English","69");
        insertData("student","Zhangsan","score","Math","86");
        insertData("student","Zhangsan","score","Computer","77");
        getData("student", "Zhangsan", "score","English");
        close();
    }
    //建立连接
    public static void init(){
        configuration  = HBaseConfiguration.create();
        configuration.set("hbase.rootdir","hdfs://localhost:9000/hbase");
        try{
            connection = ConnectionFactory.createConnection(configuration);
            admin = connection.getAdmin();
        }catch (IOException e){
            e.printStackTrace();
        }
    }
    //关闭连接
    public static void close(){
        try{
            if(admin != null){
                admin.close();
            }
            if(null != connection){
```

```
                    connection.close();
                }
            }catch (IOException e){
                e.printStackTrace();
            }
        }
        //建表
        public static void createTable(String myTableName,String[] colFamily)
throws IOException {
            TableName tableName = TableName.valueOf(myTableName);
            if(admin.tableExists(tableName)){
                System.out.println("talbe is exists!");
            }else {
                TableDescriptorBuilder tableDescriptor = TableDescriptorBuilder.
newBuilder(tableName);
                for(String str:colFamily){
                    ColumnFamilyDescriptor family =
    ColumnFamilyDescriptorBuilder.newBuilder(Bytes.toBytes(str)).build();
                    tableDescriptor.setColumnFamily(family);
                }
                admin.createTable(tableDescriptor.build());
            }
        }
        //插入数据
        public static void insertData(String tableName,String rowKey,String
colFamily,String col,String val) throws IOException {
            Table table = connection.getTable(TableName.valueOf(tableName));
            Put put = new Put(rowKey.getBytes());
            put.addColumn(colFamily.getBytes(),col.getBytes(), val.getBytes());
            table.put(put);
            table.close();
        }
        //浏览数据
        public static void getData(String tableName,String rowKey,String colFamily,
String col)throws  IOException{
            Table table = connection.getTable(TableName.valueOf(tableName));
            Get get = new Get(rowKey.getBytes());
            get.addColumn(colFamily.getBytes(),col.getBytes());
            Result result = table.get(get);
            System.out.println(new String(result.getValue(colFamily.getBytes(),
col==null?null:col.getBytes())));
            table.close();
        }
    }
```

（6）运行程序

可以使用 Eclipse 调试与运行该代码，具体调试和运行过程，可以参考教材官网。运行上面代码以后，可以启动 HBase Shell 查看生成的表。进入 HBase Shell 以后，可以使用 list 命令查看 HBase 数据库中是否存在名称为 student 的表。

```
hbase> list
```

再在 HBase Shell 交互式环境中，使用如下命令查看 student 表中的数据。

```
hbase> scan 'student'
```

scan 命令的执行效果如图 4-10 所示。

```
hbase:035:0> scan 'student'
ROW                       COLUMN+CELL
 zhangsan                 column=score:Computer, timestamp=2024-07-08T16:56:00.119, value=77
 zhangsan                 column=score:English, timestamp=2024-07-08T16:56:00.088, value=69
 zhangsan                 column=score:Math, timestamp=2024-07-08T16:56:00.108, value=86
1 row(s)
Took 0.1287 seconds
```

图 4-10 scan 命令的执行效果

4.8 本章小结

本章详细介绍了 HBase 数据库的知识。HBase 数据库是 BigTable 的开源实现，和 BigTable 一样，支持大规模海量数据，分布式并发数据的处理效率极高，易于扩展且支持动态伸缩，适用于廉价硬件设备。HBase 实际上就是一张稀疏、多维、持久化存储的映射表，它采用行键、列族和时间戳等进行索引，每个值都是未经解释的字符串。HBase 采用分区存储，一张大的表会被拆分为许多个 Region，这些 Region 会被分发到不同的 Region 服务器上实现分布式存储。

HBase 的系统架构包括客户端、ZooKeeper 服务器、Master 主服务器、Region 服务器等。客户端包含访问 HBase 的接口；ZooKeeper 服务器负责提供稳定、可靠的协同服务；Master 主服务器主要负责表和 Region 的管理工作；Region 服务器负责维护分配给自己的 Region，并响应用户的读写请求。

本章最后详细介绍了 HBase 的安装、配置和编程实践等知识。

4.9 习题

1. 试述在 Hadoop 体系架构中 HBase 与其他组成部分的关系。
2. 请阐述 HBase 和 BigTable 的底层技术的对应关系。
3. 请阐述 HBase 和传统关系数据库的区别。
4. 请以实例说明 HBase 数据模型。
5. 分别解释 HBase 中行键、列族和时间戳的概念。
6. 试述 HBase 各功能组件及其作用。
7. 试述 HBase 的安装和配置的具体过程。
8. 请列举几个 HBase 常用的命令，并说明其使用方法。

实验 3 熟悉常用的 HBase 操作

一、实验目的

（1）理解 HBase 在 Hadoop 体系结构中的角色。
（2）熟练使用 HBase 操作常用的 Shell 命令。

（3）熟悉 HBase 操作常用的 Java API。

二、实验平台

- 操作系统：Ubuntu 22.04。
- Hadoop 版本：3.3.5。
- HBase 版本：2.5.4。
- JDK 版本：1.8。
- Java IDE：Eclipse。

三、实验内容和要求

（1）编程实现以下指定功能，并用 Hadoop 提供的 HBase Shell 命令完成相同的任务。

① 列出 HBase 所有表的相关信息，如表名、创建时间等。

② 在终端输出指定表的所有记录数据。

③ 向已经创建好的表添加和删除指定的列族或列。

④ 清空指定表的所有记录数据。

⑤ 统计表的行数。

（2）现有关系数据库表如表 4-16、表 4-17 和表 4-18 所示，要求将其转换为适合 HBase 存储的表并插入数据。

表 4-16　Student 表

学号（S_No）	姓名（S_Name）	性别（S_Sex）	年龄（S_Age）
2015001	Zhangsan	male	23
2015002	Mary	female	22
2015003	Lisi	male	24

表 4-17　Course 表

课程号（C_No）	课程名（C_Name）	学分（C_Credit）
123001	Math	2.0
123002	Computer Science	5.0
123003	English	3.0

表 4-18　SC 表

学号（SC_Sno）	课程号（SC_Cno）	成绩（SC_Score）
2015001	123001	86
2015001	123003	69
2015002	123002	77
2015002	123003	99
2015003	123001	98
2015003	123002	95

同时，请编程完成以下指定功能。

① createTable(String tableName, String[] fields)

创建表，参数 tableName 为表的名称，字符串数组 fields 为存储记录各个域名称的数组。要求当 HBase 已经存在名为 tableName 的表的时候，先删除原有的表，再创建新的表。

② addRecord(String tableName, String row, String[] fields, String[] values)

向表 tableName、行 row（用学生姓名 S_Name 表示）和字符串数组 fields 指定的单元格中添加对应的数据 values。其中，如果 fields 中每个元素对应的列族下还有相应的列限定符，用 columnFamily:column 表示。例如，同时向 Math、Computer Science、English 这 3 列添加成绩时，字符串数组 fields 为{"Score:Math","Score:Computer Science","Score:English"}，数组 values 存储这 3 门课的成绩。

③ scanColumn(String tableName, String column)

浏览表 tableName 某一列的数据，如果某一行记录中该列数据不存在，则返回 null。要求当参数 column 为某一列族名称时，如果底下有若干个列限定符，则列出每个列限定符代表的列的数据；当参数 column 为某一列具体名称（如 Score:Math）时，只需要列出该列的数据。

④ modifyData(String tableName, String row, String column)

修改表 tableName、行 row、列 column 指定的单元格的数据。

⑤ deleteRow(String tableName, String row)

删除表 tableName 中 row 指定的行的记录。

四、实验报告

"大数据技术原理与应用"实验报告 3		
题目：	姓名：	日期：
实验环境：		
实验内容与完成情况：		
出现的问题：		
解决方案（列出已解决的问题和解决办法，以及没有解决的问题）：		

第5章 NoSQL 数据库

传统的关系数据库可以较好地支持结构化数据的存储和管理，它以完善的关系代数理论作为基础，具有严格的标准，支持事务 ACID（原子性、一致性、隔离性、持久性）四性，借助索引机制可以实现高效的查询。因此，关系数据库自 20 世纪 70 年代诞生以来就一直是数据库领域的主流产品类型。但是，Web 2.0 的迅猛发展以及大数据时代的到来，使关系数据库越来越力不从心。在大数据时代，数据类型繁多，包括结构化数据和各种非结构化数据，其中非结构化数据占的比例在 90% 以上。关系数据库由于存在数据模型不灵活、横向扩展能力较差等局限，已经无法满足各种类型的非结构化数据的大规模存储需求。不仅如此，关系数据库引以为豪的一些关键特性，如事务机制和支持复杂查询，在 Web 2.0 时代的很多应用中都成为"鸡肋"。因此，在新的应用需求的驱动下，各种新型的 NoSQL 数据库不断涌现，并逐渐获得市场的青睐。

本章先介绍 NoSQL 数据库兴起的原因，比较 NoSQL 数据库与传统的关系数据库的差异；然后介绍 NoSQL 数据库的四大类型；最后介绍具有代表性的 NoSQL 数据库（即 Redis 和 MongoDB）的基本用法。

5.1 NoSQL 数据库简介

NoSQL 是一种不同于关系数据库的数据库管理系统设计方式，是对非关系数据库的统称，它所采用的数据模型并非传统的关系数据库的关系模型，而是类似键值、列族、文档等的非关系模型。NoSQL 数据库没有固定的表结构，通常也不存在连接操作，也没有严格遵守 ACID 约束。因此，与关系数据库相比，NoSQL 数据库具有较好的横向可扩展性，可以支持海量数据存储。此外，NoSQL 数据库支持 MapReduce 风格的编程，可以较好地应用于大数据时代的各种数据管理。NoSQL 数据库的出现，一方面弥补了关系数据库在当前商业应用中存在的各种缺陷，另一方面也撼动了关系数据库的垄断地位。

当应用场合需要简单的数据模型、灵活性的 IT 系统、较高的数据库性能和较低的数据库一致性时，NoSQL 数据库是一个很好的选择。通常 NoSQL 数据库具有以下 3 个特点。

1. 较好的横向可扩展性

传统的关系数据库由于自身设计的局限，通常很难实现横向扩展。当数据库负载大规模增加时，往往需要通过升级硬件来实现纵向扩展。但是，当前的计算机硬件制造工艺已经达到一个限度，性能提升的速度开始趋缓，已经远远赶不上数据库系统负载的增加速度，而且配置高端的高性能服务器价格不菲，因此寄希望于通过纵向扩展满足实际业务需求，已经变得越来越不现实。相反，横向扩展仅需要非常普通且廉价的标准化刀片服务器，不仅具有较高的性价比，还提供了理论上近乎无限的扩展空间。NoSQL 数据库在设计之初就是为了满足横向扩展的需求，因此天生具备强大的横向扩展能力。

2．灵活的数据模型

关系数据模型是关系数据库的基石，它以完备的关系代数理论为基础，具有规范的定义，遵守各种严格的约束条件。这种做法虽然保证了业务系统对数据一致性的需求，但是过于死板的数据模型，意味着无法满足各种新兴的业务需求。相反，NoSQL 数据库天生就旨在摆脱关系数据库的各种束缚条件，摒弃了流行多年的关系数据模型，转而采用键值、列族等非关系数据模型，允许在一个数据元素里存储不同类型的数据。

3．与云计算紧密融合

云计算具有较强的横向扩展能力，可以根据资源使用情况自由伸缩，各种资源可以动态加入或退出。NoSQL 数据库可以凭借自身较强的横向扩展能力，充分利用云计算基础设施，很好地将数据库融入云计算环境中，构建基于 NoSQL 的云数据库服务。

5.2　NoSQL 数据库兴起的原因

关系数据库是指采用关系数据模型的数据库，最早由图灵奖得主、有"关系数据库之父"之称的埃德加·弗兰克·科德（Edgar Frank Codd）于 1970 年提出。由于具有规范的行和列结构，因此存储在关系数据库中的数据通常也被称为结构化数据，用来查询和操作关系数据库的语言被称为结构化查询语言。由于关系数据库具有完备的数学理论基础、完善的事务管理机制和高效的查询处理引擎，因此其在社会生产和生活中得到了广泛的应用，并从 20 世纪 70 年代到 21 世纪前 10 年，一直占据商业数据库应用的主流位置。目前主流的关系数据库有 Oracle、DB2、SQL Server、Sybase、MySQL 等。

尽管数据库的事务和查询机制较好地满足了银行、电信等各类商业公司的业务数据管理需求，但是随着 Web 2.0 的兴起和大数据时代的到来，关系数据库显得越来越力不从心，暴露出越来越多难以弥补的缺陷。于是 NoSQL 数据库应运而生，它很好地满足了 Web 2.0 的需求，得到了市场的青睐。

5.2.1　关系数据库无法满足 Web 2.0 的需求

关系数据库已经无法满足 Web 2.0 的需求，主要表现在以下 3 个方面。

1．无法满足海量数据的管理需求

在 Web 2.0 时代，每个用户都是信息的发布者，用户的购物、社交、搜索等网络行为都会产生大量数据。淘宝、新浪微博、百度等网站，每天生成的数据量十分可观。对于这些网站而言，很快就可以产生超过 10 亿条记录的数据。对于关系数据库来说，在一张有 10 亿条记录数据的表里进行 SQL 查询，效率极其低下，甚至是不可忍受的。

2．无法满足数据高并发的需求

在 Web 1.0 时代，通常采用动态页面静态化技术，事先访问数据库生成静态页面供浏览者访问，从而保证大规模用户访问时，也能够获得较好的实时响应性能。但是，在 Web 2.0 时代，各种用户信息都在不断地发生变化，购物记录、搜索记录、微博粉丝数等信息都需要实时更新，动态页面静态化技术基本没有用武之地，所有信息都需要动态实时生成，这就会导致高并发的数据库访问，可能产生每秒上万次的读写请求。对于很多关系数据库而言，这都是"难以承受之重"。

3．无法满足高可扩展性和高可用性的需求

在 Web 2.0 时代，不知名的网站可能一夜爆红，用户迅速增加，已经广为人知的网站也可能因为发布了某些吸引眼球的信息，引来大量用户在短时间内围绕该信息产生大量交流、互动。这些都会导致对数据库读写负荷的急剧增加，需要数据库能够在短时间内迅速提升性能应对突发需求。但遗憾的是，关系数据库通常是难以横向扩展的，没有办法像网页服务器和应用服务器那样简单地通过添加更多的硬件和服务节点来扩展性能与负载能力。

5.2.2　关系数据库的关键特性在 Web 2.0 时代成为"鸡肋"

关系数据库的关键特性包括完善的事务机制和高效的查询机制。关系数据库的事务机制是由 1998 年图灵奖获得者、被誉为"数据库事务处理专家"的詹姆斯·格雷提出的。一个事务具有原子性（atomicity）、一致性（consistency）、隔离性（isolation）、持续性（durability）等 ACID 四性。有了事务机制，数据库中的各种操作可以保证数据的一致性修改。关系数据库还拥有非常高效的查询处理引擎，可以对查询语句进行语法分析和性能优化，保证查询的高效执行。

但是，关系数据库引以为傲的两个关键特性到了 Web 2.0 时代却成了"鸡肋"，主要表现在以下 3 个方面。

1．Web 2.0 网站系统通常不要求严格的数据库事务

对于许多 Web 2.0 网站而言，数据库事务已经不再那么重要。比如对于微博网站而言，如果一个用户在发布微博的过程中出现错误，可以直接丢弃该信息，而不必像关系数据库那样执行复杂的回滚操作，这样并不会给用户造成什么损失。而且，数据库事务通常有一套复杂的实现机制来保证数据库一致性，这需要大量系统开销。对于包含大量频繁实时读写请求的 Web 2.0 网站而言，实现事务的代价是难以承受的。

2．Web 2.0 并不要求严格的读写实时性

对于关系数据库而言，一旦有一条数据记录成功插入数据库中，就可以立即被查询。这对于银行等金融机构而言，是非常重要的。银行用户肯定不希望自己刚刚存入一笔钱，却无法在系统中立即查询到相应的存款记录。但是，对于 Web 2.0，却没有这种实时读写需求，比如用户的微博粉丝数量增加了 10 个，在几分钟后才显示更新的粉丝数量，用户可能也不会察觉。

3．Web 2.0 通常不包含大量复杂的 SQL 查询

复杂的 SQL 查询通常包含多表连接操作。在数据库中，多表连接操作代价高昂，因此

各类 SQL 查询处理引擎都设计了十分巧妙的优化机制——通过调整选择、投影、连接等操作的顺序，达到尽早减少参与连接操作的元组数目的目的，从而降低连接代价，提高连接效率。但是，Web 2.0 网站在设计时就已经尽量减少甚至避免这类操作，通常只采用单表的主键查询，因此关系数据库的查询优化机制在 Web 2.0 中难以有所作为。

综上所述，关系数据库凭借自身的独特优势，很好地满足了传统企业的数据管理需求，在数据库这个"江湖"独领风骚 40 余年。但是随着 Web 2.0 时代的到来，各类网站的数据管理需求已经与传统企业需求大不相同。在这种新的应用背景下，纵使关系数据库使尽浑身解数，也难以满足新时期的需求。于是 NoSQL 数据库应运而生，它的出现可以说是 IT 发展的必然。

5.3 NoSQL 数据库与关系数据库的比较

表 5-1 所示为 NoSQL 数据库和关系数据库的简单比较，对比指标包括数据库原理、数据规模、数据库模式、查询效率、一致性、数据完整性、扩展性、可用性、标准化、技术支持和可维护性等方面。从表中可以看出，关系数据库的突出优势在于，以完善的关系代数理论作为基础，有严格的标准，支持事务 ACID 四性，借助索引机制可以实现高效的查询，技术成熟，有专业公司的技术支持；其劣势在于，可扩展性较差，无法较好地支持海量数据存储，数据模型过于死板，无法较好地支持 Web 2.0 应用，事务机制影响了系统的整体性能等。NoSQL 数据库的明显优势在于，可以支持超大规模数据存储，其灵活的数据模型可以很好地支持 Web 2.0 应用，具有强大的横向扩展能力等；其劣势在于，缺乏数学理论基础，复杂查询性能不高，一般都不能实现事务强一致性，很难实现数据完整性，技术尚不成熟，缺乏专业团队的技术支持，维护较困难等。

表 5-1 NoSQL 数据库和关系数据库的简单比较

对比指标	NoSQL 数据库	关系数据库	备注
数据库原理	部分支持	完全支持	关系数据库有关系代数理论作为基础。 NoSQL 数据库没有统一的理论基础
数据规模	超大	大	关系数据库很难实现横向扩展，纵向扩展的空间也比较有限，性能会随着数据规模的增大而降低。 NoSQL 数据库可以很容易地通过添加更多设备来支持更大规模的数据
数据库模式	灵活	固定	关系数据库需要定义数据库模式，严格遵守数据定义和相关约束条件。 NoSQL 数据库不存在数据库模式，可以自由、灵活地定义并存储各种不同类型的数据
查询效率	可以实现高效的简单查询，但是不具备高度结构化查询等特性，复杂查询的性能不尽如人意	高	关系数据库借助索引机制可以实现快速查询（包括记录查询和范围查询）。 很多 NoSQL 数据库没有面向复杂查询的索引，虽然 NoSQL 数据库可以使用 MapReduce 来加速查询，但是在复杂查询方面的性能仍然不如关系数据库
一致性	弱	强	关系数据库严格遵守事务 ACID 四性，可以保证事务强一致性。 很多 NoSQL 数据库降低了对事务 ACID 四性的要求，遵守 BASE 模型，只能保证最终一致性

对比指标	NoSQL 数据库	关系数据库	备注
数据完整性	很难实现	容易实现	任何一个关系数据库都可以很容易地实现数据完整性，如通过主键或者非空约束来实现实体完整性，通过主键、外键来实现参照完整性，通过约束或者触发器来实现用户自定义完整性，但是 NoSQL 数据库无法实现
扩展性	好	一般	关系数据库很难实现横向扩展，纵向扩展的空间也比较有限。NoSQL 数据库在设计之初就充分考虑了横向扩展的需求，可以很容易地通过添加廉价设备实现扩展
可用性	很好	好	关系数据库在任何时候都以保证数据一致性为优先目标，其次才是优化系统性能。随着数据规模的增大，关系数据库为了保证严格的一致性，只能提供相对较弱的可用性。大多数 NoSQL 数据库都能提供较高的可用性
标准化	未标准化	已标准化	关系数据库已经标准化（SQL）。NoSQL 数据库还没有行业标准，不同的 NoSQL 数据库有不同的查询语言，很难规范应用程序接口
技术支持	低	高	关系数据库经过几十年的发展，已经非常成熟，Oracle 等大型厂商都可以提供很好的技术支持。NoSQL 数据库在技术支持方面仍然处于起步阶段，还不成熟，缺乏有力的技术支持
可维护性	复杂	复杂	关系数据库需要专门的数据库管理员（database administrator，DBA）维护。NoSQL 数据库虽然没有关系数据库复杂，但难以维护

分布式数据库公司 VoltDB 的首席技术官、Ingres 和 PostgreSQL 数据库的总设计师迈克尔·斯通布雷克（Michael Stonebraker）认为，当今大多数商业数据库软件已经在市场上存在 30 年或更长时间，它们的设计并没有围绕自动化以及事务性环境，同时这些数据库在这几十年中不断发展出的功能并没有想象中的那么好。许多新兴的 NoSQL 数据库的普及，如 MongoDB 和 Cassandra，很好地打破了传统数据库系统的局限，但是 NoSQL 数据库没有统一的查询语言，这将阻碍 NoSQL 数据库的发展。

通过前文对 NoSQL 数据库和关系数据库的一系列比较可以看出，二者各有优势，也都存在不同层面的缺陷。因此，在实际应用中，二者都可以有各自的目标用户群体和市场空间，不存在一个完全取代另一个的问题。对于关系数据库而言，在一些特定的应用领域，其地位和作用仍然无法被取代，银行、超市等领域的业务系统仍然高度依赖关系数据库来保证数据的一致性。此外，对于一些复杂查询分析型应用而言，基于关系数据库的数据仓库产品，仍然可以比基于 NoSQL 数据库的产品有更好的性能。比如有研究人员利用基准测试数据集 TPC-H 和 YCSB（Yahoo! cloud serving benchmark，雅虎云服务基准测试），对微软基于 SQL Server 的并行数据仓库产品 PDW（Parallel Data Warehouse）和 Hadoop 平台上的数据仓库产品 Hive（属于 NoSQL 数据库）进行了实验比较，实验结果表明 PDW 的性能比 Hive 的性能高 9 倍。对于 NoSQL 数据库而言，Web 2.0 领域是其未来的主战场，Web 2.0网站系统对数据一致性的要求不高，但是对数据量和并发读写的要求较高，NoSQL 数据库可以很好地满足这些应用的需求。在实际应用中，一些公司也会采用混合的方式构建数据库应用，比如亚马逊就使用不同类型的数据库来支撑它的电子商务应用。对于"购物车"产生的临时性数据，采用键值存储会更加高效，当前的产品和订单信息则适合存放在关系数据库中，大量的历史订单信息则适合保存在类似 MongoDB 的文档数据库中。

5.4 NoSQL 数据库的四大类型

近些年，NoSQL 数据库的发展势头非常迅猛。在四五年时间内，NoSQL 数据库领域就爆炸性地产生了 50～150 个新的数据库。一项网络调查显示，行业中最需要的开发人员技能前 10 名依次是 HTML5、MongoDB、iOS、Android、Mobile Apps、Puppet、Hadoop、jQuery、PaaS 和 Social Media。其中，MongoDB（一种文档数据库，属于 NoSQL 数据库）的热度甚至位于 iOS 之前，足以看出 NoSQL 数据库的受欢迎程度。

NoSQL 数据库虽然数量众多，但是归结起来，典型的 NoSQL 数据库通常包括键值数据库、列族数据库、文档数据库和图数据库等，如图 5-1 所示。

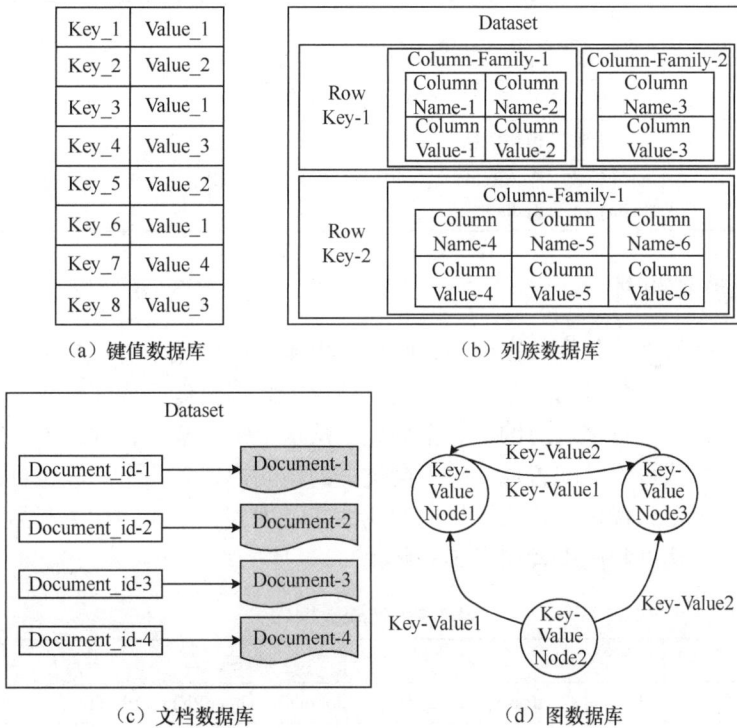

（a）键值数据库　　　　　　　　　　　（b）列族数据库

（c）文档数据库　　　　　　　　　　　（d）图数据库

图 5-1　不同类型的 NoSQL 数据库

5.4.1　键值数据库

键值数据库（key-value database）使用一张哈希表，这张表中有一个特定的键和一个指针指向特定的值。键可以用来定位值，即存储和检索具体的值。值对数据库而言是透明不可见的，不能对值进行索引和查询，只能通过键进行查询。值可以用来存储任意类型的数据，包括整型、字符型、数组、对象等。在存在大量写操作的情况下，键值数据库可以比关系数据库取得更好的性能。因为关系数据库需要建立索引来加速查询，当存在大量写操作时，索引会频繁更新，由此会产生高昂的索引维护代价。关系数据库通常很难横向扩展，但是键值数据库天生具有良好的伸缩性，理论上几乎可以实现无限扩容。键值数据库可以进一步划分为内存键值数据库和持久化（persistent）键值数据库。内存键值数据库把数据保存在内存中，如 Memcached 和 Redis；持久化键值数据库把数据保存在磁盘中，如 Berkeley DB、Voldmort 和 Riak。

当然，键值数据库也有自身的局限性，条件查询就是键值数据库的弱项。因此，如果只对部分值进行查询或更新，效率就会比较低下。在使用键值数据库时，应该尽量避免多表关联查询，可以采用双向冗余存储关系来代替表关联，把操作分解成单表操作。此外，键值数据库在发生故障时不支持回滚操作，因此无法支持事务。键值数据库的相关产品、数据模型、典型应用、优点、缺点和使用者如表 5-2 所示。

表 5-2　键值数据库

项目	描述
相关产品	Redis、Riak、SimpleDB、Chordless、Scalaris、Memcached
数据模型	键值对
典型应用	内容缓存，如会话、配置文件、参数、购物车等
优点	扩展性好、灵活性好、存在大量写操作时性能高
缺点	无法存储结构化信息、条件查询效率较低
使用者	百度云数据库（Redis）、GitHub（Riak）、BestBuy（Riak）、Stack Overflow（Redis）、Instagram（Redis）

5.4.2　列族数据库

列族数据库一般采用列族数据模型，数据库由多个行构成，每行数据包含多个列族，不同的行可以具有不同数量的列族，属于同一列族的数据会被存放在一起。每行数据通过行键进行定位，与这个行键对应的是一个列族。从这个角度来说，列族数据库也可以被视为键值数据库。列族可以被配置成支持不同类型的访问模式，一个列族也可以被设置成放入内存，以消耗内存为代价来换取更好的响应性能。列族数据库的相关产品、数据模型、典型应用、优点、缺点和使用者如表 5-3 所示。

表 5-3　列族数据库

项目	描述
相关产品	BigTable、HBase、Cassandra、HadoopDB、GreenPlum、PNUTS
数据模型	列族
典型应用	分布式数据存储与管理
优点	查找速度快、可扩展性强、容易进行分布式扩展、复杂性低
缺点	功能较少，大都不支持强事务一致性
使用者	eBay（Cassandra）、Instagram（Cassandra）

5.4.3　文档数据库

在文档数据库中，文档是数据库的最小单位。虽然每一种文档数据库的部署有所不同，但大都假定文档以某种标准化格式封装并对数据进行加密，同时用多种格式进行解码，包括 XML、YAML、JSON 和 BSON 等格式，也可以使用二进制格式进行解码（如 PDF、微软 Office 文档等）。文档数据库通过键来定位一个文档，因此可以看成键值数据库的一个衍生品，而且前者比后者具有更高的查询效率。对于那些可以把输入数据表示成文档的应用而言，文档数据库是非常合适的。一个文档可以包含非常复杂的数据结构，如嵌套对象，并且不需要采用特定的数据模式，每个文档可能具有完全不同的结构。文档数据库既可以根据键来构建索引，也可以基于文档内容来构建索引。基于文档内容的索引和查询能力，是文档数据库不同于键值数据库的地方。因为在键值数据库中，值对数据库是透明不可见的，不能根据值来构建索引。文档数据库主要用于存储并检索文档数据，当文档数据需要考虑很多关系和标准化约束，以及需要事务支持时，传统的关系数据库是更好的选择。文档数据库的相关产品、数据模型、典型应用、优点、缺点和使用者如表 5-4 所示。

表 5-4　文档数据库

项目	描述
相关产品	CouchDB、MongoDB、Terrastore、ThruDB、RavenDB、SisoDB、RaptorDB、CloudKit、Persevere、Jackrabbit
数据模型	版本化的文档
典型应用	存储、索引并管理面向文档的数据或者类似的半结构化数据
优点	性能好、灵活性高、复杂性低、数据结构灵活
缺点	缺乏统一的查询语法
使用者	百度云数据库（MongoDB）、SAP（MongoDB）、Codecademy（MongoDB）、Foursquare（MongoDB）

5.4.4　图数据库

图数据库以图论为基础，一个图是一个数学概念，用来表示一个对象集合，包括顶点以及连接顶点的边。图数据库使用图作为数据模型来存储数据，完全不同于键值数据模型、列族数据模型和文档数据模型，可以高效地存储不同顶点之间的关系。图数据库专门用于处理具有高度相互关联关系的数据，可以高效地处理实体之间的关系，比较适合用于社交网络、模式识别、依赖分析、推荐系统以及路径寻找等。有些图数据库（如 Neo4J）完全兼容 ACID。但是，图数据库除了在处理图和关系这些应用领域具有很好的性能以外，在其他领域，其性能不如其他 NoSQL 数据库。图数据库的相关产品、数据模型、典型应用、优点、缺点和使用者如表 5-5 所示。

表 5-5　图数据库

项目	描述
相关产品	Neo4J、OrientDB、InfoGrid、Infinite Graph、GraphDB
数据模型	图结构
典型应用	应用于大量且复杂、互连接、低结构化的图结构场合，如社交网络、推荐系统等
优点	灵活性高、支持复杂的图算法、可用于构建复杂的关系图谱
缺点	复杂性高、只能支持一定的数据规模
使用者	Adobe（Neo4J）、思科（Neo4J）

5.5　键值数据库 Redis 的安装和使用

本节包括键值数据库 Redis 简介、安装 Redis 和 Redis 实例演示等。

5.5.1 Redis 简介

Redis 是一个键值存储系统，即键值对非关系数据库，和 Memcached 类似，目前被越来越多的互联网公司采用。Redis 作为一个高性能的键值数据库，不仅在很大程度上弥补了 Memcached 这类数据库键值存储的不足，还在部分场合下可以对关系数据库起到很好的补充作用。Redis 提供了 Python、Ruby、Erlang、PHP 等客户端，使用很方便。

Redis 支持存储的值类型包括 string（字符串）、list（链表）、set（集合）和 zset（有序集合）。这些数据类型都支持 push/pop、add/remove 以及取交集、并集和差集等丰富的操作，且这些操作都是原子性的。在此基础上，Redis 支持各种方式的排序。与 Memcached 一样，为了保证效率，Redis 中的数据都是缓存在内存中的，它会周期性地把更新的数据写入磁盘，或者把修改操作写入追加的记录文件；此外，Redis 还实现了主从（master-slave）同步。

5.5.2 安装 Redis

在 Ubuntu 22.04 中打开一个终端，执行如下命令安装 Redis。

```
$ sudo apt update
$ sudo apt --fix-broken install
$ sudo apt upgrade -y
$ sudo apt install redis-server -y
```

全部执行完毕，若无任何报错，则安装成功。

检查 Redis 是否安装成功，可以执行如下命令检查 Redis 版本，执行结果如图 5-2 所示。

```
$ redis-cli --version
```

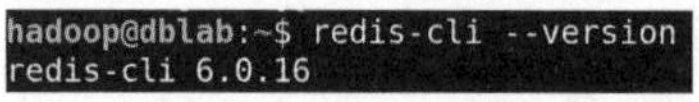

图 5-2　执行结果

默认情况下，Redis 安装结束后会自动启动服务。如果没有启动，可以使用如下命令启动 Redis 服务。

```
$ service redis-server start   # 如果弹出密码界面，请输入 Ubuntu 系统 hadoop 用户的密码
```

可以使用如下命令检查 Redis 服务运行状态，结果如图 5-3 所示。

```
$ service redis-server status
```

图 5-3　检查 Redis 服务运行状态的结果

如果 Redis 服务运行状态信息中包含 active(running)，就说明服务正在运行。

可以使用如下命令关闭 Redis 服务。

```
$ service redis-server stop
```

使用 Redis 客户端连接 Redis 服务器，命令如下。

```
$ redis-cli -h 127.0.0.1 -p 6379
```

客户端连上服务器之后，会显示 127.0.0.1:6379>的信息，表示服务器的 IP 地址为 127.0.0.1，端口为 6379，如图 5-4 所示。

```
hadoop@dblab:~$ redis-cli -h 127.0.0.1 -p 6379
127.0.0.1:6379>
```

图 5-4 Redis 客户端启动后的效果

在 127.0.0.1:6379>后面，可以执行 Redis 操作命令对 Redis 进行各种操作。可以执行如下命令退出客户端。

```
127.0.0.1:6379> exit
```

如果 Redis 需要存储中文字符，为了避免出现乱码，可以使用如下命令启动 Redis 客户端。

```
$ redis-cli -h 127.0.0.1 -p 6379 --raw
```

5.5.3 Redis 实例演示

假设有 3 张表，即 Student、Course 和 SC，3 张表的字段和数据如图 5-5 所示。

Sno	Sname	Ssex	Sage	Sdept
95001	李勇	男	22	CS
95002	刘晨	女	19	IS
95003	王敏	女	18	MA
95004	张立	男	19	IS

（a）Student 表

Cno	Cname	Credit
1	数据库	4
2	数学	2
3	信息系统	4
4	操作系统	3
5	数据结构	4
6	数据处理	2
7	PASCAL语言	4

（b）Course 表

Sno	Cno	Grade
95001	1	92
95001	2	85
95001	3	88
95002	2	90
95002	3	80

（c）SC 表

图 5-5 3 张表的字段和数据

Redis 数据库以<key,value>的形式存储数据，把 3 张表的数据存入 Redis 数据库时，key 和 value 的确定方法如下。

```
key=表名:主键值:列名
value=列值
```

例如，把每张表的第一行记录保存到 Redis 数据库中，需要执行的命令和执行结果如图 5-6 所示。

```
127.0.0.1:6379> set Student:95001:Sname 李勇
OK
127.0.0.1:6379> set Course:1:Cname 数据库
OK
127.0.0.1:6379> set SC:95001:1:Grade 92
OK
```

图 5-6 向 Redis 数据库中插入数据

可以执行类似的命令，把 3 张表所有数据都插入 Redis 数据库中，完整命令如下。

```
set Student:95001:Sname 李勇
set Student:95001:Ssex 男
set Student:95001:Sage 22
set Student:95001:Sdept CS

set Student:95002:Sname 刘晨
set Student:95002:Ssex 女
set Student:95002:Sage 19
set Student:95002:Sdept IS

set Student:95003:Sname 王敏
set Student:95003:Ssex 女
set Student:95003:Sage 18
set Student:95003:Sdept MA

set Student:95004:Sname 张立
set Student:95004:Ssex 男
set Student:95004:Sage 19
set Student:95004:Sdept IS

set Course:1:Cname 数据库
set Course:1:Credit 4

set Course:2:Cname 数学
set Course:2:Credit 2

set Course:3:Cname 信息系统
set Course:3:Credit 4

set Course:4:Cname 操作系统
set Course:4:Credit 3

set Course:5:Cname 数据结构
set Course:5:Credit 4

set Course:6:Cname 数据处理
set Course:6:Credit 2

set Course:7:Cname PASCAL 语言
set Course:7:Credit 4

set SC:95001:1:Grade 92
set SC:95001:2:Grade 85
set SC:95001:3:Grade 88
set SC:95002:2:Grade 90
set SC:95002:3:Grade 80
```

下面针对这些已经录入的数据，简单演示如何进行增、删、改、查操作。Redis 支持 5 种数据类型，不同数据类型，增、删、改、查操作可能不同，这里用简单的数据类型——字符串进行演示。

1．插入数据

向 Redis 插入一条数据，只需要先设计好键和值，然后用 set 命令插入数据即可。例如，在 Course 表中插入一门新的课程"算法"，4 学分，操作命令和结果如图 5-7 所示。

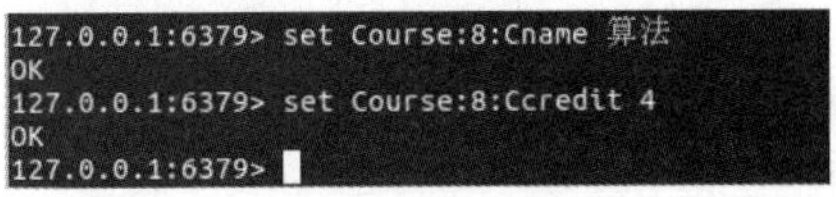

```
127.0.0.1:6379> set Course:8:Cname 算法
OK
127.0.0.1:6379> set Course:8:Ccredit 4
OK
127.0.0.1:6379>
```

图 5-7　插入数据的操作命令和结果

2．修改数据

Redis 中并没有修改数据的命令，所以，如果要在 Redis 中修改一条数据，只能采用一种变通的方式，即在使用 set 命令时，使用同样的键，然后用新的值来覆盖旧的值。例如，把刚才新添加的"算法"课程名称修改为"编译原理"，操作命令和结果如图 5-8 所示。

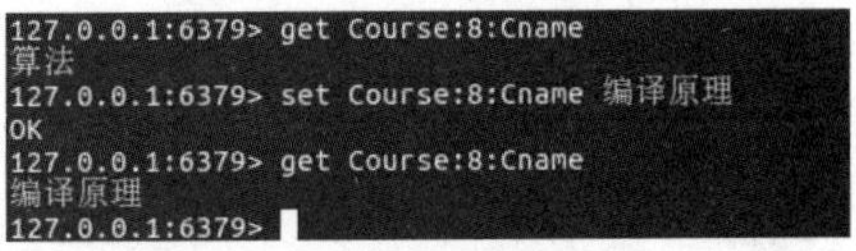

```
127.0.0.1:6379> get Course:8:Cname
算法
127.0.0.1:6379> set Course:8:Cname 编译原理
OK
127.0.0.1:6379> get Course:8:Cname
编译原理
127.0.0.1:6379>
```

图 5-8　修改数据的操作命令和结果

3．删除数据

Redis 有专门删除数据的命令——del 命令，命令格式为"del 键"。所以，如果要删除新增的课程"编译原理"，只需执行命令 del Course:8:Cname，如图 5-9 所示，当执行 del Course:8:Cname 命令时，返回"1"，说明成功删除一条数据，再次执行 get 命令时，输出为空，说明删除成功。

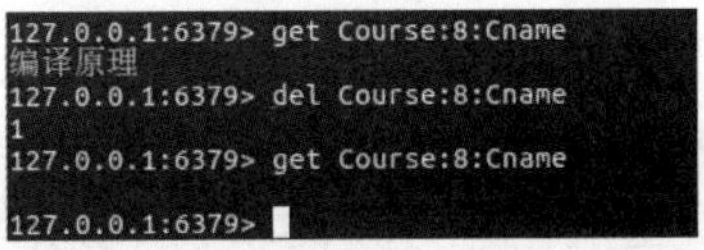

```
127.0.0.1:6379> get Course:8:Cname
编译原理
127.0.0.1:6379> del Course:8:Cname
1
127.0.0.1:6379> get Course:8:Cname

127.0.0.1:6379>
```

图 5-9　删除数据的操作命令和结果

4．查询数据

Redis 最简单的查询方式是使用 get 命令，前文几个操作中已经使用过 get 命令，这里不再赘述。

5.5.4　使用 Java 操作 Redis

首先需要到 Maven 中央仓库下载相关依赖 JAR 包，包括 jedis-4.3.2.jar 和 gson-2.10.1.jar。

打开 Eclipse，新建一个 Java Project（项目），名称为 RedisTest。右击工程名，在弹出的菜单中依次选择 Build Path → Configure Build Path，在打开的窗口的右边选择 Libraries 标签，单击 Classpath，然后单击右侧的 Add External JARs，找到此前已经下载好的 jedis-4.3.2.jar 和 gson-2.10.1.jar 文件并将其加入，然后单击 Apply and Close 完成配置。

使用菜单 File→New→Class，新建一个类文件 JedisTest.java，代码如下。

```
import java.util.Map;
import redis.clients.jedis.Jedis;

public class JedisTest {
public static void main(String[] args) {
        Jedis jedis = new Jedis("localhost",6379);
        jedis.hset("student.scofield", "English","45");
        jedis.hset("student.scofield", "Math","89");
        jedis.hset("student.scofield", "Computer","100");
        Map<String,String>  value = jedis.hgetAll("student.scofield");
        for(Map.Entry<String, String> entry:value.entrySet())
        {
            System.out.println(entry.getKey()+":"+entry.getValue());
        }
    }
}
```

在 JedisTest.java 代码文件窗口内的任意区域右击，在弹出的菜单中依次选择 Run AS→1.Java Application 运行程序，运行成功以后会在 Console 面板中显示如下信息。

```
Math:89
Computer:100
English:45
```

5.6 文档数据库 MongoDB 的安装和使用

本节介绍 MongoDB 的安装和使用方法，包括安装 MongoDB、使用 Shell 命令操作 MongoDB 以及 Java API 编程实例等。

5.6.1 MongoDB 简介

MongoDB 是一个基于分布式文件存储的文档数据库，介于关系数据库和非关系数据库之间，是非关系数据库当中功能最丰富、最像关系数据库的一种 NoSQL 数据库。MongoDB 支持的数据结构非常松散，是类似 JSON 的 BSON 格式，因此可以存储比较复杂的数据类型。MongoDB 最大的特点是支持的查询语言非常强大，语法有点类似于面向对象的查询语言，几乎可以实现类似关系数据库中单表查询的绝大部分功能，而且支持对数据建立索引。

5.6.2 安装 MongoDB

1. 更新 Ubuntu 22.04 的软件包

在 Ubuntu 22.04 中运行系统更新命令，以重建从现有仓库创建的 APT 软件包缓存。具体命令如下。

```
$ sudo apt-get update
```

还要安装一些其他必需的软件包，命令如下。

```
$ sudo apt-get install gnupg curl
```

2．添加 GPG 密钥

需要添加 GPG 密钥，因为系统需要该密钥来检查要安装的 MongoDB 软件包的真实性，命令如下。

```
$ curl -fsSL https://pgp.mongodb.com/server-6.0.asc | sudo gpg -o /etc/apt/
trusted.gpg.d//mongodb-server-6.0.gpg --dearmor
```

3．在 Ubuntu 22.04 上添加 MongoDB 仓库

MongoDB 是一种流行的数据库系统，但安装它的软件包不能直接使用 Ubuntu 22.04 的默认系统仓库。因此，需要手动在 Ubuntu 22.04 上添加 6.0 版本的仓库，命令如下。

```
$ echo "deb [ arch=amd64,arm64 ] https://repo.mongodb.org/apt/ubuntu focal/
mongodb-org/6.0 multiverse" | sudo tee /etc/apt/sources.list.d/mongodb-org-6.0.list
```

添加仓库后，使用以下命令更新 APT 索引缓存。

```
$ sudo apt-get update
```

4．安装 libssl1.1

MongoDB 的安装需要依赖 libssl1.1。可以使用如下 3 条命令安装。

```
$ echo "deb http://security.ubuntu.com/ubuntu focal-security main" | sudo tee
/etc/apt/sources.list.d/focal-security.list
$ sudo apt-get update
$ sudo apt-get install libssl1.1
```

5．在 Ubuntu 22.04 上安装 MongoDB 6.0

在终端中运行以下命令安装 MongoDB 6.0。

```
$ sudo apt-get install mongodb-org
```

安装过程中会出现提示，输入 Y 并按 Enter 键进行安装。

6．启动 MongoDB 服务

启动 MongoDB 服务并检查 MongoDB 服务状态，具体命令如下，执行效果如图 5-10 所示。

```
$ sudo systemctl start mongod
$ sudo systemctl status mongod
```

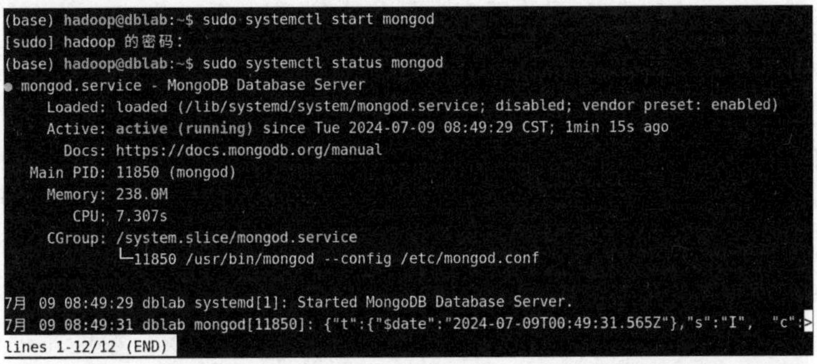

图 5-10　启动 MongoDB 服务并检查 MongoDB 服务状态的执行效果

然后，可以按 Ctrl+C 组合键，结束服务状态查询。

7．进入 MongoDB Shell

再新建一个终端窗口，执行如下命令进入 MongoDB Shell 交互式执行环境，如图 5-11 所示。

```
$ mongosh
```

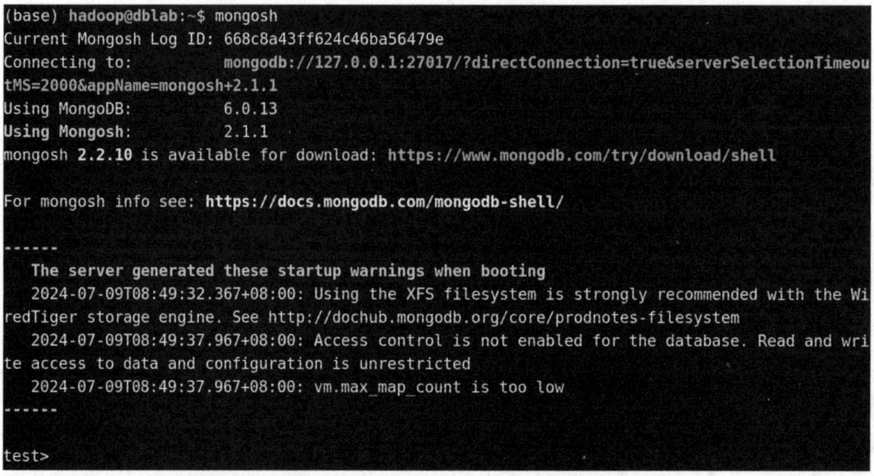

图 5-11　进入 MongoDB Shell 交互式执行环境

可以输入如下命令退出 MongoDB Shell 环境。

```
test> exit
```

停止 MongoDB 服务的命令如下。

```
$ sudo systemctl stop mongod
```

5.6.3　使用 Shell 命令操作 MongoDB

1．常用操作命令

常用的操作 MongoDB 数据库的相关命令包括以下几种。
- show dbs：显示数据库列表。
- show collections：显示当前数据库中的集合[类似关系数据库中的表（table）]。
- show users：显示所有用户。
- use yourDB：切换当前数据库至 yourDB。
- db.help( )：显示数据库操作命令。
- db.yourCollection.help( )：显示集合操作命令，yourCollection 是集合名。

2．简单操作演示

下面以一个 School 数据库为例进行操作演示，将在 School 数据库中创建两个集合 teacher 和 student，并对 student 集合中的数据进行增、删、改、查等基本操作。需要说明的是，文档数据库中的集合（collection），相当于关系数据库中的表（table）。

（1）切换到 School 数据库

命令如下。

```
> use School
```

注意，MongoDB 无须预创建 School 数据库，在使用时会自动创建。

（2）创建集合

创建集合（collection）的命令如下。

```
> db.createCollection('teacher')
```

然后，可以使用如下命令查询创建好的集合。

```
> show collections
```

实际上，MongoDB 在插入数据的时候，也会自动创建对应的集合，无须预定义集合。

（3）插入数据

插入数据的具体命令如下。

```
> db.student.insertOne({_id:1, sname: 'Zhangsan', sage: 20})   #_id可选
```

运行完以上命令，student 集合已自动创建，这也说明 MongoDB 不需要预先定义集合，在第一次插入数据后，集合会被自动创建。此时，可以使用 show collections 命令查询数据中当前已经存在的集合。

添加的数据的结构是松散的，只要是 BSON 格式均可，列属性均不固定，以实际添加的数据为准。可以先定义数据再插入，这样就可以一次性插入多条数据，具体命令如下。

```
> s=[{sname:'Lisi',sage:20},{sname:'wangwu',sage:20},{sname:'Chenliu',sage:20}]
> db.student.insert(s)
> db.student.find()
```

（4）查找数据

查找数据所使用的基本命令格式如下。

```
> db.youCollection.find(criteria, filterDisplay)
```

其中，criteria 表示查询条件，是一个可选的参数；filterDisplay 表示筛选以显示部分数据，如显示指定列的数据，这也是一个可选的参数，但是，需要注意的是，当存在该参数时，第一个参数不可省略，若查询条件为空，可用{}作为占位符。

- 查询所有记录。

```
> db.student.find()
```

该命令相当于关系数据库的 SQL 语句 select * from student。

- 查询 sname='Lisi'的记录。

```
> db.student.find({sname: 'Lisi'})
```

该命令相当于关系数据库的 SQL 语句 select * from student where sname='Lisi'。

- 查询指定列的 sname、sage 数据。

```
> db.student.find({},{sname:1, sage:1})
```

该命令相当于关系数据库的 SQL 语句 select sname,sage from student。其中，sname:1 表示返回 sname 列，默认 _id 字段也是返回的，可以添加 _id:0（意为不返回 _id），写成 {sname:1, sage: 1,_id:0}，就不会返回默认的 _id 字段了。

- AND 条件查询。

```
> db.student.find({sname: 'Zhangsan', sage: 22})
```

该命令相当于关系数据库的 SQL 语句 select * from student where sname = 'Zhangsan' and sage = 22。

- OR 条件查询。

```
> db.student.find({$or: [{sage: 22}, {sage: 25}]})
```

该命令相当于关系数据库的 SQL 语句 select * from student where sage = 22 or sage = 25。

- 格式化输出。

对于查询结果，也可以采用 pretty( ) 方法进行格式化输出。

```
> db.student.find().pretty()
```

（5）修改数据

修改数据的基本命令格式如下。

```
> db.youCollection.update(criteria, objNew, upsert, multi )
```

对于该命令做如下说明。

- criteria：表示 update 的查询条件，类似于 update 查询语句 where 后面的条件。
- objNew：update 的对象和一些更新的操作符（如 $set）等，也可以理解为 SQL 的 update 语句中 set 后面的内容。
- upsert：表示如果不存在 update 的记录，是否插入 objNew，true 表示插入，默认值是 false，表示不插入。
- multi：默认值是 false，只更新找到的第一条记录；如果这个参数的值为 true，就把按条件查出来的多条记录全部更新。

上面各个参数中，criteria 和 objNew 是必选参数，upsert 和 multi 是可选参数。

这里给出一个实例，语句如下。

```
> db.student.update({sname: 'Lisi'}, {$set: {sage: 30}}, false, true)
```

该命令相当于关系数据库的 SQL 语句 update student set sage =30 where sname = 'Lisi';。

（6）删除数据

```
> db.student.remove({sname: 'Chenliu'})
```

该命令相当于关系数据库的 SQL 语句 delete from student where sname='Chenliu'.

（7）删除集合

```
> db.student.drop()
```

5.6.4　Java API 编程实例

编写 Java 程序访问 MongoDB 数据库时，首先，需要下载 Java MongoDB Driver 驱动 JAR 包。

也可以直接访问教材官网的"下载专区"，在"软件"目录中，把名称为 mongodb-driver-sync-4.9.1.jar、mongodb-driver-core-4.9.1.jar 和 bson-4.9.1.jar 的文件下载到本地文件系统中。

打开 Eclipse，新建一个 Java 工程，在工程中导入下载的 JAR 包，然后，在工程中新建一个 MongoDBExample.java 文件，输入如下代码，直接在 Eclipse 中编译运行即可。

```java
import java.util.ArrayList;
import java.util.List;
import org.bson.Document;
import com.mongodb.client.MongoClient;
import com.mongodb.client.MongoClients;
import com.mongodb.client.MongoCollection;
import com.mongodb.client.MongoCursor;
import com.mongodb.client.MongoDatabase;
import com.mongodb.client.model.Filters;
public class MongoDBExample {
    public static void main(String[] args) {
        insert();//插入数据。执行插入操作时，可将其他3条函数调用语句注释掉，下同
        //find(); //查找数据
        //update();//更新数据
        //delete();//删除数据
    }
    /**
     * 返回指定数据库中的指定集合
     * @param dbname 数据库名
     * @param collectionname 集合名
     * @return collection
     */
    //MongoDB 无须预定义数据库和集合，在使用的时候会自动创建
    public static MongoCollection<Document> getCollection(String dbname,
String collectionname){
        //实例化一个 mongoDB 客户端，服务器地址为 localhost（本地），端口号为 27017
        String host = "localhost";
        int port = 27017;
        MongoClient  mongoClient = MongoClients.create("mongodb://"+host+":"+port);

        //实例化一个 MongoDB 数据库
        MongoDatabase mongoDatabase = mongoClient.getDatabase(dbname);
        //获取数据库中的某个集合
        MongoCollection<Document> collection = mongoDatabase.getCollection
(collectionname);
        return collection;
    }
    /**
     * 插入数据
     */
    public static void insert(){
        try{
            //连接 MongoDB，指定连接数据库名，指定连接表名
            MongoCollection<Document> collection = getCollection("School",
"student");    //数据库名为 School，集合名为 student
            //实例化一个文档，文档内容为{sname:'Mary',sage:25}，如果还有其他字段，可
```

```java
            //以用 append() 继续追加
            Document doc1=new Document("sname","Mary").append("sage", 25);
            //实例化一个文档，文档内容为{sname:'Bob',sage:20}
            Document doc2=new Document("sname","Bob").append("sage", 20);
            List<Document> documents = new ArrayList<Document>();
            //将 doc1、doc2 加入 documents 列表中
            documents.add(doc1);
            documents.add(doc2);
            //将 documents 插入集合
            collection.insertMany(documents);
            System.out.println("插入成功");
        }catch(Exception e){
            System.err.println( e.getClass().getName() + ": " + e.getMessage() );
        }
    }
    /**
     * 查询数据
     */
    public static void find(){
        try{
            //数据库名为 School，集合名为 student
            MongoCollection<Document> collection = getCollection("School","student");
            //查询所有数据
            MongoCursor<Document>  cursor= collection.find().iterator();
            while(cursor.hasNext()){
                System.out.println(cursor.next().toJson());
            }
        }catch(Exception e){
            System.err.println( e.getClass().getName() + ": " + e.getMessage() );
        }
    }
    /**
     * 更新数据
     */
    public static void update(){
        try{
            //数据库名为 School，集合名为 student
            MongoCollection<Document> collection = getCollection("School","student");
            //更新文档，将文档中 sname='Mary'的文档修改为 sage=22
            collection.updateMany(Filters.eq("sname", "Mary"), new Document("$set",new Document("sage",22)));
            System.out.println("更新成功! ");
        }catch(Exception e){
            System.err.println( e.getClass().getName() + ": " + e.getMessage() );
        }
    }
    /**
     * 删除数据
     */
    public static void delete(){
        try{
            //数据库名为 School，集合名为 student
```

```
        MongoCollection<Document> collection = getCollection("School","student");
        //删除符合条件的第一个文档
        collection.deleteOne(Filters.eq("sname", "Bob"));
        //删除所有符合条件的文档
        //collection.deleteMany (Filters.eq("sname", "Bob"));
        System.out.println("删除成功! ");
    }catch(Exception e){
        System.err.println( e.getClass().getName() + ": " + e.getMessage() );
    }
    }
}
```

每次在 Eclipse 中执行完该程序,都可以在 Linux 系统的 MongoDB Shell 模式下查看结果。比如,在 Eclipse 执行完更新操作后,在 MongoDB Shell 模式下使用命令 db.student.find( ),就可以查看 student 集合的所有数据。

5.7 本章小结

本章介绍了 NoSQL 数据库的相关知识。NoSQL 数据库较好地满足了大数据时代各种非结构化数据的存储需求,开始得到越来越广泛的应用。但是,需要指出的是,传统的关系数据库和 NoSQL 数据库各有所长,有各自的市场空间,不存在一方完全取代另一方的问题,在很长的一段时间内,二者会共同存在,满足不同应用的差异化需求。

NoSQL 数据库主要包括键值数据库、列族数据库、文档数据库和图数据库 4 种类型,不同产品都有各自的应用场合。

本章最后介绍了具有代表性的 NoSQL 数据库的基本用法,包括键值数据库 Redis 和文档数据库 MongoDB。

5.8 习题

1. NoSQL 数据库的含义是什么?
2. 试述关系数据库在哪些方面无法满足 Web 2.0 应用的需求。
3. 为什么说关系数据库的一些关键特性在 Web 2.0 时代成为"鸡肋"?
4. 请比较 NoSQL 数据库和关系数据库的优缺点。
5. 试述 NoSQL 数据库的四大类型。
6. 试述键值数据库、列族数据库、文档数据库和图数据库的适用场合和优缺点。

实验 4 NoSQL 数据库和关系数据库的操作比较

一、实验目的

(1)理解 4 种数据库(MySQL、HBase、Redis 和 MongoDB)的概念以及不同点。
(2)熟练使用 4 种数据库操作常用的 Shell 命令。
(3)熟悉 4 种数据库操作常用的 Java API。

二、实验平台

- 操作系统：Ubuntu 22.04。
- Hadoop 版本：3.3.5。
- MySQL 版本：8.0。
- HBase 版本：2.5.4。
- Redis 版本：6.0。
- MongoDB 版本：6.0。
- JDK 版本：1.8。
- Java IDE：Eclipse。

三、实验内容和要求

1．MySQL 数据库操作

（1）根据教材官网相关内容，在 Ubuntu 22.04 中完成 MySQL 数据库的安装。然后根据表 5-6，在 MySQL 中完成如下操作。

① 在 MySQL 中创建 Student 表，并录入数据。

② 用 SQL 语句输出 Student 表中的所有记录。

③ 查询 Zhangsan 的 Computer 成绩。

④ 修改 Lisi 的 Math 成绩为 95。

表 5-6　Student 表

Name	English	Math	Computer
Zhangsan	69	86	77
Lisi	55	100	88

（2）根据前文已经设计出的 Student 表，使用 MySQL 的 Java 客户端编程实现以下操作。

① 向 Student 表中添加如下所示的一条记录。

scofield	45	89	100

② 获取 scofield 的 English 成绩。

2．HBase 数据库操作

（1）根据表 5-7 给出的 Student 信息，执行如下操作。

① 用 HBase Shell 命令创建 Student 表。

② 用 scan 命令浏览 Student 表的相关信息。

表 5-7　Student 表

Name	Score		
	English	Math	Computer
Zhangsan	69	86	77
Lisi	55	100	88

③ 查询 Zhangsan 的 Computer 成绩。

④ 修改 Lisi 的 Math 成绩为 95。

（2）根据前文已经设计出的 Student 表，用 HBase API 编程实现以下操作。

① 向 Student 表中添加如下所示的一条记录。

scofield	45	89	100

② 获取 scofield 的 English 成绩。

3. Redis 数据库操作

Student 键值对如下。

```
Zhangsan:{
            English: 69
            Math: 86
            Computer: 77
}
Lisi:{
            English: 55
            Math: 100
            Computer: 88
}
```

（1）根据给出的键值对，完成如下操作。

① 用 Redis 的哈希结构设计出 Student 表（键值可以用 student.Zhangsan 和 Student.Lisi 来表示两个键值属于同一张表）。

② 用 hgetall 命令分别输出 Zhangsan 和 Lisi 的成绩。

③ 用 hget 命令查询 Zhangsan 的 Computer 成绩。

④ 修改 Lisi 的 Math 成绩为 95。

（2）根据已经设计出的 Student 表，用 Redis 的 Java 客户端编程，实现如下操作。

① 向 Student 表中添加如下所示的一条记录。

该数据对应的键值对形式如下。

```
scofield:{
          English: 45
          Math: 89
          Computer: 100
}
```

② 获取 scofield 的 English 成绩。

4. MongoDB 数据库操作

Student 文档如下。

```
{
    "name": "Zhangsan",
    "score": {
        "English": 69,
        "Math": 86,
        "Computer": 77
```

```
        }
    }
    {
        "name": "Lisi",
        "score": {
            "English": 55,
            "Math": 100,
            "Computer": 88
        }
    }
```

（1）根据给出的文档，完成如下操作。

① 用 MongoDB Shell 设计出 Student 集合。

② 用 find( )方法输出两个学生的信息。

③ 用 find( )方法查询 Zhangsan 的所有成绩（只显示 score 列）。

④ 修改 Lisi 的 Math 成绩为 95。

（2）根据已经设计出的 Student 文档，用 MongoDB 的 Java 客户端编程，实现如下操作。

① 向 Student 表中添加如下所示的一条记录。

与上述数据对应的文档形式如下。

```
{
    "name": "scofield",
    "score": {
        "English": 45,
        "Math": 89,
        "Computer": 100
    }
}
```

② 获取 Scofield 的所有成绩信息（只显示 score 列）。

四、实验报告

"大数据技术原理与应用"实验报告 4		
题目：	姓名：	日期：

实验环境：

实验内容与完成情况：

出现的问题：

解决方案（列出已解决的问题和解决办法，以及没有解决的问题）：

第三篇
大数据处理与分析

本篇内容

本篇介绍大数据处理与分析的相关技术。大数据包括静态数据和动态数据（流数据），静态数据适合采用批处理方式，动态数据需要进行实时计算。分布式并行编程框架 MapReduce 可以大幅提高程序性能，实现高效的批量数据处理。Hive 是一个基于 Hadoop 的数据仓库工具，用于对存储在 Hadoop 文件中的数据集进行数据整理、特殊查询和分析处理等，用户通过编写类似 SQL 语句的 HiveQL 语句就可以运行 MapReduce 任务，不必编写复杂的 MapReduce 应用程序。基于内存的分布式计算框架 Spark，是一个可应用于大规模数据处理的快速、通用引擎，Spark 如今是 Apache 软件基金会下的顶级开源项目之一，因具有结构一体化、功能多元化等优势，逐渐成为当今大数据领域热门的大数据计算平台。Flink 是一种具有代表性的开源流处理架构，具有十分强大的功能，它实现了 Google Dataflow 流计算模型，是一种兼具高吞吐、低延迟和高性能的实时流计算框架，并且同时支持批处理和流处理。

本篇包括 7 章。第 6 章介绍分布式并行编程框架 MapReduce；第 7 章对 Hadoop 进行再探讨；第 8 章介绍数据仓库、数据湖以及基于 Hadoop 的数据仓库 Hive；第 9 章介绍基于内存的分布式计算框架 Spark；第 10 章介绍流计算和开源流计算框架 Storm、Spark Streaming、Structured Streaming 等；第 11 章介绍开源流处理框架 Flink；第 12 章为大数据分析综合案例。

知识地图

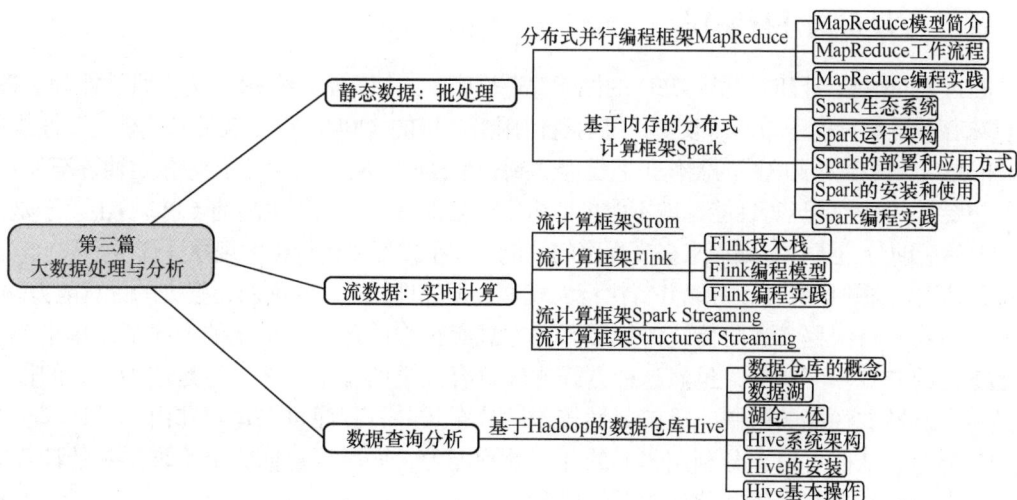

重点与难点

重点为掌握分布式并行编程框架 MapReduce、基于内存的分布式计算框架 Spark、流处理框架 Flink。难点为理解 MapReduce 的工作流程与编程实践、Spark 运行架构、Flink 编程模型等。

第6章 MapReduce

大数据时代除了需要解决大规模数据的高效存储问题，还需要解决大规模数据的高效处理问题。分布式并行编程可以大幅提高程序性能，实现高效的批量数据处理。分布式程序运行在大规模计算机集群上，集群中包括大量的廉价服务器，可以并行执行大规模数据处理任务，从而获得强大的计算能力。MapReduce 是一种并行编程模型，用于大规模（大于 1 TB）数据集的并行运算，它将复杂的、运行于大规模集群上的并行计算过程高度抽象为两个函数：Map 和 Reduce。MapReduce 极大地方便了分布式编程工作，编程人员在不会分布式并行编程的情况下，也可以很容易地将自己的程序运行在分布式系统上，完成海量数据集的计算。

本章先介绍 MapReduce 模型，并阐述其具体工作流程，然后以词频统计为实例介绍 MapReduce 编程思路，最后讲解 MapReduce 编程实践。

6.1 MapReduce 概述

本节先简要介绍分布式并行编程，然后介绍分布式并行编程模型 MapReduce 以及它的核心函数 Map 和 Reduce。

6.1.1 分布式并行编程

在过去的很长一段时间里，CPU 的性能都遵循摩尔定律，即大约每隔 18 个月性能翻一番。这意味着不需要对程序做任何改变，仅通过使用更高级的 CPU，程序就可以"享受"性能提升。但是，大规模集成电路的制作工艺已经达到一个极限，从 2005 年开始摩尔定律逐渐失效。人们想要提高程序的运行性能，就不能再把希望过多地寄托在性能更高的 CPU 身上。于是，人们开始借助分布式并行编程来提高程序的性能。分布式程序运行在大规模计算机集群上，集群中包括大量廉价服务器，可以并行执行大规模数据处理任务，从而获得强大的计算能力。

分布式并行编程方式与传统的程序开发方式有很大的区别。传统的程序都以单指令、单数据流的方式顺序执行，虽然这种方式比较符合人类的思维习惯，但是这种程序的性能受到单台机器的性能的限制，可扩展性较差。分布式并行程序可以运行在由大量计算机构成的集群上，从而可以充分利用集群的并行处理能力，同时通过向集群中增加新的计算节点，可以很容易地实现集群计算能力的提升。

谷歌最先提出分布式并行编程模型 MapReduce，Hadoop MapReduce 是它的开源实现。谷歌 MapReduce 运行在分布式文件系统 GFS 上。与谷歌 MapReduce 类似，Hadoop MapReduce 运行在分布式文件系统 HDFS 上。相对而言，Hadoop MapReduce 要比谷歌

MapReduce 的使用门槛低很多，程序员即使没有任何分布式程序开发经验，也可以很轻松地开发出分布式程序并将其部署到计算机集群中。

6.1.2 MapReduce 模型简介

谷歌在 2003—2006 年连续发表了 3 篇很有影响力的文章，分别阐述了 GFS、MapReduce 和 BigTable 的核心思想。其中，MapReduce 是谷歌的核心计算模型。MapReduce 将复杂的、运行于大规模集群上的并行计算过程高度地抽象为两个函数，即 Map 和 Reduce 函数，这两个函数及其核心思想都源自函数式编程语言。

在 MapReduce 中，一个存储在分布式文件系统中的大规模数据集会被切分成许多独立的小数据集，这些小数据集可以被多个 Map 任务并行处理。MapReduce 框架会为每个 Map 任务输入一个小数据集（分片），Map 任务生成的结果会继续作为 Reduce 任务的输入，最终由 Reduce 任务输出最后结果，并写入分布式文件系统。需要特别注意的是，适合用 MapReduce 来处理的数据集需要满足一个前提条件：待处理的数据集可以分解成许多小的数据集，且每一个小数据集都可以完全并行地进行处理。

MapReduce 的一个设计理念就是"计算向数据靠拢"，而不是"数据向计算靠拢"。因为移动数据会造成很大的网络传输开销，尤其是在大规模数据环境下，这种开销十分惊人，所以，移动计算要比移动数据更加经济。本着这个理念，在一个集群中，只要有可能，MapReduce 框架就会将 Map 程序就近地在 HDFS 数据所在的节点运行，即将计算节点和存储节点放在一起运行，从而减少节点间的数据移动开销。

Hadoop 框架是用 Java 实现的，但是 MapReduce 应用程序不一定要用 Java 来写。

6.1.3 Map 和 Reduce 函数

MapReduce 模型的核心是 Map 和 Reduce 函数，二者都是由应用程序开发者负责具体实现的。MapReduce 编程之所以比较容易，是因为程序员只需要关注如何实现 Map 和 Reduce 函数，而不需要处理并行编程中的其他各种复杂问题，如分布式存储、工作调度、负载均衡、容错处理、网络通信等，这些问题都由 MapReduce 框架负责处理。

Map 和 Reduce 函数都是以<key,value>作为输入，按一定的映射规则将其转换成另一个或一批<key,value>进行输出，如表 6-1 所示。

表 6-1 Map 和 Reduce 函数

函数	输入	输出	说明
Map	$<k_1,v_1>$	List($<k_2,v_2>$)	（1）将小数据集进一步解析成一批<key,value>，输入 Map 函数中进行处理；（2）每一个输入的$<k_1,v_1>$会输出一批$<k_2,v_2>$，$<k_2,v_2>$是计算的中间结果
Reduce	$<k_2,$List(v_2)$>$	$<k_3,v_3>$	输入的中间结果$<k_2,$List(v_2)$>$中的 List(v_2)表示一批属于同一个 k_2 的 value

Map 函数的输入来自分布式文件系统的文件块，这些文件块的格式是任意的，可以是文档格式，也可以是二进制格式。文件块是一系列元素的集合，这些元素也是任意类型的，同一个元素不能跨文件块存储。Map 函数将输入的元素转换成<key,value>形式的键值对，键和值的类型也是任意的，其中，键没有唯一性，不能作为输出的身份标识，即使是同一输入元素，也可通过一个 Map 任务生成具有相同键的多个<key,value>。

Reduce 函数的任务就是将输入的一系列具有相同键的键值对以某种方式组合起来，输出处理后的键值对，输出结果会合并成一个文件。用户可以指定 Reduce 任务的个数（如 n 个），并通知实现系统。然后主控进程通常会选择一个哈希函数，Map 任务输出的每个键都会经过哈希函数计算，并根据哈希结果将该键值对输入相应的 Reduce 任务进行处理。例如处理键为 k 的 Reduce 任务的输入形式为 $<k,<v_1,v_2,\cdots,v_n>>$，输出为 $<k,V>$。

下面给出一个简单实例。比如想编写一个 MapReduce 程序来统计一个文本文件中每个单词出现的次数，对于表 6-1 中的 Map 函数的输入 $<k_1,v_1>$，其具体数据就是<某一行文本在文件中的偏移位置,该行文本的内容>。用户可以自己编写 Map 函数的处理过程，读取文件中某一行文本后解析出每个单词，生成一批中间结果<单词,出现次数>，然后把这些中间结果作为 Reduce 函数的输入。Reduce 函数的具体处理过程也是由用户自己编写的，用户可以将相同单词的出现次数进行累加，得到每个单词出现的总次数。

6.2 MapReduce 的工作流程

理解 MapReduce 的工作流程，是开展 MapReduce 编程的前提。本节先介绍 MapReduce 的工作流程，并阐述 MapReduce 的各个执行阶段，最后对 MapReduce 的核心环节——Shuffle 过程进行剖析。

6.2.1 工作流程概述

大规模数据集的处理包括分布式存储和分布式计算两个核心环节。谷歌用分布式文件系统 GFS 实现分布式数据存储，用 MapReduce 实现分布式计算；而 Hadoop 使用分布式文件系统 HDFS 实现分布式数据存储，用 MapReduce 实现分布式计算。MapReduce 的输入和输出都需要借助分布式文件系统进行存储，这些文件被分布存储到集群中的多个节点上。

MapReduce 的核心思想可以用"分而治之"来描述，其工作流程如图 6-1 所示，也就是把一个大数据集拆分成多个小数据集，在多台机器上并行处理。也就是说，一个大的 MapReduce 作业，首先会被拆分成许多个 Map 任务在多台机器上并行执行，每个 Map 任务通常运行在数据存储的节点上。这样计算和数据就可以放在一起运行，不需要额外的数据传输开销。当 Map 任务结束后，会生成<key,value>形式的许多中间结果。然后，这些中间结果会被分发到多个 Reduce 任务在多台机器上并行执行,具有相同 key 的<key,value>会被发送到同一个 Reduce 任务中，Reduce 任务会对中间结果进行汇总计算以得到最后结果，并输出到分布式文件系统。

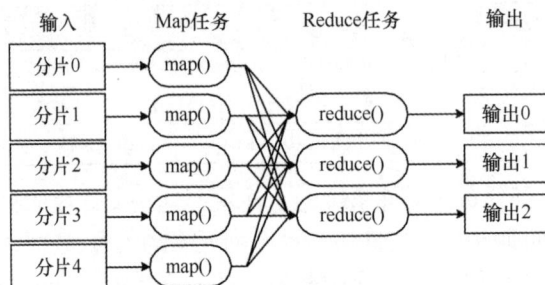

图 6-1　MapReduce 的工作流程

需要指出的是，不同的 Map 任务之间不会进行通信，不同的 Reduce 任务之间也不会发生任何信息交换；用户不能显式地从一台机器向另一台机器发送消息，所有的数据交换都是通过 MapReduce 框架自身实现的。

在 MapReduce 框架的整个执行过程中，Map 任务的输入文件、Reduce 任务的处理结果都是保存在分布式文件系统中的，而 Map 任务处理得到的中间结果保存在本地存储中（如磁盘）。另外，只有当 Map 任务处理全部结束后，Reduce 过程才能开始；只有 Map 才需要考虑数据局部性，实现"计算向数据靠拢"，Reduce 则无须考虑数据局部性。

6.2.2　MapReduce 的各个执行阶段

下面是 MapReduce 算法的执行过程。

（1）MapReduce 框架使用 InputFormat 模块做 Map 前的预处理，比如验证输入的格式是否符合输入的定义；然后，将输入文件切分为逻辑上的多个 InputSplit。InputSplit 是 MapReduce 对文件进行处理和运算的输入单位，只是一个逻辑概念，每个 InputSplit 并没有对文件进行实际切分，只是记录了要处理的数据的位置和长度。

（2）因为 InputSplit 是逻辑切分而非物理切分，所以还需要通过 RecordReader（RR）根据 InputSplit 中的信息来处理 InputSplit 中的具体记录，加载数据并将其转换为适合 Map 任务读取的键值对，再传输给 Map 任务。

（3）Map 任务会根据用户自定义的映射规则，输出一系列的<key,value>作为中间结果。

（4）为了让 Reduce 可以并行处理 Map 的结果，需要对 Map 的输出进行一定的分区（partition）、排序（sort）、合并（combine）、归并（merge）等操作，得到<key,value-list>形式的中间结果，再交给对应的 Reduce 处理，这个过程称为 Shuffle（数据混洗）。从无序的<key,value>到有序的<key,value-list>，这个过程用 Shuffle 来称呼是非常形象的。

（5）Reduce 以一系列<key,value-list>中间结果作为输入，执行用户定义的逻辑，输出结果交给 OutputFormat 模块。

（6）OutputFormat 模块会验证输出目录是否已经存在，以及输出结果的类型是否符合配置文件中的配置类型，如果都满足，就输出 Reduce 的结果到分布式文件系统。

MapReduce 工作流程中的各个执行阶段，如图 6-2 所示。

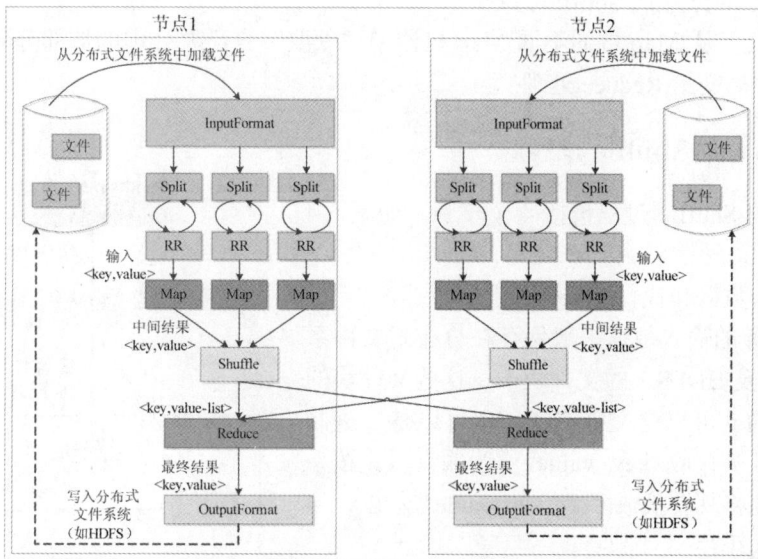

图 6-2　MapReduce 工作流程中的各个执行阶段

6.2.3　Shuffle 过程详解

Shuffle 过程是 MapReduce 整个工作流程的核心环节，理解 Shuffle 过程的基本原理，对于理解 MapReduce 流程至关重要。

1．Shuffle 过程简介

Shuffle 是指对 Map 任务输出结果进行分区、排序、合并、归并等处理并将处理结果交给 Reduce 的过程。因此，Shuffle 过程分为 Map 端的操作和 Reduce 端的操作，主要执行如图 6-3 所示的操作。

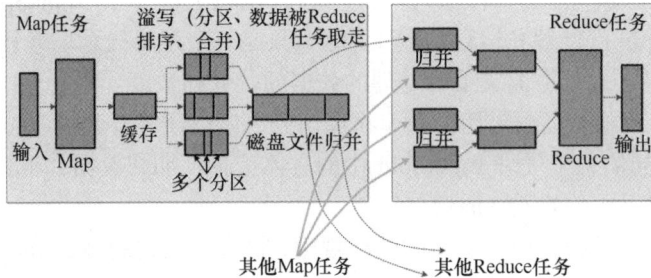

图 6-3　Shuffle 过程

（1）在 Map 端的 Shuffle 过程

Map 任务的输出结果首先被写入缓存，当缓存满时，就启动溢写操作，把缓存中的数据写入磁盘文件，并清空缓存。当启动溢写操作时，首先需要对缓存中的数据进行分区，然后对每个分区的数据进行排序和合并，再写入磁盘文件。每次溢写操作会生成一个新的磁盘文件，随着 Map 任务的执行，磁盘中就会生成多个溢写文件。在 Map 任务全部结束之前，这些溢写文件会被归并成一个大的磁盘文件，然后通知相应的 Reduce 任务来"领取"自己要处理的数据。

（2）在 Reduce 端的 Shuffle 过程

Reduce 任务从 Map 端的不同 Map 机器中"领取"自己要处理的那部分数据，然后对数据进行归并后交给 Reduce 处理。

2．Map 端的 Shuffle 过程

Map 端的 Shuffle 过程包括 4 个步骤，如图 6-4 所示。

（1）输入数据和执行 Map 任务

Map 任务的输入数据一般保存在分布式文件系统（如 GFS 或 HDFS）的文件块中，这些文件块的格式是任意的，可以是文档格式，也可以是二进制格式。Map 任务接收<key, value>作为输入后，按一定的映射规则将其转换成多个<key, value>输出。

（2）写入缓存

每个 Map 任务都会被分配一个缓存，Map 任务

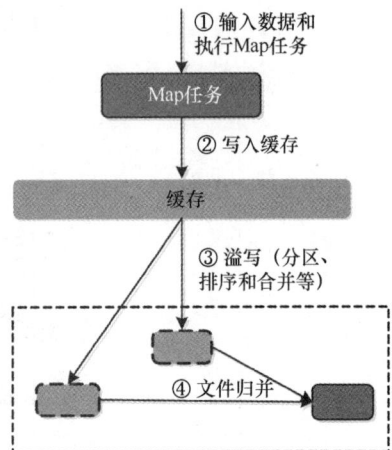

图 6-4　Map 端的 Shuffle 过程

的输出结果不会立即写入磁盘，而是先写入缓存。在缓存中积累一定数量的 Map 任务的输出结果以后，再一次性批量写入磁盘，这样可以大大减少对磁盘 I/O 的影响。因为磁盘包含机械部件，它是通过磁头移动和盘片的转动来寻址与定位数据的，每次寻址的开销很大，如果每个 Map 任务的输出结果都直接写入磁盘，会引入很多次寻址开销，而一次性批量写入就只需要一次寻址、连续写入，大大降低了开销。需要注意的是，在写入缓存之前，key 与 value 都会被序列化成字节数组。

（3）溢写（分区、排序和合并等）

提供给 MapReduce 的缓存的容量是有限的，默认是 100 MB。随着 Map 任务的执行，缓存中 Map 任务的结果数量会不断增加，很快占满整个缓存。这时，就必须启动溢写操作，把缓存中的内容一次性写入磁盘，并清空缓存。溢写的过程通常是由另外一个单独的后台线程来完成的，不会影响 Map 结果写入缓存。但是为了保证 Map 结果能够持续写入缓存，不受溢写过程的影响，必须让缓存中一直有可用的空间，不能等到全部占满才启动溢写过程，所以一般会设置一个溢写比例，如 0.8。也就是说，当 100 MB 的缓存被填入 80 MB 数据时，就启动溢写过程，把已经写入的 80 MB 数据写入磁盘，剩余 20 MB 空间供 Map 结果继续写入。

但是，在溢写到磁盘之前，缓存中的数据会先被分区。缓存中的数据是 <key, value> 形式的键值对，这些键值对最终需要交给不同的 Reduce 任务进行并行处理。MapReduce 通过 Partitioner 接口对这些键值对进行分区，默认的分区方式是先采用哈希函数对 key 进行哈希，再对 Reduce 任务的数量进行取模，可以表示成 hash(key) mod R，其中 R 表示 Reduce 任务的数量。这样，就可以把 Map 任务的输出结果均匀地分配给这 R 个 Reduce 任务进行并行处理了。当然，MapReduce 也允许用户通过重载 Partitioner 接口来自定义分区方式。

对于每个分区内的所有键值对，后台线程会根据 key 对它们进行内存排序，排序是 MapReduce 的默认操作。排序结束后，还有一个可选的合并操作。如果用户事先没有定义 Combiner 函数，就不用进行合并操作。如果用户事先定义了 Combiner 函数，则这个时候会执行合并操作，从而减少需要溢写到磁盘的数据量。

"合并"是指将那些具有相同 key 的 <key,value> 的 value 加起来。比如有两个键值对 <"xmu",1> 和 <"xmu",1>，经过合并操作以后就可以得到一个键值对 <"xmu",2>，减少键值对的数量。这里需要注意，Map 端的这种合并操作，其实和 Reduce 的功能相似，但是由于这个操作发生在 Map 端，所以只能称为"合并"，从而有别于 Reduce。不过，并非所有场合都可以使用 Combiner 函数，因为 Combiner 函数的输出是 Reduce 任务的输入，Combiner 函数绝不能改变 Reduce 任务最终的计算结果。一般而言，累加、最大值等场景可以使用合并操作。

经过分区、排序以及可能发生的合并操作之后，这些缓存中的键值对可以被写入磁盘，并清空缓存。每次溢写操作都会在磁盘中生成一个新的溢写文件，写入溢写文件中的所有键值对都是经过分区和排序得到的。

（4）文件归并

每次溢写操作都会在磁盘中生成一个新的溢写文件，随着 MapReduce 任务的进行，磁盘中的溢写文件数量会越来越多。当然，如果 Map 任务输出结果很少，磁盘上只会存在一个溢写文件，但是通常都会存在多个溢写文件。最终，在 Map 任务全部结束之前，系统会对所有溢写文件中的数据进行归并，生成一个大的溢写文件，这个大的溢写文件中的所有键值对都是经过分区和排序获得的。

"归并"是指具有相同 key 的键值对会被归并成一个新的键值对。具体而言，若干个具有相同 key 的键值对 $<k_1,v_1>,<k_1,v_2>,\cdots,<k_1,v_n>$ 会被归并成一个新的键值对 $<k_1,<v_1,v_2,\cdots,v_n>>$。

另外，进行文件归并时，如果磁盘中已经生成的溢写文件的数量超过参数 min.num.spills.for.combine 的值（默认值是 3，用户可以修改）时，就可以再次运行 Combiner 函数，对数据进行合并操作，从而减少写入磁盘的数据量。但是，如果磁盘中只有一两个溢写文件，执行合并操作就会"得不偿失"，因为执行合并操作本身也需要代价，所以不需要运行 Combiner 函数。

经过上述 4 个步骤以后，Map 端的 Shuffle 过程全部完成，最终生成一个会被存放在本地磁盘上的大文件。这个大文件中的数据是被分区的，不同的分区会被发送到不同的 Reduce 任务进行并行处理。JobTracker 会一直监测 Map 任务的执行，当监测到一个 Map 任务完成后，会立即通知相关的 Reduce 任务来"领取"数据，然后开始 Reduce 端的 Shuffle 过程。

3．Reduce 端的 Shuffle 过程

相对于 Map 端，Reduce 端的 Shuffle 过程非常简单，只需要从 Map 端读取 Map 任务的结果，然后执行归并操作，最后将数据输送给 Reduce 任务进行处理。具体而言，Reduce 端的 Shuffle 过程包括 3 个步骤，如图 6-5 所示。

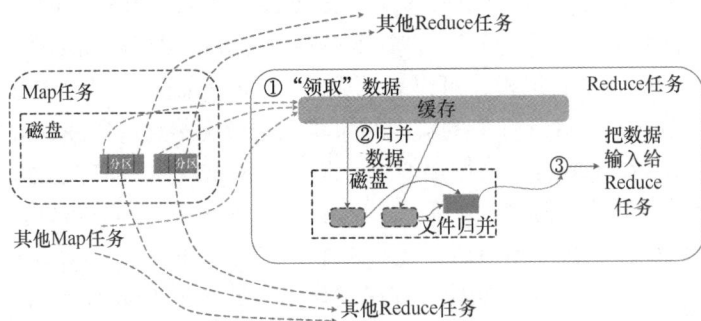

图 6-5　Reduce 端的 Shuffle 过程

（1）"领取"数据

Map 端的 Shuffle 过程结束后，所有 Map 任务的输出结果都保存在 Map 机器的本地磁盘上，Reduce 任务需要把这些数据"领取"回来存放到自己所在机器的本地磁盘上。因此，在每个 Reduce 任务真正开始之前，它大部分时间都在从 Map 端"领取"自己要处理的那些分区数据。每个 Reduce 任务会不断地通过 RPC 向 JobTracker 询问 Map 任务是否已经完成；JobTracker 监测到一个 Map 任务完成后，就会通知相关的 Reduce 任务来"领取"数据；一旦某个 Reduce 任务收到 JobTracker 的通知，它就会到该 Map 任务所在机器上把自己要处理的分区数据领取到本地磁盘中。

（2）归并数据

从 Map 端"领取"的数据会被存放在 Reduce 任务所在机器的缓存中，如果缓存被占满，就会像 Map 端一样将数据溢写到磁盘中。由于在 Shuffle 阶段 Reduce 任务还没有真正开始执行，因此，这时可以把内存的大部分空间分配给 Shuffle 过程作为缓存。需要注意的是，系统中一般存在多个 Map 机器，Reduce 任务会从多个 Map 机器中"领取"自己要处理的那些分区数据，因此缓存中的数据是来自不同的 Map 机器的，一般会存在很多可以合并的键值对。

当溢写过程启动时，具有相同 key 的键值对会被归并，如果用户定义了 Combiner 函数，则归并后的数据还可以执行合并操作，减少写入磁盘的数据量。每个溢写过程结束后，都会在磁盘中生成一个溢写文件，因此磁盘上会存在多个溢写文件。最终，当所有的 Map 端数据都已经被"领取"时，和 Map 端类似，多个溢写文件会被归并成一个大文件，归并的时候还会对键值对进行排序，从而使得最终大文件中的键值对都是有序的。当然，在数据很少的情形下，缓存可以存储所有数据，就不需要把数据溢写到磁盘，而是直接在内存中执行归并操作，然后直接输出给 Reduce 任务。需要说明的是，把磁盘上的多个溢写文件归并成一个大文件可能需要执行多轮归并操作。每轮归并操作可以归并的文件数量是由参数 io.sort.factor 的值来控制的（默认值是 10，用户可以修改）。假设磁盘中生成了 50 个溢写文件，每轮可以归并10 个溢写文件，则需要经过 5 轮归并，得到 5 个归并后的大文件。

（3）把数据输入给 Reduce 任务

磁盘中经过多轮归并后得到的若干个大文件，不会继续归并成一个新的大文件，而是直接输送给 Reduce 任务，这样可以减少磁盘读写开销。至此，整个 Shuffle 过程顺利结束。接下来，Reduce 任务会执行 Reduce 函数中定义的各种映射，输出最终结果，并将其保存到分布式文件系统（比如 GFS 或 HDFS）中。

6.3 实例分析：WordCount

下面给出一个 WordCount 实例来阐述采用 MapReduce 解决实际问题的基本思路和具体实现过程。

6.3.1 WordCount 程序的任务

在学习编程语言的过程中，一般都会以"HelloWorld"程序作为入门范例，WordCount 就是类似"HelloWorld"的 MapReduce 入门程序，其任务如表 6-2 所示。表 6-3 所示为一个 WordCount 的输入和输出实例。

表 6-2　WordCount 程序的任务

项目	描述
程序	WordCount
输入	一个包含大量单词的文本文件
输出	文件中每个单词及其频数（出现次数），并按照单词的字母顺序排列，每个单词和其频数占一行，单词和频数之间有间隔

表 6-3　一个 WordCount 的输入和输出实例

输入	输出
Hello World Hello Hadoop Hello MapReduce	Hadoop 1 Hello 3 MapReduce 1 World 1

6.3.2 WordCount 的设计思路

首先，需要检查 WordCount 程序的任务是否可以采用 MapReduce 来实现。前文提到，适合用 MapReduce 来处理的数据集需要满足一个前提条件：待处理的数据集可以分解成许多小的数据集，且每一个小数据集都可以完全并行地进行处理。在 WordCount 程序的任务中，不同单词的频数不存在相关性，彼此独立，可以把不同的单词分发给不同的机器进行并行处理，因此可以采用 MapReduce 来实现词频统计任务。

其次，确定 MapReduce 程序的设计思路。思路很简单，即把文件内容解析成许多个单词，然后把所有相同的单词聚集到一起，最后计算出每个单词出现的次数并输出。

最后，确定 MapReduce 程序的执行过程。把一个大文件切分成许多个分片，每个分片输入给不同机器上的 Map 任务，并行执行完成"从文件中解析出所有单词"的任务。Map 的输入采用 Hadoop 默认的<key, value>输入方式，即文件的行号作为 key，该行号对应的文件的一行内容作为 value；Map 的输出以单词作为 key，1 作为 value，即<单词,1>表示该单词出现了 1 次。Map 阶段完成后，会输出一系列<单词,1>形式的中间结果，然后 Shuffle 阶段会对这些中间结果进行排序、分区，得到<key, value-list>形式的中间结果（比如<hadoop, <1,1,1,1,1>>），再分发给不同的 Reduce 任务。Reduce 任务接收到所有分配给自己的中间结果（一系列键值对）以后，就开始执行汇总计算工作，计算得到每个单词的频数并把结果输出到分布式文件系统。

在后面的 MapReduce 编程实践（见 6.4 节）中，会介绍如何编写 WordCount 的具体实现代码。

6.3.3 一个 WordCount 执行过程的实例

假设执行词频统计任务的 MapReduce 作业中，有 3 个执行 Map 任务的 Worker 和 1 个执行 Reduce 任务的 Worker。一个文档包含 3 行内容，每行分配给一个 Map 任务来处理。Map 操作的输入是<key, value>形式，其中，key 是文档中某行的行号，value 是该行的内容。Map 操作将输入文档中的每一个单词，以<key, value>的形式作为中间结果进行输出，示意如图 6-6 所示。

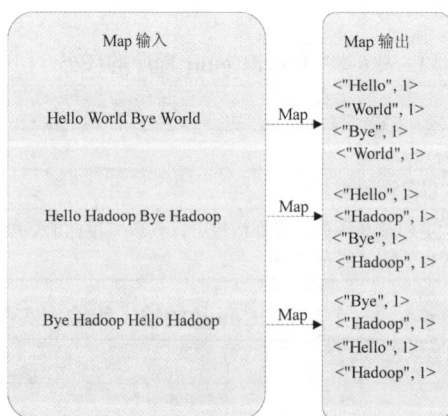

图 6-6 Map 过程的示意

然后，在 Map 端的 Shuffle 过程中，如果用户没有定义 Combiner 函数，则 Shuffle 过程会把具有相同 key 的键值对归并成一个键值对，示意如图 6-7 所示。具体而言，若干个具有相同 key 的键值对 $<k_1,v_1>,<k_1,v_2>,\cdots,<k_1,v_n>$，会被归并成一个新的键值对 $<k_1,<v_1,v_2,\cdots,v_n>>$。比如在图 6-6 最上面的 Map 任务输出结果中，存在 key 都是"World"的两个键值对<"World",1>，经过 Map 端的 Shuffle 过程以后，这两个键值对会被归并得到一个键值对<"World",<1,1>>，这里不再给出 Reduce 端的 Shuffle 结果。然后，这些归并后的键值对会作为 Reduce 任务的输入，由 Reduce 任务为每个单词计算出总的出现次数。最后，输出排序后的最终结果：<"Bye",3>、<"Hadoop",4>、<"Hello",3>、<"World",2>。

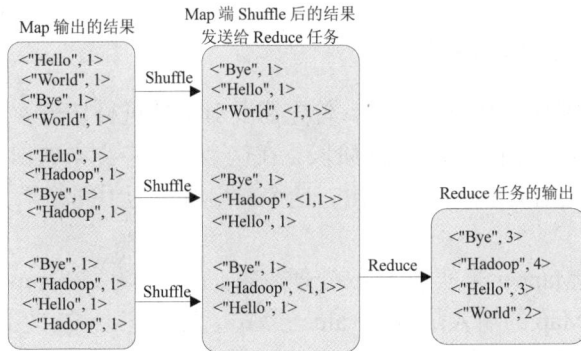

图 6-7　用户没有定义 Combiner 函数时的 Reduce 过程的示意

在实际应用中，每个输入文件被 Map 函数解析后，都可能会生成大量类似<"the",1>这样的中间结果，很显然，这会大大增加网络传输开销。前文在介绍 Shuffle 过程时提到过，对于这种情形，MapReduce 支持用户使用 Combiner 函数来对中间结果进行合并后再发送给 Reduce 任务，从而大大减少网络传输的数据量。对于图 6-6 中的 Map 输出结果，如果存在用户自定义的 Combiner 函数，则 Reduce 过程的示意如图 6-8 所示。

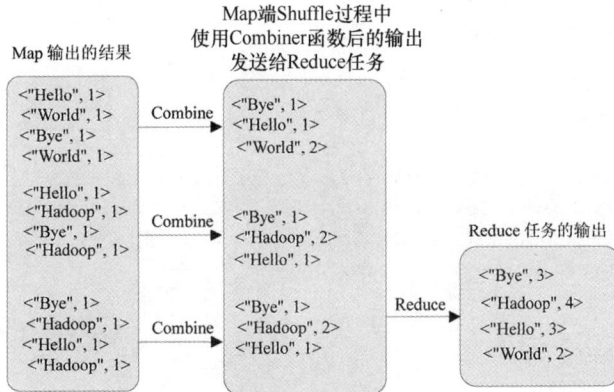

图 6-8　用户自定义 Combiner 函数时的 Reduce 过程的示意

6.4　MapReduce 编程实践

本节以词频统计 WordCount 程序为例，介绍如何编写基本的 MapReduce 程序实现数据分析。这里采用的 Hadoop 版本为 3.3.5。

假设 HDFS 中已经创建好/user/hadoop/input 目录，该目录下存在若干个文本文件，每个文本文件中都包含若干英文句子，现在需要编写 MapReduce 程序来实现词频统计功能，也就是统计出每个单词在这些文本文件中出现的次数。词频统计程序的编写主要包括以下几个步骤。

（1）编写 Map 处理逻辑。

（2）编写 Reduce 处理逻辑。

（3）编写 main 函数。

（4）编译打包代码以及运行程序。

6.4.1　编写 Map 处理逻辑

为了把文档处理成我们希望的效果，首先需要对文档进行切分。通过对前文的学习我们知道，数据处理的第一个阶段是 Map 阶段，在这个阶段中文本数据被读入并进行基本的分析，然后以特定的键值对形式进行输出，这个输出将作为中间结果，继续提供给 Reduce 阶段作为输入数据。

本例通过继承类 Mapper 来实现 Map 处理逻辑。首先，为类 Mapper 设定好输入类型以及输出类型。这里，Map 的输入是 <key,value> 形式，其中，key 是文本文件中一行的行号，value 是该行号对应的文件中的一行内容。实际上，在代码逻辑中，key 值并不需要用到。对于输出的类型，我们希望在 Map 阶段完成文本分割工作，因此输出应该为 <单词,出现次数> 的形式。于是，最终确定的输入类型为 <Object,Text>，输出类型为 <Text,IntWritable>。其中，除了 Object 以外，都是 Hadoop 提供的内置类型。为实现具体的分析操作，需要重写 Mapper 中的 Map 函数。以下为 Mapper 类的具体代码。

```
public static class TokenizerMapper extends Mapper<Object, Text, Text, IntWritable>
{
    private static final IntWritable one = new IntWritable(1);
    private Text word = new Text();
    public TokenizerMapper(){
    }

    public void map(Object key, Text value, Mapper<Object, Text, Text,
IntWritable>.Context context) throws IOException, InterruptedException {
        StringTokenizer itr = new StringTokenizer(value.toString());
        while(itr.hasMoreTokens()) {
            this.word.set(itr.nextToken());
            context.write(this.word, one);
        }
    }
}
```

在上述代码中，实现 Map 处理逻辑的类名称为 TokenizerMapper。在 TokenizerMapper 类中，首先将需要输出的两个变量 one 和 word 初始化。对于变量 one，可以将其直接初始化为 1，表示某个单词在文档中出现过。在 Map 函数中，前两个参数是函数的输入，value 为 Text 类型，是指每次读入文本的一行，Object 类型的 key 是指该行数据在文本中的行号。在这个简单的示例中，key 其实并没有被用到。然后，通过 StringTokenizer 这个类以及其自带的方法，对 value 变量（文本中的一行）进行拆分，拆分后的单词存储在 word 中，one 用于单词计数。实际上，在函数的整个执行过程中，one 的值一直为 1。Context 是 Map 函数的一种输出方式，通过写该变量，可以直接将中间结果存储在其中。按照这样的处理逻辑，一个文本文件的内容在 Map 后输出的中间结果会是如下形式。

```
<"I",1>
<"am",1>
<"from",1>
<"China",1>
```

6.4.2   编写 Reduce 处理逻辑

在 Map 阶段得到中间结果后，就进入 Shuffle 过程。在这个过程中 Hadoop 自动将 Map 的输出结果进行分区、排序、合并，然后分发给对应的 Reduce 任务来处理。经过 Shuffle 过程后的结果会是如下形式（这也是 Reduce 任务的输入数据）。

```
<"I",<1,1>>
<"is",1>
……
<"from",1>
<"China",<1,1,1>>
```

Reduce 阶段需要对上述数据进行处理并得到我们期望的结果。其实，这里已经可以很清楚地看到 Reduce 阶段需要做的事情，就是对输入结果中的数字序列进行求和。下面给出 Reduce 处理逻辑的具体代码。

```
public static class IntSumReducer extends Reducer<Text, IntWritable, Text,
IntWritable> {
    private IntWritable result = new IntWritable();

    public IntSumReducer() {
    }

    public void reduce(Text key, Iterable<IntWritable> values, Reducer<Text,IntWritable,
Text, IntWritable>.Context context) throws IOException, InterruptedException {
        int sum = 0;
        IntWritable val;
        for(Iterator i$ = values.iterator(); i$.hasNext(); sum += val.get()) {
            val = (IntWritable)i$.next();
        }
        this.result.set(sum);
        context.write(key, this.result);
    }
}
```

类似于 Map 的实现，这里仍然需要继承 Hadoop 提供的类并实现其接口（重写其方法）。这里编写的类的名字为 IntSumReducer，它继承自类 Reducer。至于 Reduce 过程的输入输出类型，从上面代码中可以发现，它们与 Map 过程的输出类型本质上是相同的。在代码的开始部分，设置变量 result 来记录每个单词出现的次数。为了具体地实现 Reduce 部分的处理逻辑，需要重写 Reducer 类所提供的 Reduce 函数。在 Reduce 函数中可以看到，其输入类型较 Map 过程的输出类型发生了一点小小的变化，即 IntWritable 变量经过 Shuffle 过程处理后，变为 Iterable 容器。在 Reduce 函数中，遍历这个容器，并对其中的数字进行累加，最终可以得到每次单词总的出现次数。同样，在输出时，仍然使用 Context 类型的变量存储信息。当 Reduce 过程结束时，就可以得到需要的数据了。

6.4.3 编写 main 函数

为了让 TokenizerMapper 和 IntSumReducer 类能够协同工作，需要在 main 函数中通过 Job 类设置 Hadoop 程序运行时的环境变量，以下是具体代码。

```
public static void main(String[] args) throws Exception {
    Configuration conf = new Configuration();
    String[] otherArgs = (new GenericOptionsParser(conf, args)).getRemainingArgs ();
    if(otherArgs.length < 2) {
        System.err.println("Usage: wordcount <in> [<in>...] <out>");
        System.exit(2);
    }

    Job job = Job.getInstance(conf, "word count");          //设置环境参数
    job.setJarByClass(WordCount.class);                     //设置整个程序的类名
    job.setMapperClass(WordCount.TokenizerMapper.class);    //添加TokenizerMapper类
    job.setReducerClass(WordCount.IntSumReducer.class);     //添加 IntSumReducer 类
    job.setOutputKeyClass(Text.class);                      //设置输出类型
    job.setOutputValueClass(IntWritable.class);             //设置输出类型

    for(int i = 0; i < otherArgs.length - 1; ++i) {
        FileInputFormat.addInputPath(job, new Path(otherArgs[i])); //设置输入文件
    }

    FileOutputFormat.setOutputPath(job, new Path(otherArgs[otherArgs.length - 1]));
//设置输出文件
    System.exit(job.waitForCompletion(true)?0:1);
}
```

在代码的开始部分，通过 Configuration 类获得程序运行时的参数情况，并将它们存储在 String[ ] otherArgs 中。随后，通过 Job 类设置环境参数。首先，设置整个程序的类名为 WordCount.class（这个类包含词频统计的全部实现代码，之前没有介绍，6.4.4 节中会详细介绍 WordCount 类的代码）。然后，添加已经写好的 TokenizerMapper 类和 IntSumReducer 类。接下来，还需要设置整个 Hadoop 程序的输出类型，即 Reduce 的输出结果<key, value>中 key 和 value 的类型。最后，根据之前已经获得的程序运行时的参数，设置输入输出文件路径。

6.4.4 编译打包代码以及运行程序

下面给出 WordCount 类的完整代码（代码文件为 WordCount.java）。

```
import java.io.IOException;
import java.util.Iterator;
import java.util.StringTokenizer;
import org.apache.hadoop.conf.Configuration;
import org.apache.hadoop.fs.Path;
import org.apache.hadoop.io.IntWritable;
import org.apache.hadoop.io.Text;
import org.apache.hadoop.mapreduce.Job;
import org.apache.hadoop.mapreduce.Mapper;
import org.apache.hadoop.mapreduce.Reducer;
```

```java
import org.apache.hadoop.mapreduce.lib.input.FileInputFormat;
import org.apache.hadoop.mapreduce.lib.output.FileOutputFormat;
import org.apache.hadoop.util.GenericOptionsParser;

public class WordCount {
    public WordCount() {
    }

    public static void main(String[] args) throws Exception {
        Configuration conf = new Configuration();
        String[] otherArgs = (new GenericOptionsParser(conf, args)).getRemainingArgs();
        if(otherArgs.length < 2) {
            System.err.println("Usage: wordcount <in> [<in>...] <out>");
            System.exit(2);
        }

        Job job = Job.getInstance(conf, "word count");
        job.setJarByClass(WordCount.class);
        job.setMapperClass(WordCount.TokenizerMapper.class);
        job.setCombinerClass(WordCount.IntSumReducer.class);
        job.setReducerClass(WordCount.IntSumReducer.class);
        job.setOutputKeyClass(Text.class);
        job.setOutputValueClass(IntWritable.class);

        for(int i = 0; i < otherArgs.length - 1; ++i) {
            FileInputFormat.addInputPath(job, new Path(otherArgs[i]));
        }

        FileOutputFormat.setOutputPath(job, new Path(otherArgs[otherArgs.length - 1]));
        System.exit(job.waitForCompletion(true)?0:1);
    }

    public static class TokenizerMapper extends Mapper<Object, Text, Text,
IntWritable> {
        private static final IntWritable one = new IntWritable(1);
        private Text word = new Text();

        public TokenizerMapper() {
        }

        public void map(Object key, Text value, Mapper<Object, Text, Text,
IntWritable>. Context context) throws IOException, InterruptedException {
            StringTokenizer itr = new StringTokenizer(value.toString());

            while(itr.hasMoreTokens()) {
                this.word.set(itr.nextToken());
                context.write(this.word, one);
            }

        }
    }
    public static class IntSumReducer extends Reducer<Text, IntWritable, Text,
IntWritable> {
        private IntWritable result = new IntWritable();

        public IntSumReducer() {
```

```
                }

            public void reduce(Text key, Iterable<IntWritable> values, Reducer<Text,
IntWritable, Text, IntWritable>.Context context) throws IOException, InterruptedException {
                int sum = 0;

                IntWritable val;
                for(Iterator i$ = values.iterator(); i$.hasNext(); sum += val.get()) {
                    val = (IntWritable)i$.next();
                }

                this.result.set(sum);
                context.write(key, this.result);
            }
        }

    }
```

读者可能对程序最初引用的许多外部包有些疑惑，其实它们大部分是 Hadoop 自己的组件，也被称为 Hadoop 的 API，这些包的基本功能如表 6-4 所示。

表 6-4   WordCount 类中引用的包的基本功能

包	功能
org.apache.hadoop.conf	定义了系统参数的配置文件处理方法
org.apache.hadoop.fs	定义了抽象的文件系统 API
org.apache.hadoop.mapreduce	Hadoop 分布式计算框架 MapReduce 的实现，包括任务的分发调度等
org.apache.hadoop.io	定义了通用的 I/O API，用于针对网络、数据库、文件等数据对象进行读写操作

由于在安装 Hadoop 之前，已经安装了 JDK，所以这里可以直接用 JDK 包中的工具对代码进行编译。在执行以下操作之前，请把当前工作目录设置为 Hadoop 的安装目录，即 /usr/local/hadoop 目录。

```
$ cd /usr/local/hadoop
$ export CLASSPATH="/usr/local/hadoop/share/hadoop/common/hadoop-common-3.3.5.
jar: /usr/local/hadoop/share/hadoop/mapreduce/hadoop-mapreduce-client-core-3.3.5.
jar:/usr/local/hadoop/share/hadoop/common/lib/commons-cli-1.2.jar:$CLASSPATH"

$ javac WordCount.java    # 代码文件 WordCount.java 在当前工作目录下
```

如果系统环境中找不到 javac 程序的位置，那么请使用 JDK 中的绝对路径。

编译之后，在当前工作目录下可以发现有 3 个.class 文件，这是 Java 的可执行文件。此时，需要将它们打包并命名为 WordCount.jar，命令如下。

```
$ jar -cvf WordCount.jar *.class
```

到这里，就得到像 Hadoop 自带的实例一样的 JAR 包了，可以运行得到结果。在运行程序之前，需要启动 Hadoop，包括 HDFS 和 MapReduce。启动 Hadoop 之后，可以运行程序，命令如下。

```
$ ./bin/hadoop jar WordCount.jar WordCount input output
```

最后，可以运行如下命令查看结果。

```
$ ./bin/hadoop fs -cat output/*
```

另外，也可以使用开发工具（比如 Eclipse）开发调试词频统计程序，具体方法可以参考教材官网。

6.5 本章小结

本章介绍了 MapReduce 编程模型的相关知识。MapReduce 将复杂的、运行于大规模集群上的并行计算过程高度抽象为两个函数，即 Map 和 Reduce，并极大地方便了分布式编程工作，编程人员在不会分布式并行编程的情况下，也可以很容易地将自己的程序运行在分布式系统上，完成海量数据集的计算。

MapReduce 执行的全过程包括以下几个主要阶段：从分布式文件系统读入数据、执行 Map 任务输出中间结果、通过 Shuffle 过程把中间结果分区排序整理后发送给 Reduce 任务、执行 Reduce 任务得到最终结果并写入分布式文件系统。在这几个阶段中，Shuffle 过程非常关键，必须深刻理解这个阶段的详细执行过程。

本章最后以一个词频统计程序为实例，详细演示了如何编写 MapReduce 程序的代码以及如何运行程序。

6.6 习题

1. 试述 MapReduce 和 Hadoop 的关系。

2. MapReduce 是处理大数据的有力工具，但不是每个任务都可以使用 MapReduce 进行处理。试述适合用 MapReduce 来处理的任务或者数据集需满足的要求。

3. MapReduce 计算模型的核心是 Map 函数和 Reduce 函数，试述这两个函数各自的输入、输出以及处理过程。

4. 试述 MapReduce 的工作流程（包括提交任务、Map、Shuffle、Reduce 的过程）。

5. Shuffle 过程是 MapReduce 工作流程的核心，也被称为奇迹发生的地方，试分析 Shuffle 过程的作用。

6. 分别描述 Map 端和 Reduce 端的 Shuffle 过程（包括溢写、排序、归并、"领取"的过程）。

7. MapReduce 中有这样一个原则：移动计算比移动数据更经济。试述什么是本地计算，并分析为何要采用本地计算。

8. 试说明一个 MapReduce 程序在运行期间所启动的 Map 任务数量和 Reduce 任务数量各是由什么因素决定的。

9. 是否所有的 MapReduce 程序都需要经过 Map 和 Reduce 这两个过程？如果不是，请举例说明。

10. 试分析为何采用 Combiner 函数可以减少数据传输量。是否所有的 MapReduce 程序都可以采用 Combiner 函数？为什么？

11. MapReduce 程序的输入文件、输出文件都存储在 HDFS 中，而在 Map 任务完成时得到的中间结果存储在本地磁盘中。试分析中间结果存储在本地磁盘而不是在 HDFS 上有何优缺点。

12. 试画出使用 MapReduce 对英语句子"Whatever is worth doing is worth doing well"

进行词频统计的过程。

13. 在基于 MapReduce 的词频统计中，MapReduce 如何保证相同的单词数据会被划分到同一个 Reducer 上进行处理，以保证结果的正确性？

14. MapReduce 可用于对数据进行排序，利用 MapReduce 的自动排序功能，即默认情况下，Reduce 任务的输出结果是有序的，如果只使用一个 Reducer 对数据进行处理、输出，则结果就是有序的。但这样的排序过程无法充分利用 MapReduce 的分布式优点。试设计一个基于 MapReduce 的排序算法，假设数据均位于区间[1, 100]，Reducer 数量为 4，正序输出结果或逆序输出结果均可。试简要描述该算法（可使用分区、合并过程）。

15. 试设计一个基于 MapReduce 的算法，求出数据集中的最大值。假设 Reducer 大于 1，试简要描述该算法（可使用分区、合并过程）。

实验 5　MapReduce 初级编程实践

一、实验目的

（1）通过实验掌握基本的 MapReduce 编程方法。

（2）掌握用 MapReduce 解决一些常见数据处理问题的方法，包括数据合并、数据去重、数据排序和数据挖掘等。

二、实验平台

- 操作系统：Ubuntu 22.04。
- Hadoop 版本：3.3.5。

三、实验内容和要求

1. 编程实现文件合并和去重操作

对于两个输入文件，即文件 A 和文件 B，请编写 MapReduce 程序，对两个文件进行合并，并剔除其中重复的内容，得到一个新的输出文件 C。下面是输入文件和输出文件的样例，以供参考。

输入文件 A 的样例如下。

```
20150101        x
20150102        y
20150103        x
20150104        y
20150105        z
20150106        x
```

输入文件 B 的样例如下。

```
20150101        y
20150102        y
20150103        x
20150104        z
20150105        y
```

合并输入文件 A 和 B 并去重得到的输出文件 C 的样例如下。

```
20150101        x
20150101        y
20150102        y
20150103        x
20150104        y
20150104        z
20150105        y
20150105        z
20150106        x
```

2．编程实现对输入文件的排序

现在有多个输入文件，每个文件中的每行内容均为一个整数。要求读取所有文件中的整数，进行升序排列后，将其输出到一个新的文件中，输出的数据格式为每行两个整数，第一个整数为第二个整数的排序位次，第二个整数为原待排序的整数。下面是输入文件和输出文件的样例，以供参考。

输入文件 1 的样例如下。

```
33
37
12
40
```

输入文件 2 的样例如下。

```
4
16
39
5
```

输入文件 3 的样例如下。

```
1
45
25
```

根据输入文件 1、2 和 3 得到的输出文件如下。

```
1 1
2 4
3 5
4 12
5 16
6 25
7 33
8 37
9 39
10 40
11 45
```

3．对给定的表格进行信息挖掘

下面给出一个 child-parent 表格，要求挖掘其中的父子关系，给出祖孙关系的表格。输入文件的内容如下。

```
child parent
Steven Lucy
Steven Jack
Jone Lucy
Jone Jack
Lucy Mary
Lucy Frank
Jack Alice
Jack Jesse
David Alice
David Jesse
Philip David
Philip Alma
Mark David
Mark Alma
```

输出文件的内容如下。

```
grandchild    grandparent
Steven        Alice
Steven        Jesse
Jone          Alice
Jone          Jesse
Steven        Mary
Steven        Frank
Jone          Mary
Jone          Frank
Philip        Alice
Philip        Jesse
Mark          Alice
Mark          Jesse
```

四、实验报告

"大数据技术原理与应用"实验报告 5		
题目:	姓名:	日期

实验环境:

实验内容与完成情况:

出现的问题:

解决方案（列出已解决的问题和解决办法，以及没有解决的问题）:

第7章 Hadoop 再探讨

Hadoop 作为一种开源的大数据处理架构，在业内得到了广泛的应用，一度成为大数据技术的代名词。可是，Hadoop 在诞生之初，架构设计和应用性能方面仍然存在一些不尽如人意的地方，但在后续的发展过程中逐渐得到了改进和完善。Hadoop 的优化与发展主要体现在 Hadoop 自身两大核心组件 MapReduce 和 HDFS 的架构设计改进。通过这些优化和提升，Hadoop 可以提供更高的集群可用性，同时带来更高的资源利用率。

本章先介绍 Hadoop 的优化和发展，然后介绍 HDFS HA，最后介绍新一代资源管理调度框架 YARN。

7.1 Hadoop 的优化与发展

Hadoop 1.0 的核心组件 MapReduce 主要存在以下不足。

（1）抽象层次低。功能实现需要手动编写代码来完成，有时只是为了实现一个简单的功能，也需要编写大量的代码。

（2）表达能力有限。MapReduce 把复杂分布式编程工作高度抽象为两个函数，即 Map 和 Reduce，虽然降低了程序开发的复杂度，但也带来了表达能力有限的问题，实际生产环境中的一些应用是无法用简单的 Map 和 Reduce 函数来完成的。

（3）开发者自己管理作业之间的依赖关系。一个作业（Job）只包含 Map 和 Reduce 两个阶段，通常的实际应用问题需要大量的作业进行协作才能顺利解决，这些作业之间往往存在复杂的依赖关系，但是 MapReduce 框架本身并没有提供相关的机制以对这些依赖关系进行有效管理，只能由开发者自己管理。

（4）难以看到程序的整体逻辑。用户的处理逻辑都隐藏在代码细节中，没有更高层次的抽象机制对程序的整体逻辑进行设计，这就给代码理解和后期维护带来了障碍。

（5）执行迭代操作效率低。对于一些大型的机器学习、数据挖掘任务，往往需要多轮迭代才能得到结果。采用 MapReduce 实现这些算法时，每次迭代都是一次执行 Map、Reduce 任务的过程，这个过程的数据来自分布式文件系统 HDFS，本次迭代的处理结果也被存放到 HDFS 中，继续用于下一次迭代过程。反复读写 HDFS 中的数据，大大降低了迭代操作的效率。

（6）资源浪费。在 MapReduce 框架设计中，Reduce 任务需要等待所有 Map 任务都完成后才可以开始，造成了不必要的资源浪费。

（7）实时性差。只适用于离线批数据处理，无法支持交互式数据处理、实时数据处理。

Hadoop 1.0 的核心组件 HDFS 主要存在两个问题。

（1）单一名称节点，存在单点故障问题。

（2）单一命名空间，无法实现资源隔离。

针对 Hadoop 1.0 存在的局限和不足，在后续的发展过程中，Hadoop 对 MapReduce 和 HDFS 的许多方面做了针对性的改进提升。表 7-1 所示为从 Hadoop 1.0 到 Hadoop 2.0 的改进。

表 7-1　从 Hadoop 1.0 到 Hadoop 2.0 的改进

组件	Hadoop 1.0 的问题	Hadoop 2.0 的改进
HDFS	单一名称节点，存在单点故障问题	设计了 HDFS HA，提供名称节点热备份机制
	单一命名空间，无法实现资源隔离	设计了 HDFS 联邦，管理多个命名空间
MapReduce	资源管理效率低	设计了新的资源管理框架 YARN

7.2　HDFS HA

对于分布式文件系统 HDFS 而言，名称节点是系统的核心节点，存储了各类元数据信息，并负责管理文件系统的命名空间和客户端对文件的访问。但是，在 HDFS 1.0 中，只存在一个名称节点，这个唯一的名称节点一旦发生故障，就会导致整个集群变得不可用，这就是常说的单点故障问题。虽然 HDFS 1.0 中存在一个第二名称节点，但是第二名称节点并不是名称节点的备用节点，它与名称节点有不同的职责。第二名称节点的主要功能是周期性地从名称节点获取命名空间镜像文件（FsImage）和修改日志（EditLog），合并后发送给名称节点，替换掉原来的 FsImage，以防止日志文件 EditLog 过大，导致名称节点失效恢复时消耗过多时间。合并后的命名空间镜像文件 FsImage 在第二名称节点中也保存了一份，当名称节点失效的时候，可以使用第二名称节点中的 FsImage 进行恢复。

由于第二名称节点无法提供"热备份"功能，即在名称节点发生故障的时候，系统无法实时切换到第二名称节点立即对外提供服务，仍然需要进行停机恢复，因此 HDFS 1.0 的设计是存在单点故障问题的。为了解决单点故障问题，HDFS 2.0 采用了高可用（high availability，HA）架构。在一个典型的 HA 集群中，一般设置两个名称节点，其中一个名称节点处于活跃（active）状态，另一个处于待命（standby）状态，HDFS HA 架构如图 7-1 所示。处于活跃状态的名称节点负责对外处理所有客户端的请求，处于待命状态的名称节点则作为备用节点，保存足够多的系统元数据，当名称节点出现故障时提供快速恢复能力。也就是说，在 HDFS HA 中，处于待命状态的名称节点提供了"热备份"，一旦活跃的名称节点出现故障，就可以立即切换到待命的名称节点，不会影响到系统的正常对外服务。

由于待命的名称节点是活跃的名称节点的"热备份"，因此活跃的名称节点的状态信息必须实时同步到待命的名称节点。两种名称节点的状态同步，可以借助共享存储系统来实现，比如网络文件系统（network file system，NFS）、仲裁日志管理器（quorum journal manager，QJM）或者 ZooKeeper。活跃名称节点将更新数据写入共享存储系统，待命的名称节点会一直监听该系统，一旦发现有新的写入，就立即从共享存储系统中读取这些数据并加载到自己的内存中，从而保证与活跃的名称节点的状态完全同步。

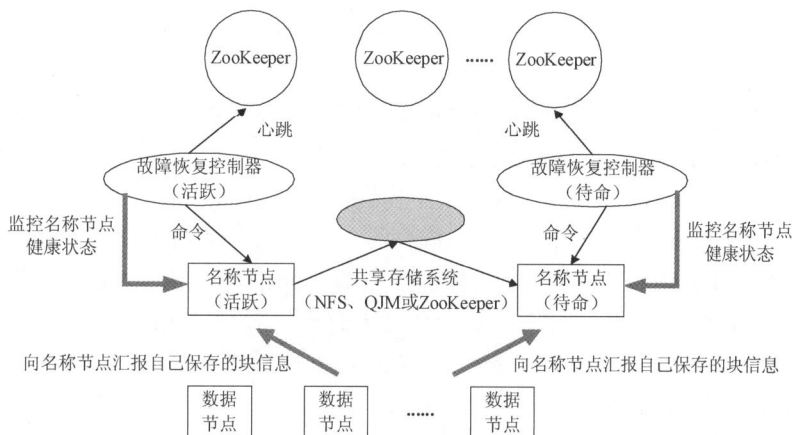

图 7-1　HDFS HA 架构

此外，名称节点中保存了数据块到实际存储位置的映射信息，即每个数据块是由哪个数据节点存储的。当一个数据节点加入 HDFS 集群时，它会把自己所包含的数据块列表报告给名称节点，此后会通过"心跳"的方式定期执行这种告知操作，以确保名称节点的块映射是最新的。因此，为了实现发生故障时的快速切换，必须保证待命的名称节点一直包含最新的集群中各个块的位置信息。为了做到这一点，需要给数据节点配置两个名称节点的地址（活跃的名称节点和待命的名称节点的地址），并把块的位置信息和心跳信息同时发送给这两个名称节点。为了防止出现"两个管家"现象，HA 还要保证任何时刻都只有一个名称节点处于活跃状态，否则，如果两个名称节点均处于活跃状态，HDFS 集群中出现"两个管家"，就会导致数据丢失或者其他异常。这个任务是由 ZooKeeper 来实现的，ZooKeeper 可以确保任意时刻只有一个名称节点提供对外服务。

HDFS HA 的具体配置方法，这里不进行介绍，感兴趣的读者可以参考 Hadoop 官网资料。

7.3　新一代资源管理调度框架 YARN

本节先指出 MapReduce 1.0 的缺陷，然后介绍新一代资源调度管理框架 YARN 的设计思路，并对 YARN 框架和 MapReduce 1.0 框架进行对比分析，最后介绍 YARN 的发展目标。

7.3.1　MapReduce 1.0 的缺陷

MapReduce 1.0 采用主从架构设计（体系架构见图 7-2），包括一个 JobTracker 和若干个 TaskTracker，前者负责作业的调度和资源的管理，后者负责执行 JobTracker 指派的具体任务。这种架构设计具有一些很难克服的缺陷，具体如下。

（1）存在单点故障。MapReduce 1.0 由 JobTracker 负责所有 MapReduce 作业的调度，而系统中只有一个 JobTracker，因此会存在单点故障问题，即这个唯一的 JobTracker 出现故障就会导致系统不可用。

（2）JobTracker"大包大揽"导致任务过重。JobTracker 既要负责作业的调度和失败恢复，又要负责资源的管理分配。JobTracker 执行过多的任务，会消耗大量的资源，例如当存在非常多的 MapReduce 任务时，JobTracker 需要巨大的内存开销，这也潜在地增加了

JobTracker 故障的风险。正因如此，业内普遍认同 MapReduce 1.0 支持的主机数目的上限为 4000 个。

（3）容易出现内存溢出。在 TaskTracker 端，资源的分配并不考虑 CPU、内存的实际使用情况，只是根据 MapReduce 任务的个数来分配资源。当两个具有较大内存消耗的任务被分配到同一个 TaskTracker 上时，很容易发生内存溢出的情况。

（4）资源划分不合理。资源（CPU、内存等）被强制等量划分成多个槽（slot），槽又被进一步划分为 Map 槽和 Reduce 槽两种，分别供 Map 任务和 Reduce 任务使用，彼此之间不能使用分配给对方的槽。也就是说，当 Map 任务已经用完 Map 槽时，即使系统中还有大量剩余的 Reduce 槽，也不能拿来运行 Map 任务，反之亦然。这就意味着，当系统中只存在单一 Map 任务或 Reduce 任务时，会造成资源的浪费。

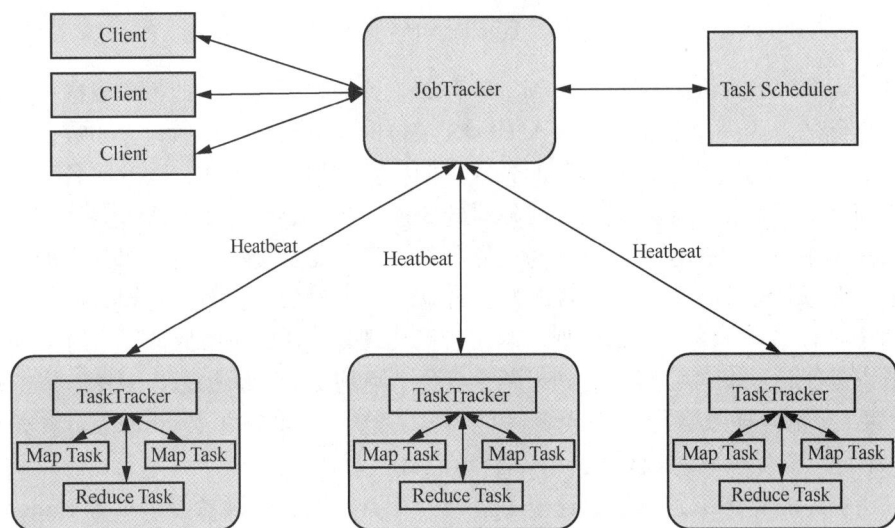

图 7-2　MapReduce 1.0 体系架构

7.3.2　YARN 设计思路

为了弥补 MapReduce 1.0 的缺陷，Hadoop 在以后的版本中对其核心子项目 MapReduce 1.0 的体系结构进行了重新设计，生成了 MapReduce 2.0 和 YARN。YARN 架构的设计思路如图 7-3 所示，其基本思路就是"放权"，即不让 JobTracker 这一个组件承担过多的功能，对原 JobTracker 的三大功能（资源管理、任务调度和任务监控）进行拆分，分别交给不同的新组件处理。重新设计后得到的 YARN 包括 ResourceManager、ApplicationMaster 和 NodeManager，其中，由 ResourceManager 负责资源管理，由 ApplicationMaster 负责任务调度和任务监控，由 NodeManager 负责执行原 TaskTracker 的任务。这种"放权"的设计，大大降低了 JobTracker 的负担，提升了系统的运行效率和稳定性。

在 Hadoop 1.0 中，其核心子项目 MapReduce 1.0 既是一个计算框架，也是一个资源管理调度框架。到了 Hadoop 2.0 以后，MapReduce 1.0 中的资源管理调度功能被单独分离出来形成了 YARN，它是一个纯粹的资源管理调度框架，而不是一个计算框架；而被剥离了资源管理调度功能的 MapReduce 框架就变成了 MapReduce 2.0，它是运行在 YARN 之上的一个纯粹的计算框架，不再自己负责资源调度管理服务，而是由 YARN 为其提供资源管理调度服务。

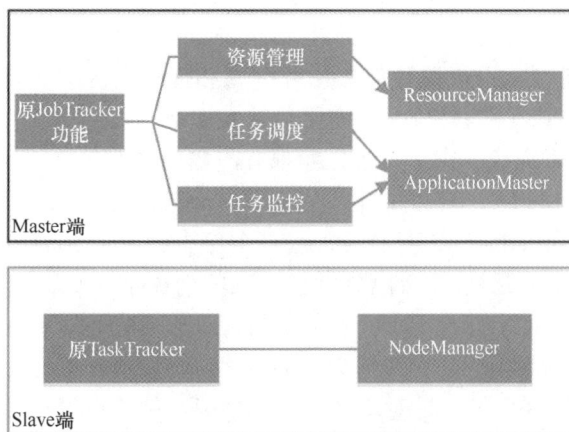

图 7-3　YARN 架构的设计思路

在集群部署方面，YARN 的各个组件是和 Hadoop 集群中的其他组件统一部署的。如图 7-4 所示，YARN 的 ResourceManager 组件和 HDFS 的 NameNode 部署在一个节点上，YARN 的 ApplicationMaster、NodeManager 和 HDFS 的 DataNode 部署在一起。YARN 中的容器代表了 CPU、内存、网络等计算资源，它也和 HDFS 的数据节点部署在一起。

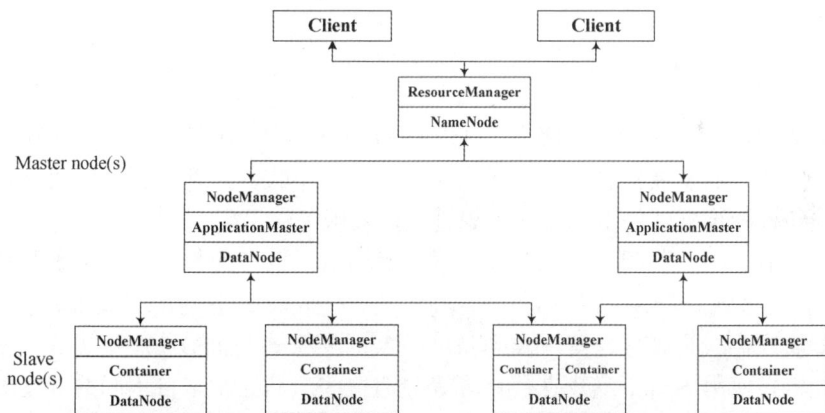

图 7-4　YARN 和 Hadoop 集群中的其他组件的统一部署

7.3.3　YARN 框架与 MapReduce 1.0 框架的对比分析

从 MapReduce 1.0 框架发展到 YARN 框架，客户端并没有发生变化，其对大部分调用 API 及接口都保持兼容。因此，原来针对 Hadoop 1.0 开发的代码不用做大的改动，就可以直接在 Hadoop 2.0 平台上运行。

在 MapReduce 1.0 框架中的 JobTracker 和 TaskTracker，在 YARN 框架中变成了 3 个组件，即 ResourceManager、ApplicationMaster 和 NodeManager。ResourceManager 要负责调度、启动每一个作业所属的 ApplicationMaster，监控 ApplicationMaster 运行状态并在失败时重新启动，而作业里面的不同任务的调度、监控、重启等，不再由 ResourceManager 负责，而是交给与该作业相关联的 ApplicationMaster 负责。ApplicationMaster 要负责一个作业生命周期内的所有工作。也就是说，它承担了 MapReduce 1.0 中 JobTracker 的“监控”功能。

总体而言，YARN 相对 MapReduce 1.0 具有以下优势。

（1）大大减少了承担中心服务功能的 ResourceManager 的资源消耗。MapReduce 1.0 中的 JobTracker 需要同时承担资源管理、任务调度和任务监控三大功能，而 YARN 中的 ResourceManager 只需要负责资源管理，需要消耗大量资源的任务调度和监控重启工作则交由 ApplicationMaster 来完成。由于每个作业都有与之关联的独立的 ApplicationMaster，因此，系统中存在多个作业时，就会同时存在多个 ApplicationMaster，这就实现了监控任务的分布化，不再像 MapReduce 1.0 那样让监控任务集中在一个 JobTracker 上。

（2）MapReduce 1.0 既是一个计算框架，又是一个资源管理调度框架，但是它只支持 MapReduce 编程模型。而 YARN 是一个纯粹的资源调度管理框架，在它上面可以运行包括 MapReduce 在内的不同类型的计算框架，默认类型是 MapReduce。因为 YARN 中的 ApplicationMaster 是可变的，针对不同的计算框架，用户可以采用任何编程语言自己编写服务该计算框架的 ApplicationMaster。比如用户可以编写一个面向 MapReduce 计算框架的 ApplicationMaster，从而使得 MapReduce 计算框架可以运行在 YARN 框架之上。同理，用户还可以编写面向 Spark、Storm 等计算框架的 ApplicationMaster，从而使得 Spark、Storm 等计算框架也可以运行在 YARN 框架之上。

（3）YARN 中的资源管理比 MapReduce 1.0 的更加高效。YARN 以容器为单位进行资源管理和分配，而不是以槽为单位，避免了 MapReduce 1.0 中槽的闲置浪费情况，大大提高了资源的利用率。

7.3.4 YARN 的发展目标

YARN 的提出，并非仅为了解决 MapReduce 1.0 框架中存在的缺陷，实际上，YARN 有着更加"宏伟"的发展构想，即发展成为集群中统一的资源管理调度框架，在一个集群中为上层的各种计算框架提供统一的资源管理调度服务。

在一个企业当中，会同时存在各种业务应用场景，各自的数据处理需求截然不同。为了满足各种应用场景的不同数据处理需求，就需要采用不同的计算框架，比如使用 MapReduce 实现离线批处理，使用 Impala 实现实时交互式查询分析，使用 Storm 实现流式数据实时分析，使用 Spark 实现迭代计算等。但这些产品通常来自不同的开发团队，具有各自的资源调度管理机制。于是，为了避免不同类型应用之间的干扰，企业需要把内部的服务器拆分成多个集群，分别安装、运行不同的计算框架，即"一个框架一个集群"，一个集群运行 MapReduce，一个集群运行 Spark，还有一个集群运行 Storm 或者其他计算框架。企业内部服务器集群被拆分成不同的独立小集群运行，带来的一个显而易见的问题就是，集群资源利用率低。因为在某个时刻，不同集群的负载水平分布很不均匀，有些小集群可能处于极度繁忙状态，而一些小集群可能处于闲置浪费状态，由于各个小集群之间彼此隔离，因此繁忙小集群的负载无法分发到空闲小集群上执行，这就导致了服务器资源的浪费。另外，不同集群之间无法直接共享数据，造成集群间产生大量的数据传输开销，同时需要多个管理员维护不同的集群，这大大增加了运维成本。

因此，YARN 的目标就是实现"一个集群多个框架"，即在一个集群上部署一个统一的资源调度管理框架 YARN，在 YARN 之上可以部署各种计算框架，如图 7-5 所示，比如 MapReduce、Tez、HBase、Storm、Giraph、Spark、OpenMPI 等，由 YARN 为这些计算框架提供统一的资源调度管理服务，并且能够根据各种计算框架的负载需求，调整各自占用的资源，实现集群资源共享和资源弹性收缩。通过这种方式，可以实现一个集群上的不同应用负载混搭，有效提高集群的利用率。同时，不同计算框架可以共享底层存储，在一个集群上集成多个数据集，使用多个计算框架来访问这些数据集，从而避免了数据集跨集群移动。最后，这种部署方式大大降低了企业运维成本。

目前，可以运行在 YARN 之上的计算框架包括离线批处理框架 MapReduce、内存计算框架 Spark、流计算框架 Storm 和 Flink、有向无环图（directed acyclic graph，DAG）计算框架 Tez 等。和 YARN 一样提供类似功能的其他资源管理调度框架还包括 Mesos、Torca、Corona、Borg 等。

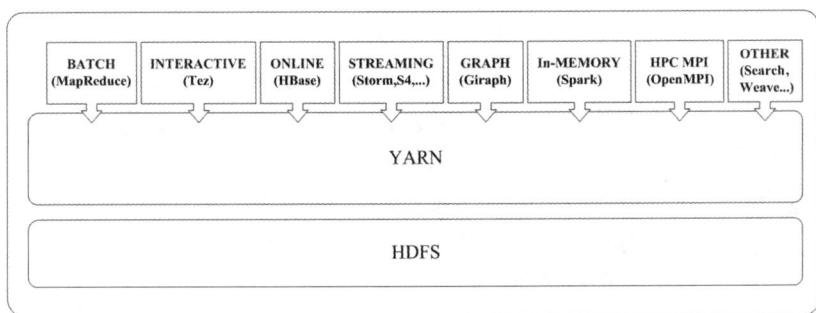

图 7-5　在 YARN 上部署各种计算框架

7.4　本章小结

Hadoop 在不断完善自身核心组件性能的同时，也在不断发展生态系统。本章详细介绍了 Hadoop 存在的缺陷，以及针对这些缺陷发展出来的一系列解决方案，包括 HDFS HA、YARN 等，这些技术改进都为 Hadoop 的长远发展奠定了坚实的基础。作为 Hadoop 核心组件，YARN 框架更是被寄予了厚望，未来将为多个不同类型计算框架提供统一的资源调度服务。目前，基于内存的大数据处理框架 Spark 已经成为市场主流，而 Spark 也可以借助 YARN 为自身提供资源调度服务，因此，Spark 和 Hadoop 具备了统一集群部署的条件，二者在企业范围内已经实现了很好的融合。

7.5　习题

1. 试述在 Hadoop 推出之后其优化与发展主要体现在哪两个方面。
2. 试述 HDFS 1.0 中只包含一个名称节点会带来哪些问题。
3. 请描述 HDFS HA 架构的组成组件及具体功能。
4. 请分析 HDFS HA 架构中数据节点如何和名称节点保持通信。
5. 请阐述 MapReduce 1.0 体系架构中存在的问题。
6. 请描述 YARN 架构中各组件的功能。
7. 请描述在 YARN 框架中执行一个 MapReduce 程序时，从提交到完成需要经历的具体步骤。
8. 请对 YARN 和 MapReduce 1.0 框架进行对比分析。

第8章 数据仓库 Hive

数据仓库是一种面向商务智能（business intelligence，BI）活动（尤其是分析）的数据管理系统，它仅适用于查询和分析，通常涉及大量的历史数据。在实际应用中，数据一般来自应用日志文件和事务应用等，数据仓库能够集中、整合多个来源的大量数据，借助数据仓库的分析功能，企业可从数据中获得宝贵的业务洞察信息，改善决策。同时，随着时间推移，它还会建立一个对数据科学家和业务分析人员极具价值的历史记录。得益于这些强大的功能，数据仓库可为企业提供一个"单一信息源"。

Hive 是一个基于 Hadoop 的数据仓库工具，可以对存储在 Hadoop 文件中的数据集进行数据整理、特殊查询和分析处理。Hive 的学习门槛比较低，因为它提供了类似于关系数据库 SQL 的查询语言——HiveQL。当采用 MapReduce 作为执行引擎时，Hive 可以通过 HiveQL 语句快速实现简单的 MapReduce 作业，Hive 自身可以将 HiveQL 语句快速转换成 MapReduce 作业进行运行，而不必开发专门的 MapReduce 应用程序，因而十分适合数据仓库的统计分析。

本章先介绍数据仓库的概念、数据湖的概念和湖仓一体；然后给出数据仓库 Hive 的概述，包括传统数据仓库面临的挑战、Hive 简介、Hive 与 Hadoop 生态系统中其他组件之间的关系、Hive 与传统数据库的对比分析以及它在企业中的部署和应用；接下来介绍 Hive 的系统架构、Hive 的安装和基本操作；最后以词频统计为例，介绍如何使用 Hive 进行简单编程，并说明 Hive 编程相对于 MapReduce 编程的优势。

8.1 数据仓库的概念

数据仓库（data warehouse）是一个面向主题的、集成的、相对稳定的、反映历史变化的数据集合，用于支持管理决策。

（1）面向主题。操作型数据库的数据组织面向事务处理任务，而数据仓库中的数据按照一定的主题域进行组织。主题是指用户使用数据仓库进行决策时所关心的重点，一个主题通常与多个操作型信息系统相关。

（2）集成。数据仓库的数据来自分散的操作型数据，将所需数据从原来的数据中抽取出来，进行加工与集成、统一与综合之后才能将其放入数据仓库。

（3）相对稳定。数据仓库一般是不可更新的。数据仓库主要为决策分析提供数据，所涉及的操作主要是数据的查询。

（4）反映历史变化。在构建数据仓库时，会每隔一定的时间（比如每周、每天或每小时）从数据源中抽取数据并加载到数据仓库，比如，1 月 1 日晚上 12 点"抓拍"数据源中的数据保存到数据仓库，然后 1 月 2 日、1 月 3 日一直到月底，每天"抓拍"数据源中的数据保存到数据仓库，这样，一个月以后，数据仓库中就会保存 1 月份每天的数据"快照"，由此得到 31 份数据"快照"，就可以用来进行商务智能分析，比如，分析一个商品在 1 个月内的销量变化情况。

综上所述，数据库是面向事务的设计，数据仓库是面向主题的设计。数据库一般用于存储在线交易数据，数据仓库存储的一般是历史数据。数据库为捕获数据而设计，数据仓库为分析数据而设计。

一个典型的数据仓库系统通常包含数据源、数据存储和管理、OLAP 服务器、前端工具和应用 4 个部分，如图 8-1 所示，具体介绍如下。

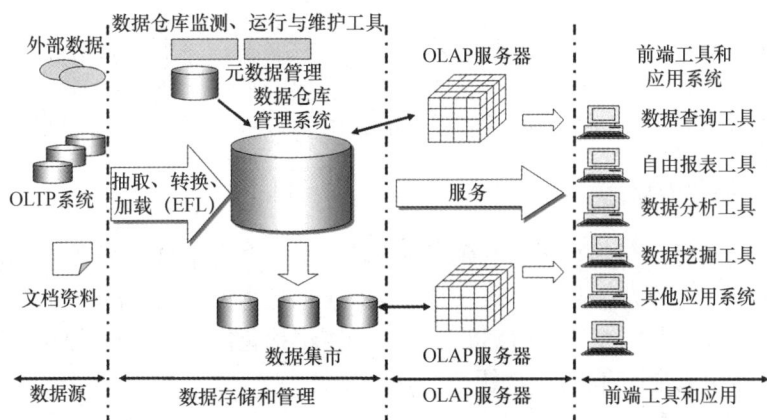

图 8-1　数据仓库体系架构

（1）数据源。数据源是数据仓库的基础，即系统的数据来源，通常包含企业的各种内部数据和外部数据。内部数据包括存在于联机事务处理（online transaction processing，OLTP）系统中的各种业务数据和办公自动化系统中的各类文档资料等。外部数据包括各类法律法规、市场信息、竞争对手的信息，以及各类外部统计数据和其他相关文档等。

（2）数据存储和管理。数据存储和管理是整个数据仓库的核心。在现有的各业务系统的基础上，对数据进行抽取、转换并加载到数据仓库中，按照主题进行重新组织，最终确定数据仓库的物理存储结构，同时存储数据库的各种元数据（包括数据仓库的数据字典、记录系统定义、数据转换规则、数据加载频率以及业务规则等）。对数据仓库系统的管理，也就是对相应数据库系统的管理，通常包括数据的安全、归档、备份、维护和恢复等工作。

（3）OLAP 服务器。OLAP 服务器对需要分析的数据按照多维数据模型进行重组，以支持用户随时从多角度、多层次来分析数据，发现数据规律与变化趋势。

（4）前端工具和应用。前端工具和应用主要包括数据查询工具、自由报表工具、数据分析工具、数据挖掘工具和各类应用系统等。

总体而言，数据仓库与数据库有着很大的区别，如表 8-1 所示。

表 8-1　数据库和数据仓库的区别

特性	数据库	数据仓库
擅长做什么	事务处理	分析、报告、大数据

特性	数据库	数据仓库
数据从哪里来	从单个来源"捕获"	从多个来源抽取和标准化
数据标准化	高度标准化的静态模式	非标准化模式
数据如何写	针对连续写入操作进行优化	按批处理计划进行批量写入操作
数据怎么存	针对单行类型的物理块的高吞吐写操作进行了优化	使用列式存储进行了优化,便于实现高速查询和低开销访问
数据怎么读	大量小型读取操作	为最小化 I/O 且最大化吞吐而优化

8.2 数据湖

与数据仓库紧密相关的另一个概念是数据湖。数据湖是一个以原始格式存储数据的存储库或系统,它按原样存储数据,而无须事先对数据进行结构化处理。本节介绍数据湖的概念、数据湖与数据仓库的区别以及数据湖能解决的企业问题。

8.2.1 数据湖的概念

企业在持续发展,企业的数据也在不断堆积,虽然"含金量"最高的数据都存在数据库和数据仓库里,支撑着企业的运转,但是企业希望把生产经营中的所有相关数据,历史的、实时的,在线的、离线的,内部的、外部的,结构化的、非结构化的,都能完整保存下来,方便"沙中淘金",如图 8-2 所示。

图 8-2　企业需要存储不同类型的数据

数据库和数据仓库都不具备这个功能,怎么办呢? 于是,数据湖脱颖而出。数据湖是一类存储自然、原始格式数据的系统或存储库,通常是对象块或者文件。数据湖通常用于企业中全量数据的单一存储。全量数据包括原始系统所产生的原始数据备份以及为了各类任务而产生的转换数据,各类任务包括报表、可视化、高级分析和机器学习等。数据湖中包括来自关系数据库中的结构化数据(行和列)、半结构化数据(如 CSV 文件、日志、XML文件、JSON 文件等)、非结构化数据(如 E-mail、文档、PDF 文件等)和二进制数据(如图像、音频、视频等)。数据湖可以构建在企业本地数据中心中,也可以构建在云上。

数据湖的本质,是由"数据存储架构+数据处理工具"组成的解决方案,而不是一个独立产品。

数据存储架构要有足够的扩展性和可靠性,要满足企业把所有原始数据都"囤"起来,存得下、存得久的需求。一般来讲,各大云厂商都喜欢用对象存储来搭建数据湖的存储底座，比如亚马逊云科技，修建"湖底"用的"砖头"，就是 Amazon S3 云对象存储。

数据处理工具则分为两大类。第一类工具解决的问题是如何把数据"搬到"湖里，包括定义数据源、制订数据访问策略和安全策略，并移动数据、编制数据目录等。如果没有这些数据管理/治理工具，元数据缺失，湖里的数据质量就没法保障，"泥石俱下"，各种数据倾泻堆积到湖里，最终好好的数据湖慢慢就变成了"数据沼泽"。因此，在一个数据湖方案里，数据移动和管理的工具非常重要。比如，亚马逊云科技提供的 Lake Formation 工具，如图 8-3 所示，帮助客户自动化地把各种数据源中的数据移动到湖里，同时还可以调用 Amazon Glue 对数据进行 ETL，编制数据目录，进一步提高湖里数据的质量。

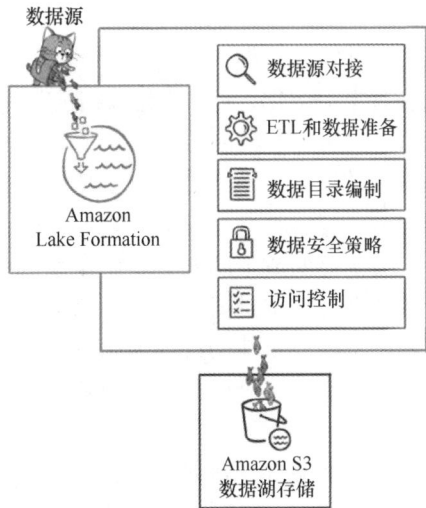

图 8-3　Lake Formation 工具

第二类工具就是要从湖里的海量数据中"淘金"。数据并不是存进数据湖里就万事大吉，要对数据进行分析、挖掘、利用，比如要对湖里的数据进行查询，同时要把数据提供给机器学习、数据科学类等业务，便于"点石成金"。数据湖可以通过多种引擎对湖中数据进行分析计算，例如离线分析、实时分析、交互式分析、机器学习等。

8.2.2　数据湖与数据仓库的区别

表 8-2 所示为数据湖与数据仓库的区别。从数据含金量方面比较，数据仓库里的数据价值密度更高一些，数据的抽取和模式的设计都有非常强的针对性，便于业务分析师迅速获取洞察结果，用于决策支持。而数据湖更有一种"兜底"的感觉，甭管当下有没有用，或者暂时没想好怎么用，先保存着、沉淀着，将来想用的时候就可以随时拿出来用，反正数据都被"原汁原味"地留存了下来。

表 8-2　数据湖与数据仓库的区别

特性	数据仓库	数据湖
存放什么数据	结构化数据，抽取自事务系统、运营数据库和业务应用系统	所有类型的数据，包括结构化、半结构化和非结构化数据
数据模式	通常在数据仓库实施之前设计，也可以在数据分析时编写	在分析时编写
性价比	起步成本高，使用本地存储以获得最快查询结果	起步成本低，计算与存储分离
数据质量如何	可作为重要事实依据的数据	包含原始数据在内的任何数据
最适合谁用	业务分析师为主	数据科学家、数据开发人员为主
具体能做什么	批处理报告、BI、可视化分析	机器学习、探索性分析、数据发现、流处理、大数据与特征分析

8.2.3　数据湖能解决的企业问题

在企业实际应用中，数据湖能解决的问题包括以下几个方面。

（1）数据分散，存储散乱，形成数据孤岛，无法联合数据发现更多价值。从这个方面来讲，其实数据湖要解决的问题与数据仓库的是类似的，但又有所不同，因为它的定义里支持对半结构化、非结构化数据的管理。而传统数据仓库仅能解决结构化数据的统一管理。在这个万物互联的时代，数据的来源多种多样，随着应用场景的增加，产出的数据格式也是越来越丰富，不能再局限于结构化数据。如何统一存储这些数据，就是迫切需要解决的问题。

（2）存储成本问题。数据库或数据仓库的存储受限于实现原理及硬件条件，导致存储海量数据时成本过高，而为了解决这类问题，就有了 HDFS、对象存储这类技术方案。数据湖场景下如果使用这类存储成本较低的技术架构，将会为企业节省大量成本。结合生命周期管理能力，可以更好地为湖内数据分层，不用纠结在是保留数据还是删除数据节省成本的问题。

（3）SQL 无法满足的分析需求。数据的种类越来越多，意味着分析方式越来越多，传统的 SQL 方式已经无法满足分析的需求，如何通过各种语言自定义适应自己业务的代码，如何通过机器学习挖掘更多的数据价值，变得越来越重要。

（4）存储、计算扩展性不足。传统数据库在海量数据下，如规模到 PB 级别，因为技术架构的原因，已经无法满足扩展的要求或者扩展成本极高，而这种情况下通过数据湖架构下的扩展技术能力，实现成本为 0，硬件成本也可控。

（5）业务模型不定，无法预先建模。传统数据库和数据仓库，都是 Schema-on-Write 模式，需要提前定义模式信息。而在数据湖场景下，可以先保存数据，后续待分析时，再发现模式，也就是说数据湖采用的是 Schema-on-Read 的模式。

8.3 湖仓一体

曾经，数据仓库擅长的 BI、数据洞察，离业务更近，价值更大，而数据湖里的数据，更多的是为了远景"画饼"。随着大数据和人工智能的普及，原先的"画饼"也变得炙手可热起来，现在，数据湖已经可以很好地为业务赋能，它的价值正在被重新定义。

因为数据仓库和数据库的出发点不同、架构不同，企业在实际使用过程中，"性价比"差异很大。如图 8-4 所示，数据湖起步成本很低，但随着数据体量增大，总体成本（TCO）会加速飙升，数据仓库则恰恰相反，前期建设开支很大。总之，一个后期成本高，一个前期成本高，对于既想修湖又想建仓的用户来说，仿佛玩了一个金钱游戏。于是，人们就想，既然都是拿数据为业务服务，数据湖和数据仓库作为两大"数据集散地"，能不能彼此整合一下，让数据流动起来，少一点重复建设呢？比如，让数据仓库在进行数据分析的时候，可以直接访问数据湖里的数据（Amazon Redshift Spectrum 就是这么做的）。再如，让数据湖在架构设计上，就"原生"支持数据仓库能力（DeltaLake 就是这么做的）。正是这些想法和需求，推动了数据仓库和数据湖的打通和融合，形成了当下炙手可热的概念——湖仓一体（lake house）。

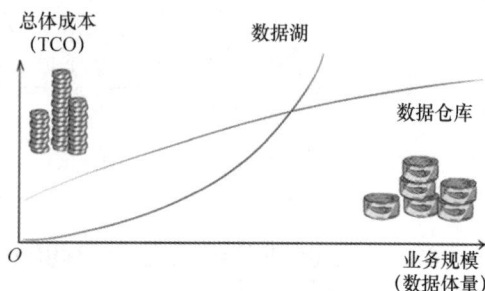

图 8-4　数据湖和数据仓库的总体成本变化对比

湖仓一体是一种新型的开放式架构，打通了数据仓库和数据湖，将数据仓库的高性能及管理能力与数据湖的灵活性融合了起来，底层支持多种数据类型并存，能实现数据间的相互共享，上层可以通过统一封装的接口进行访问，可同时支持实时查询和分析，为企业进行数据治理带来了更多的便利性。

湖仓一体架构最重要的一点，是能够无缝打通"湖里"和"仓里"的数据或元数据，并且使之"自由"流动。如图 8-5 所示，湖里的"新鲜"数据可以流到仓里，甚至可以直接被数据仓库使用，而仓里的"不新鲜"数据，也可以流到湖里，低成本长久保存，供未来的数据挖掘使用。

图 8-5　数据湖和数据仓库之间的数据流动

湖仓一体架构具有以下特性。

（1）事务支持。在企业中，数据往往要为业务系统提供并发的读取和写入。对事务的 ACID 四性进行支持，可确保数据并发访问的一致性、正确性，尤其是在 SQL 的访问模式下。

（2）数据治理。湖仓一体可以支持各类数据模型的实现和转变，支持数据仓库模式架构，例如星形模型、雪花模型等。可以保证数据完整性，并且具有健全的治理和审计机制。

（3）BI 支持。湖仓一体支持直接在源数据上使用 BI 工具，这样可以提升分析效率，降低数据延时。另外，相较在数据湖和数据仓库中分别操作两个副本的方式，更具成本优势。

（4）存算分离。存算分离的架构，使得系统能够扩展到拥有更大规模的并发能力和数据容量。

（5）开放性。采用开放、标准化的存储格式（例如 Parquet 等），提供丰富的 API 支持，因此，各种工具和引擎（包括机器学习和 Python、R 语言等）可以高效地对数据进行直接访问。

（6）支持多种数据类型（如结构化、半结构化、非结构化）。湖仓一体可为许多应用程序提供数据的入库、转换、分析和访问等。数据类型包括图像数据、视频数据、音频数据、半结构化数据和文本数据等。

8.4　数据仓库 Hive 概述

本节介绍传统数据仓库面临的挑战、Hive 简介、Hive 与 Hadoop 生态系统中其他组件的关系、Hive 与传统数据库的对比分析以及 Hive 在企业中的部署和应用等。

8.4.1 传统数据仓库面临的挑战

随着大数据时代的全面到来，传统数据仓库面临着巨大的挑战，主要包括以下几个方面。

（1）无法满足快速增长的海量数据存储需求。目前企业数据的增长速度非常快，动辄就是几十 TB 的数据，Oracle/DB2 等传统数据仓库的处理能力远远不足，无法处理这些数据。这是因为传统数据仓库大都基于关系数据库，而关系数据库横向扩展性较差，纵向扩展性有限。

（2）无法有效处理不同类型的数据。传统数据仓库通常只能用于存储和处理结构化数据，但是，随着企业业务的发展，企业中部署的系统越来越多，数据源的数据格式越来越丰富，很显然，传统数据仓库无法处理如此众多的数据类型。

（3）计算和处理能力不足。由于传统数据仓库建立在关系数据库的基础之上，因此，会存在一个很大的痛点，即计算和处理能力不足，当数据量达到 TB 量级后，传统数据仓库基本无法获得好的性能。

8.4.2 Hive 简介

Hive 是一个构建在 Hadoop 之上的数据仓库工具，在 2008 年 8 月开源。Hive 在某种程度上可以看作用户编程接口，其本身并不存储和处理数据，而是依赖 HDFS 来存储数据，依赖 MapReduce（或者 Tez、Spark）来处理数据。Hive 定义了简单的类似 SQL 的查询语言——HiveQL，其语法与大部分 SQL 语法兼容。

当采用 MapReduce 作为执行引擎时，HiveQL 语句可以快速实现简单的 MapReduce 任务，这样用户通过编写的 HiveQL 语句就可以运行 MapReduce 任务，不必编写复杂的 MapReduce 应用程序。对于 Java 开发工程师而言，不必把大量精力花费在记忆常见的数据运算与底层的 MapReduce Java API 的对应关系上；对于数据库管理员，可以很容易地把原来构建在关系数据库上的数据仓库应用程序移植到 Hadoop 平台上。所以说，Hive 是一个可以有效、合理、直观地组织和使用数据的分析工具。

现在，Hive 作为 Hadoop 平台上的数据仓库工具，应用已经十分广泛，主要是因为它具有的特点非常适合数据仓库应用程序。首先，当采用 MapReduce 作为执行引擎时，Hive 把 HiveQL 语句转换成 MapReduce 任务后，采用批处理的方式对海量数据进行处理。数据仓库存储的是静态数据，构建于数据仓库上的应用程序只进行相关的静态数据分析，不需要快速响应给出结果，而且数据本身也不会频繁变化，因而很适合采用 MapReduce 进行批处理。其次，Hive 本身提供了一系列对数据进行抽取、转换、加载的工具，可以存储、查询和分析存储在 Hadoop 中的大规模数据。这些工具能够很好地满足数据仓库各种应用场景的需求，包括维护海量数据、对数据进行挖掘、形成意见和报告等。

8.4.3 Hive 与 Hadoop 生态系统中其他组件的关系

当采用 MapReduce 作为执行引擎时，Hive 与 Hadoop 生态系统中其他组件的关系如图 8-6 所示。HDFS 作为高可靠的底层存储系统，可以存储海量数据。MapReduce 对这些海量数据进行批处理，实现高性能计算。Hive 架构在 MapReduce、HDFS 之上，其自身并不存储和处理数据，而是分别借助 HDFS 和 MapReduce 实现数据的存储和处理，用 HiveQL 语句编写的处理逻辑，最终都要转换成 MapReduce 任务来运行。Pig 可以作为 Hive 的替代工具，它是一种数据流语言和运行环境，适用于在 Hadoop 平台上查询半结构化数据集，常作为 ETL 过程的一部分，即将外部数据装载到 Hadoop 集群中，然后转换为用户需要的数据格式。HBase 是一个面向列的、分布式的、可伸缩的数据库，它可以提供数据的实时访问功能，而 Hive 只能处理静态数据，主要是 BI 报表数据。就设计初衷而言，在 Hadoop 上设计 Hive，是为了减少复杂 MapReduce 应用程序的编写工作，在 Hadoop 上设计 HBase 则是为了实现对数据的实时访问，所以 HBase 与 Hive 的功能是互补的，HBase 实现了 Hive 不能提供的功能。

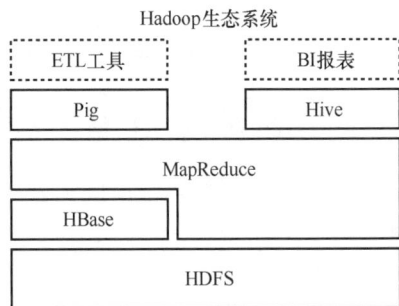

图 8-6　Hive 与 Hadoop 生态系统中其他组件的关系

8.4.4　Hive 与传统数据库的对比分析

Hive 在很多方面和传统数据库类似，但是，它的底层依赖的是 HDFS 和 MapReduce（或 Tez、Spark），所以，在很多方面又有别于传统数据库。表 8-3 从数据存储、索引、分区、执行引擎、执行延迟、扩展性、数据规模等方面，对 Hive 和传统数据库进行了对比。

表 8-3　Hive 与传统数据库的对比

对比内容	Hive	传统数据库
数据存储	HDFS	本地文件系统
索引	支持有限索引	支持复杂索引
分区	支持	支持
执行引擎	MapReduce、Tez、Spark	自身的执行引擎
执行延迟	高	低
扩展性	好	有限
数据规模	大	小

在数据存储方面，传统数据库一般依赖本地文件系统，Hive 则依赖分布式文件系统 HDFS。在索引方面，传统数据库可以针对多个列构建复杂的索引，大幅度提升数据查询性能；而 Hive 没有传统数据库中键的概念，它只能提供有限的索引功能，使用户可以在某些列上创建索引，从而加速一些查询操作。Hive 中给一张表创建的索引数据，会被保存在另外的表中。在分区方面，传统数据库提供分区功能来改善大型表和具有各种访问模式的表的可伸缩性、可管理性，以及提高数据库效率；Hive 也支持分区功能，Hive 表是以分区的形式进行组织的，根据"分区列"的值对表进行粗略的划分，从而加快数据的查询速度。在执行引擎方面，传统数据库依赖自身的执行引擎，Hive 则依赖 MapReduce、Tez 和 Spark 等执行引擎。在执行延迟方面，传统数据库中的 SQL 语句的延迟一般少于 1 s，而 HiveQL 语句的延迟会达到分钟级。因为 Hive 构建在 HDFS 与 MapReduce 之上，所以，相较传统数据库，Hive 的延迟会比较高。在扩展性方面，传统数据库很难实现横向扩展，纵向扩展的空间也很有限；Hive 的开发和运行环境是基于 Hadoop 集群的，所以具有较好的横向可扩展性。在数据规模方面，传统数据库一般只能存储有限规模的数据，Hive 则可以支持大规模数据的存储。

8.4.5 Hive 在企业中的部署和应用

1．Hive 在企业大数据分析平台部署框架中的应用

Hadoop 除了被广泛应用到云计算平台上实现海量数据计算外，还在很早之前就被应用到企业大数据分析平台的设计与实现中。当前企业中部署的大数据分析平台，除了依赖 Hadoop 的基本组件 HDFS 和 MapReduce 外，还结合了 Hive、Pig、HBase 与 Mahout 等，从而满足不同业务场景的需求。图 8-7 所示为企业实际应用中一种常见的大数据分析平台部署框架。

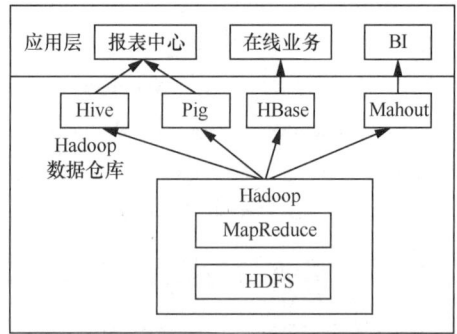

在这种部署框架中，Hive 和 Pig 主要应用于报表中心。其中，Hive 用于报表分析，Pig 用于报表中数据的转换工作。因为 HDFS 不支持随机读写操作，而 HBase 正是为此开发的，

图 8-7　企业实际应用中一种常见的
大数据分析平台部署框架

可以较好地支持实时访问数据，所以 HBase 主要用于在线业务。Mahout 提供了一些可扩展的机器学习领域的经典算法的实现，旨在帮助开发人员更加方便、快捷地创建 BI 应用程序，所以 Mahout 常用于 BI。

2．Hive 在一些公司的应用

在一些公司，随着网站使用量的增加，网站上需要处理和存储的日志与维度数据激增。继续在 Oracle 系统上实现数据仓库，其性能和可扩展性已经不能满足需求，于是，一些公司开始使用 Hadoop。图 8-8 所示为一些公司的数据仓库架构的基本组件以及这些组件间的数据流。

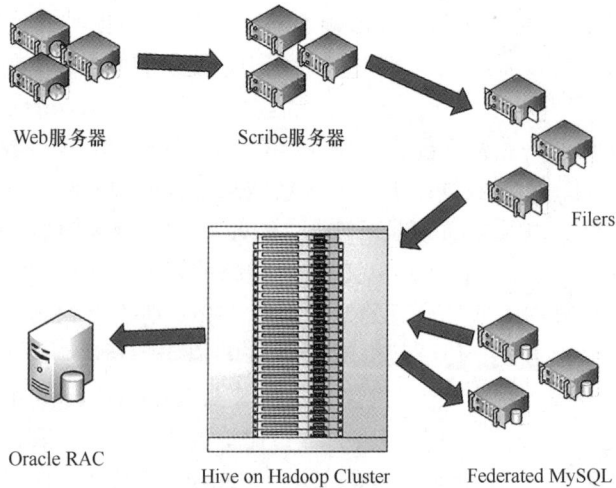

图 8-8　一些公司的数据仓库架构的基本组件以及这些组件间的数据流

如图 8-8 所示，数据处理过程如下。首先，由 Web 服务器及内部服务（如搜索后台）

产生日志数据。其次，Scribe 服务器把几百个甚至上千个日志数据集存放在几个甚至几十个网络文件服务器（Filers）上，网络文件服务器上的大部分日志文件被复制并存放在 HDFS 中，维度数据每天也从内部的 MySQL 数据库中被复制到这个 HDFS 中。然后，Hive 为 HDFS 收集的所有数据创建一个数据仓库，用户可以通过编写 HiveQL 语句创建各种概要信息、报表，以及进行历史数据分析。同时，内部的 MySQL 数据库也可以从中获取处理后的数据，并把需要实时联机访问的数据存放在 Oracle 实时应用集群上，这里的实时应用集群（real application clusters，RAC）是 Oracle 的一项核心技术，可以在低成本服务器上构建高可用数据库系统。

8.5　Hive 系统架构

Hive 系统架构如图 8-9 所示，包括用户接口模块、驱动模块以及元数据存储模块。用户接口模块包括 CLI、Hive 网页接口（Hive web interface，HWI）、JDBC、ODBC、Thrift Server 等，用来实现外部应用对 Hive 的访问。CLI 是 Hive 自带的一个命令行客户端工具，但是，这里需要注意的是，Hive 还提供了另外一个命令行客户端工具 Beeline，在 Hive 3.0 以上版本中，Beeline 取代了 CLI。HWI 是 Hive 的一个简单网页，JDBC、ODBC

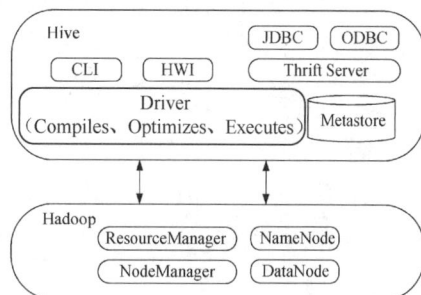

图 8-9　Hive 系统架构

和 Thrift Server 可以向用户提供进行编程访问的接口。其中，Thrift Server 基于 Thrift 软件框架开发，它提供 Hive 的 RPC 通信接口。驱动模块（Driver）包括编译器、优化器、执行器等，所采用的执行引擎可以是 MapReduce、Tez 或 Spark 等。当采用 MapReduce 作为执行引擎时，驱动模块负责把 HiveQL 语句转换成一系列 MapReduce 作业，所有命令和查询都会进入驱动模块，通过该模块对输入进行解析编译，对计算过程进行优化，然后按照指定的步骤执行。元数据存储模块（Metastore）是一个独立的关系数据库，通常是与 MySQL 数据库连接后创建的一个 MySQL 实例，也可以是 Hive 自带的 derby 数据库实例。元数据存储模块中主要保存表模式和其他系统元数据，如表的名称、表的列及其属性、表的分区及其属性、表的属性、表中数据所在位置信息等。

8.6　Hive 的安装

本节介绍 Hive 的具体安装方法，包括下载安装文件、配置环境变量、修改配置文件以及安装并配置 MySQL 等。

8.6.1　下载安装文件

访问 Hive 官网，下载安装文件 apache-hive-3.1.3-bin.tar.gz。也可以直接到教材官网的"下载专区"中下载 Hive 安装文件，保存到 Linux 系统的~/Downloads 目录下（也就是 /home/hadoop/Downloads 目录下）。

在 Linux 系统中打开一个终端，执行如下命令安装 Hive。

```
$ cd ~    # 进入 hadoop 用户的主目录
$ cd Downloads
$ sudo tar -zxvf ./apache-hive-3.1.3-bin.tar.gz -C /usr/local    # 解压到目录/usr/local 中
$ cd /usr/local/
$ sudo mv apache-hive-3.1.3-bin hive         # 将文件夹名改为 hive
$ sudo chown -R hadoop:hadoop hive              # 修改文件权限
```

8.6.2 配置环境变量

为了方便使用，可以把 hive 命令加入环境变量 PATH 中，从而可以在任意目录下直接使用 hive 命令启动，使用 vim 编辑器打开~/.bashrc 文件进行编辑，命令如下。

```
$ vim ~/.bashrc
```

在该文件的最前面一行之前添加如下内容。

```
export HIVE_HOME=/usr/local/hive
export PATH=$PATH:$HIVE_HOME/bin
export HADOOP_HOME=/usr/local/hadoop
export HIVE_CONF_DIR=/usr/local/hive/conf
```

保存该文件并退出 vim 编辑器，然后，运行如下命令使配置立即生效。

```
$ source ~/.bashrc
```

8.6.3 修改配置文件

将/usr/local/hive/conf 目录下的 hive-default.xml.template 文件重命名为 hive-default.xml，命令如下。

```
$ cd /usr/local/hive/conf
$ sudo mv hive-default.xml.template hive-default.xml
```

同时，使用 vim 编辑器新建一个文件 hive-site.xml，命令如下。

```
$ cd /usr/local/hive/conf
$ vim hive-site.xml
```

在 hive-site.xml 文件中输入如下配置信息。

```
<?xml version="1.0" encoding="UTF-8" standalone="no"?>
<?xml-stylesheet type="text/xsl" href="configuration.xsl"?>
<configuration>
  <property>
    <name>javax.jdo.option.ConnectionURL</name>
    <value>jdbc:mysql://localhost:3306/hive?createDatabaseIfNotExist=true&amp;
useSSL=false&amp;allowPublicKeyRetrieval=true</value>
    <description>JDBC connect string for a JDBC metastore</description>
  </property>
  <property>
    <name>javax.jdo.option.ConnectionDriverName</name>
    <value>com.mysql.cj.jdbc.Driver</value>
    <description>Driver class name for a JDBC metastore</description>
  </property>
  <property>
    <name>javax.jdo.option.ConnectionUserName</name>
```

```
    <value>hive</value>
    <description>username to use against metastore database</description>
  </property>
  <property>
    <name>javax.jdo.option.ConnectionPassword</name>
    <value>hive</value>
    <description>password to use against metastore database</description>
  </property>
</configuration>
```

该配置文件可以直接从教材官网"下载专区"的"代码"目录中下载。

将/usr/local/hive/conf目录下的hive-env.sh.template文件重命名为hive-env.sh,命令如下。

```
$ cd /usr/local/hive/conf
$ sudo mv hive-env.sh.template hive-env.sh
```

同时，使用 vim 编辑器新建一个文件 hive-env.sh，命令如下。

```
$ cd /usr/local/hive/conf
$ vim hive-env.sh
```

在 hive-env.sh 文件中输入如下配置信息。

```
export HADOOP_HEAPSIZE=4096
```

把 HADOOP_HEAPSIZE 设置为 4096，表示把 Java 堆内存大小设置为 4 GB。通过这些设置，可以避免后续在使用 Hive 的过程中产生内存溢出的问题。

8.6.4 安装并配置 MySQL

本例采用 MySQL 数据库保存 Hive 的元数据，而不是采用 Hive 自带的 derby 来存储元数据，因此，需要安装 MySQL 数据库。

1．安装 MySQL 数据库

MySQL 是一个关系数据库管理系统，由瑞典 MySQL AB 公司开发，目前为 Oracle 旗下产品。MySQL 为流行的关系数据库管理系统，在 Web 应用方面，MySQL 是最好的 RDBMS（relational database management system，关系数据库管理系统）应用软件之一。

（1）执行安装命令

在安装 MySQL 之前，需要更新一下软件源以获得最新版本，在 Ubuntu 22.04 的终端中执行如下命令。

```
$ sudo apt-get update
```

然后，执行如下命令安装 MySQL。

```
$ sudo apt-get install mysql-server
```

执行以上命令以后，在安装过程中会出现提示 Do you want to continue?，输入 Y 并按 Enter 键即可。

安装完成后，MySQL 守护进程就会自动启动并在后台安静运行，可通过如下命令来确认。

```
$ sudo systemctl status mysql
```

该命令的执行结果如图 8-10 所示，可以看出，当前状态是 active(running)，即 MySQL 服务正在运行。

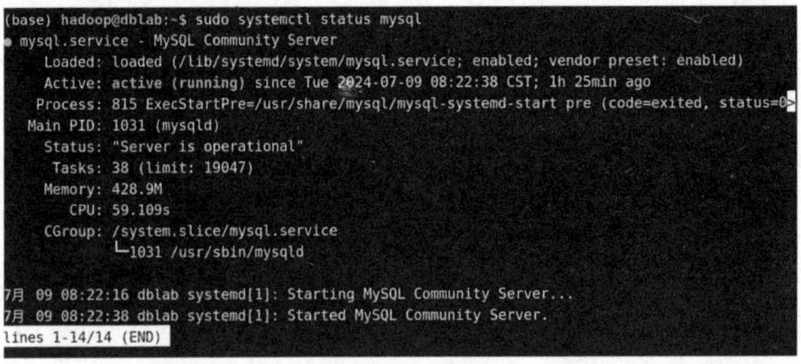

图 8-10　使用 systemctl 命令确认 MySQL 运行状态的执行结果

也可以通过如下命令确认。

```
$ sudo systemctl is-active mysql
```

该命令的执行结果如图 8-11 所示，可以看出，当前状态是 active，即 MySQL 服务正在运行。

图 8-11　使用 systemctl 命令确认 MySQL 运行状态的另一种方式

（2）启动 MySQL 服务

默认情况下，安装完成就会自动启动 MySQL。可以手动停止 MySQL 服务，然后再次启动 MySQL 服务，命令如下。

```
$ service mysql stop        # 停止 MySQL 服务
$ service mysql start       # 启动 MySQL 服务
```

上面两条命令在执行时都会弹出一个界面，按照要求输入 Ubuntu 系统 root 用户（不是 MySQL 数据库的 root 用户）的密码即可。

（3）进入 MySQL Shell 界面

安装好 MySQL 以后，第一次使用时，需要执行如下命令进入 MySQL Shell 界面，如图 8-12 所示。

```
$ sudo mysql -u root
```

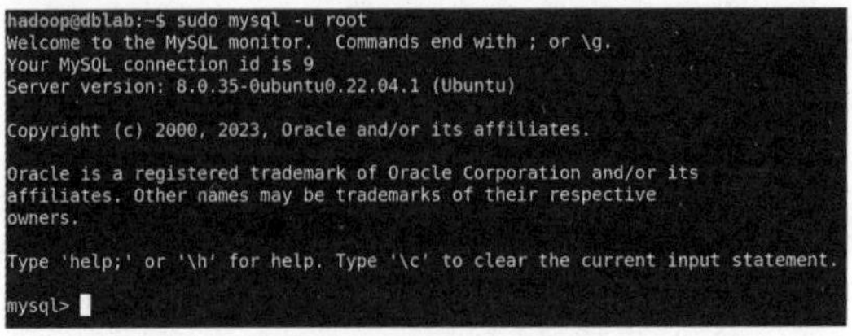

图 8-12　MySQL Shell 界面

可以为 MySQL 数据库的 root 用户设置访问密码，比如设置为 123456，命令如下。

```
mysql> ALTER USER 'root'@'localhost' IDENTIFIED WITH mysql_native_password BY
'123456';
```

然后，执行如下命令退出 MySQL Shell 界面。

```
mysql> exit;
```

以后每次访问 MySQL 数据库时，可以执行如下命令进入 MySQL Shell 界面。

```
$ mysql -u root -p
```

输入 MySQL 数据库的 root 用户密码，就可以进入 MySQL Shell 界面，在里面执行各种 SQL 语句。

2．下载 MySQL JDBC 驱动程序

为了让 Hive 能够连接到 MySQL 数据库，需要下载 MySQL JDBC 驱动程序。可以到教材官网的"下载专区"的"软件"目录中下载驱动程序 mysql-connector-java-8.0.30.jar。

```
$ cd ~/Downloads # 将驱动程序保存在该目录下
$ cp mysql-connector-java-8.0.30.jar  /usr/local/hive/lib
```

3．启动 MySQL

执行如下命令启动 MySQL，并进入 mysql>命令提示符状态。

```
$ service mysql start      # 启动 MySQL 服务
$ mysql -u root -p         # 登录 MySQL 数据库
```

系统会提示输入 root 用户的密码。

4．在 MySQL 中为 Hive 新建数据库

现在，需要在 MySQL 数据库中新建一个名称为 hive 的数据库，用来保存 Hive 的元数据。MySQL 中的这个 hive 数据库，是与 Hive 的配置文件 hive-site.xml 中的 mysql://localhost:3306/hive 对应的，用来保存 Hive 元数据。在 MySQL 数据库中新建 hive 数据库的命令，需要在 mysql>命令提示符下执行，具体如下。

```
mysql> create database hive;
```

5．配置 MySQL 允许 Hive 接入

需要对 MySQL 进行权限配置，允许 Hive 连接到 MySQL。

```
mysql> create user 'hive'@'localhost' identified by 'hive';
mysql> grant all on *.* to 'hive'@'localhost';
mysql> flush privileges;
```

上面的第 1 行命令，将 MySQL 的所有数据库的所有表的所有权限赋给 hive 用户，identified by 'hive'中的 hive 是在配置文件 hive-site.xml 中事先设置的连接密码。第 3 行命令，用来刷新 MySQL 系统权限关系表。

6．升级元数据

使用 Hive 自带的 schematool 工具升级元数据，也就是把最新的元数据重新写入 MySQL 数据库中。

可以在终端中执行如下命令（注意，不是在 mysql>命令提示符下执行）。

```
$cd /usr/local/hive
$./bin/schematool -initSchema -dbType mysql
```

7．启动 Hive

Hive 是基于 Hadoop 的数据仓库，会把用户输入的查询语句自动转换成 MapReduce 任务来执行，并把结果返回给用户。因此，启动 Hive 之前，需要先启动 Hadoop 集群，命令如下。

```
$ cd /usr/local/hadoop
$ ./sbin/start-dfs.sh     # 如果 Hadoop 是伪分布式模式，只需要执行本条命令启动 HDFS
$ ./sbin/start-yarn.sh    # 如果 Hadoop 是分布式模式，还需要执行本条命令启动 YARN
```

需要注意的是，如果 Hadoop 是伪分布式模式，只需要启动 HDFS，不需要启动 YARN。如果 Hadoop 是分布式模式，则需要同时启动 HDFS 和 YARN。

然后执行如下命令启动 Hive。

```
$ cd /usr/local/hive
$ ./bin/hive
```

实际上，由于之前已经配置了环境变量 PATH，因此，也可以直接使用如下命令启动 Hive。

```
$ hive
```

8.7　Hive 基本操作

HiveQL 是 Hive 的查询语言，和 SQL 比较类似，对 Hive 的操作都是通过编写 HiveQL 语句来实现的。接下来介绍 Hive 中常用的几个基本操作。

8.7.1　create：创建数据库、表、视图

（1）创建数据库

① 创建数据库 hive。

```
hive> create database hive;
```

② 创建数据库 hive，因为 hive 已经存在，所以会抛出异常，加上 if not exists 关键字，则不会抛出异常。

```
hive> create database if not exists hive;
```

（2）创建表

① 在数据库 hive 中，创建 usr 表，含 id、name 和 age 等 3 个属性。

```
hive> use hive;
hive> create table if not exists usr(id bigint,name string,age int);
```

② 在数据库 hive 中，创建 usr 表，含 id、name 和 age 等 3 个属性，存储路径为 /usr/local/hive/warehouse/hive/usr。

```
hive> create table if not exists hive.usr(id bigint,name string,age int)
    > location'/usr/local/hive/warehouse/hive/usr';
```

③ 在数据库 hive 中，创建外部 usr 表，含 id、name 和 age 等 3 个属性，可以读取路径/usr/local/data 下以，分隔的数据。

```
hive> create external table if not exists hive.usr(id bigint,name string,age int)
    > row format delimited fields terminated by ','
    > Location'/usr/local/data';
```

④ 在数据库 hive 中，创建分区 usr 表，含 id、name 和 age 等 3 个属性，还存在分区字段 sex。

```
hive> create table hive.usr(id bigint,name string,age int) partitioned by(sex
boolean);
```

⑤ 在数据库 hive 中，创建分区 usr1 表，它通过复制 usr 表得到。

```
hive> use hive;
hive> create table if not exists usr1 like usr;
```

（3）创建视图

创建视图 little_usr，只包含表 usr 中的 id 和 age 属性。

```
hive> create view little_usr as select id,age from usr;
```

8.7.2　drop：删除数据库、表、视图

（1）删除数据库

① 删除数据库 hive，如果不存在就会出现警告。

```
hive> drop database hive;
```

② 删除数据库 hive，因为有 if exists 关键字，所以即使不存在也不会抛出异常。

```
hive> drop database if exists hive;
```

③ 删除数据库 hive，加上 cascade 关键字，可以删除当前数据库和该数据库中的表。

```
hive> drop database if exists hive cascade;
```

（2）删除表

删除 usr 表，如果是内部表，则元数据和实际数据都会被删除；如果是外部表，则只删除元数据，不删除实际数据。

```
hive> drop table if exists usr;
```

（3）删除视图

删除视图 little_usr。

```
hive> drop view if exists little_usr;
```

8.7.3　alter：修改数据库、表、视图

（1）修改数据库

为数据库 hive 设置 dbproperties 键值对属性值来描述数据库的属性信息。

```
hive> alter database hive set dbproperties('edited-by'='lily');
```

（2）修改表

① 将 usr 表重命名为 user。

```
hive> alter table usr rename to user;
```

② 为 usr 表增加新分区。

```
hive> alter table usr add if not exists partition(sex=true);
hive> alter table usr add if not exists partition(sex=false);
```

③ 删除 usr 表中的分区。

```
hive> alter table usr drop if exists partition(sex=true);
```

④ 把 usr 表中的列名 name 修改为 username，并把该列置于 age 列后。

```
hive> alter table usr change name username string after age;
```

⑤ 在 usr 表分区字段之前，增加一个新列 sex。

```
hive> alter table usr add columns(sex boolean);
```

⑥ 删除 usr 表中的所有字段并重新指定新字段 newid、newname 和 newage。

```
hive> alter table usr replace columns(newid bigint,newname string,newage int);
```

⑦ 为 usr 表设置 tblproperties 键值对属性值来描述表的属性信息。

```
hive> alter table usr set tblproperties('notes'='the columns in usr may be null
except id');
```

（3）修改视图

修改 little_usr 视图元数据中的 tblproperties 属性信息。

```
hive> alter view little_usr set tblproperties('create_at'='refer to timestamp');
```

8.7.4　show：查看数据库、表、视图

（1）查看数据库

① 查看 Hive 中包含的所有数据库。

```
hive> show databases;
```

② 查看 Hive 中以 h 开头的所有数据库。

```
hive> show databases like'h.*';
```

（2）查看表和视图

① 查看数据库 hive 中的所有表和视图。

```
hive> use hive;
hive> show tables;
```

② 查看数据库 hive 中以 u 开头的所有表和视图。

```
hive> show tables in hive like'u.*';
```

8.7.5　describe：描述数据库、表、视图

（1）描述数据库

① 查看数据库 hive 的基本信息，包括数据库中的文件位置信息等。

```
hive> describe database hive;
```

② 查看数据库 hive 的详细信息，包括数据库的基本信息及属性信息等。

```
hive> describe database extended hive;
```

（2）描述表和视图

① 查看 usr 表和视图 little_usr 的基本信息，包括列信息等。

```
hive> describe hive.usr;
hive> describe hive.little_usr;
```

② 查看 usr 表和视图 little_usr 的详细信息，包括列信息、位置信息、属性信息等。

```
hive> describe extended hive.usr;
hive> describe extended hive.little_usr;
```

③ 查看 usr 表中列 id 的信息。

```
hive> describe extended usr.id;
```

8.7.6　load：向表中装载数据

① 把目录/usr/local/data 下的数据文件中的数据装载进 usr 表并覆盖原有数据。

```
hive> load data local inpath'/usr/local/data'overwrite into table usr;
```

② 把目录/usr/local/data 下的数据文件中的数据装载进 usr 表而不覆盖原有数据。

```
hive> load data local inpath'/usr/local/data'into table usr;
```

③ 把分布式文件系统目录 hdfs://master_server/usr/local/data 下的数据文件中的数据装载进 usr 表并覆盖原有数据。

```
hive> load data inpath'hdfs://master_server/usr/local/data'overwrite into table usr;
```

8.7.7　select：查询表中数据

该命令的用法和 SQL 语句的完全相同，这里不再赘述。

8.7.8　insert：向表中插入数据

① 向 usr1 表中插入来自 usr 表的数据并覆盖原有数据。

```
hive> insert overwrite table usr1
    > select * from usr where age=10;
```

② 向 usr1 表中插入来自 usr 表的数据并追加在原有数据后。

```
hive> insert into table usr1
    > select * from usr where age=10;
```

8.8 Hive 应用实例：WordCount

这里通过一个词频统计实例来深入讲解 Hive 的具体使用。首先，创建一个需要分析的输入数据文件，然后编写 HiveQL 语句实现 WordCount 算法，在 Linux 系统中的实现步骤如下。

（1）创建 input 目录，其中 input 为输入目录，命令如下。

```
$ cd /usr/local/hadoop
$ mkdir input
```

（2）在 input 文件夹中创建 file1.txt 和 file2.txt 两个测试文件，命令如下。

```
$ cd /usr/local/hadoop/input
$ echo "hello world" > file1.txt
$ echo "hello hadoop" > file2.txt
```

（3）进入 hive 命令行窗口，编写 HiveQL 语句实现 WordCount 算法，命令如下。

```
$ hive
hive> create table docs(line string);
hive> load data inpath 'file:///usr/local/hadoop/input' overwrite into table
docs;
hive> create table word_count as
    select word, count(1) as count from
    (select explode(split(line,' '))as word from docs) w
    group by word
    order by word;
```

执行完成后，用 select 语句查看运行结果，如图 8-13 所示。

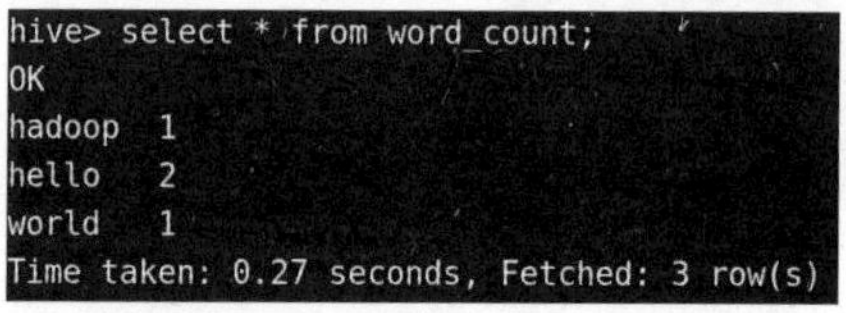

```
hive> select * from word_count;
OK
hadoop  1
hello   2
world   1
Time taken: 0.27 seconds, Fetched: 3 row(s)
```

图 8-13 用 select 语句查看运行结果

8.9 Hive 编程的优势

词频统计算法是非常能体现 MapReduce 思想的算法之一，因此，这里以 WordCount 为例，简单比较其在 MapReduce 中的编程实现和在 Hive 中的编程实现的不同点（这里假设 Hive 采用 MapReduce 作为执行引擎）。首先，采用 Hive 实现 WordCount 算法需要编写较少的代码。在 MapReduce 中，WordCount 类由数十行 Java 代码组成，而在 Hive 中只需要几行代码。其次，在 MapReduce 的实现中，需要编译生成 JAR 文件来执行算法，在 Hive 中则不需要。虽然 HiveQL 语句的最终实现需要转换为 MapReduce 作业来执行，但是这些都是由 Hive 框架自动完成的，用户不需要了解具体实现细节。

综上可知，采用 Hive 实现的最大优势是，对于非程序员，不用学习如何编写复杂的 Java MapReduce 代码了，只需要学习如何使用简单的 HiveQL 就可以了，这对于有 SQL 基础的用户而言是非常容易的。

8.10 本章小结

数据仓库是服务于决策支持系统和联机分析应用的结构化数据环境，它的特征在于面向主题、集成、相对稳定和反映历史变化，用于支持管理决策。数据仓库存在的意义在于对企业的所有数据进行汇总，为企业各个部门提供统一的、规范的数据出口。从 20 世纪 90 年代开始，很多企业就开始建设数据仓库，目前，数据仓库仍然是企业信息化系统的重要组成部分。

本章详细介绍了数据仓库的相关概念和数据仓库 Hive 的基础知识。Hive 是一个构建在 Hadoop 之上的数据仓库工具，主要用于对存储在 Hadoop 文件中的数据集进行数据整理、特殊查询和分析处理。Hive 在某种程度上可以看作用户编程接口，本身不存储和处理数据，依赖 HDFS 存储数据，依赖 MapReduce（或者 Tez、Spark）处理数据。

本章最后以词频统计为例，详细介绍了如何使用 Hive 进行简单编程。

8.11 习题

1. 试述数据仓库的 4 个特征是什么。
2. 试述一个典型的数据仓库系统包含哪些组成部分以及各自的功能是什么。
3. 试述数据湖的概念。
4. 试述数据湖与数据仓库的区别。
5. 试述数据湖能够解决哪些企业问题。
6. 试述什么是湖仓一体。
7. 试述湖仓一体架构具有哪些特性。
8. 试述在 Hadoop 生态系统中 Hive 与其他组件的相互关系。
9. 简述 Hive 与传统数据库的区别。
10. 分别对 Hive 的几个主要组成模块进行简要介绍。
11. 列举几个 Hive 的常用操作及基本语法。

实验 6　熟悉 Hive 的基本操作

一、实验目的

（1）理解 Hive 作为数据仓库在 Hadoop 体系结构中的作用。
（2）熟练使用常用的 HiveQL 语句。

二、实验平台

操作系统：Ubuntu 22.04。
- Hadoop 版本：3.3.5。
- Hive 版本：3.1.3。
- JDK 版本：1.8。

三、数据集

本实验所需的 stocks.csv 和 dividends.csv 等文件可以到教材官网的"下载专区"中下载。

四、实验内容和要求

（1）创建一张内部表 stocks，字段分隔符为英文逗号，其表结构如表 8-4 所示。

表 8-4 stocks 表的表结构

col_name	data_type
exchange	string
symbol	string
ymd	string
price_open	float
price_high	float
price_low	float
price_close	float
volume	int
price_adj_close	float

（2）创建一张外部分区表 dividends（分区字段为 exchange 和 symbol），字段分隔符为英文逗号，其表结构如表 8-5 所示。

表 8-5 dividends 表的表结构

col_name	data_type
ymd	string
dividend	float
exchange	string
symbol	string

（3）通过 stocks.csv 文件向 stocks 表中导入数据。

（4）创建一个未分区的外部表 dividends_unpartitioned，并通过 dividends.csv 文件向其中导入数据，其表结构如表 8-6 所示。

表 8-6 dividends_unpartitioned 表的表结构

col_name	data_type
ymd	string
dividend	float
exchange	string
symbol	string

（5）以针对 dividends_unpartitioned 表的查询为基础，利用 Hive 自动分区特性向分区表 dividends 的各个分区中插入对应数据。

（6）查询 IBM 公司（symbol=IBM）从 2000 年起所有支付股息的交易日（dividends 表中有对应记录）的收盘价（price_close）。

（7）查询苹果公司（symbol=AAPL）2008 年 10 月每个交易日的涨跌情况，涨显示 rise，跌显示 fall，不变显示 unchange。

（8）查询 stocks 表中收盘价比开盘价（price_open）高得最多的那条记录的交易所（exchange）、股票代码（symbol）、日期（ymd）、收盘价、开盘价及二者的差价。

（9）从 stocks 表中查询苹果公司年平均调整后收盘价（price_adj_close）大于 50 美元的年份及年平均调整后收盘价。

（10）查询每年年平均调整后收盘价前 3 名的公司的股票代码及年平均调整后收盘价。

五、实验报告

"大数据技术原理与应用"实验报告 6		
题目：	姓名：	日期

实验环境：

解决问题的思路：

实验内容与完成情况：

出现的问题：

解决方案（列出已解决的问题和解决办法，以及没有解决的问题）：

第9章 Spark

Spark 诞生于美国加利福尼亚大学伯克利分校（University of California，Berkeley）的 AMP（Algorithms，Machines and People）实验室，是一个可应用于大规模数据处理的快速、通用引擎，如今是 Apache 软件基金会下的项目。Spark 最初的设计目标是使数据分析更快——不仅要让程序运行速度快，程序编写也要快速、容易。为了使程序运行得更快，Spark 提供了内存计算，减少了迭代计算时的 I/O 开销；而为了使程序编写更为容易，Spark 使用简练、优雅的 Scala 语言编写，提供交互式的编程体验。虽然 Hadoop 已成为大数据的事实标准，但是 MapReduce 分布式计算模型仍存在诸多缺陷，而 Spark 不仅具备了 Hadoop MapReduce 的优点，还解决了 Hadoop MapReduce 的缺陷。Spark 正以其结构一体化、功能多元化的优势逐渐成为当今大数据领域热门的大数据计算平台。

本章先介绍 Spark 与 Scala 编程语言、Spark 与 Hadoop 的区别；然后介绍 Spark 生态系统、运行架构以及 Spark 的部署模式；最后介绍 Spark 的安装与基本的编程实践。

9.1 Spark 概述

本节简要介绍大数据处理框架 Spark 和多范式编程语言 Scala，并对 Spark 和 Hadoop 做了对比分析。

9.1.1 Spark 简介

Spark 由美国加利福尼亚大学伯克利分校的 AMP 实验室于 2009 年开发，是基于内存计算的大数据并行计算框架，可用于构建大型的、低延迟的数据分析应用程序。Spark 在诞生之初属于研究型项目，其诸多核心理念均源自学术研究论文。2013 年，Spark 加入 Apache 孵化器项目后，开始迅速发展，如今已成为 Apache 软件基金会最重要的三大分布式计算系统开源项目（Hadoop、Spark、Storm）之一。

Spark 作为大数据计算平台的后起之秀，在 2014 年打破了 Hadoop 保持的基准排序（sort benchmark）纪录，使用 206 个节点在 23 min 的时间里完成了 100 TB 数据的排序，而 Hadoop 是使用 2000 个节点在 72 min 的时间里才完成同样数据的排序。也就是说，Spark 仅使用了约十分之一的计算资源，获得了比 Hadoop 快约 3 倍的速度。新纪录的诞生，使 Spark 获得多方追捧，也表明了 Spark 可以作为一个更加快速、高效的大数据计算框架。

Spark 具有如下 4 个主要特点。

（1）运行速度快。Spark 使用先进的 DAG 执行引擎，以支持循环数据流与内存计算，基于内存的 Spark 的执行速度可比 Hadoop 快上百倍，其基于磁盘的执行速度也能快 10 倍左右。

（2）容易使用。Spark 支持使用 Scala、Java、Python 和 R 语言等进行编程，简洁的 API 设计有助于用户轻松构建并行程序，并且可以通过 Spark Shell 进行交互式编程。

（3）通用性。Spark 提供了完整而强大的技术栈，包括 SQL 查询、流式计算、机器学习和图算法组件，这些组件可以无缝整合在同一个应用中，足以应对复杂的计算。

（4）运行模式多样。Spark 可运行于独立的集群模式中，或者运行于 Hadoop 中，也可运行于 Amazon EC2 等云环境中，并且可以访问 HDFS、Cassandra、HBase、Hive 等多种数据源。

Spark 如今已吸引了国内外各大公司的注意，如腾讯、淘宝、百度、亚马逊等公司均不同程度地使用了 Spark 来构建大数据分析应用，并应用到实际的生产环境中。相信在将来，Spark 会在更多的应用场景中发挥重要作用。

9.1.2　Scala 简介

Scala 是一门现代的多范式编程语言，平滑地集成了面向对象和函数式语言的特性，旨在以简练、优雅的方式来表达常用编程模式。Scala 的名称来自"可扩展的语言"（a scalable language）。无论是写小脚本还是建立大系统的编程任务，Scala 均可应对。Scala 运行于 JVM 上，且兼容现有的 Java 程序。

Spark 的设计目的之一就是使程序编写更快、更容易，这也是 Spark 选择 Scala 的原因所在。总体而言，Scala 具有以下突出的优点。

（1）Scala 具备强大的并发性，支持函数式编程，可以更好地支持分布式系统。

（2）Scala 语法简洁，能提供优雅的 API。

（3）Scala 兼容 Java，运行速度快，且能融合到 Hadoop 生态系统中。

实际上，AMP 实验室的大部分核心产品都使用 Scala 开发。近年来，Scala 也吸引了不少开发者的关注，例如知名社交网站推特已将从用 Ruby 编写代码转变为用 Scala 编写代码。

Scala 是 Spark 的主要编程语言，但 Spark 也支持 Java、Python、R 语言等作为编程语言。因此，若仅编写 Spark 程序，并非一定要用 Scala。Scala 的优势是提供了交互式解释器（read-eval-print loop，REPL），因此在 Spark Shell 中可进行交互式编程（表达式计算完成就会输出结果，而不必等到整个程序运行完毕，可即时查看中间结果，并对程序进行修改），这样可以在很大程度上提升开发效率。

9.1.3　Spark 与 Hadoop 的对比

Hadoop 虽然已成为大数据技术的事实标准，但其本身还存在诸多缺陷，最主要的缺陷是其 MapReduce 计算模型延迟过高，无法胜任实时、快速计算的需求，因而只适用于离线批处理的应用场景。

回顾 Hadoop 的工作流程，可以发现 Hadoop 存在以下缺点。

（1）表达能力有限。计算都必须要转换成 Map 和 Reduce 两个操作，但这并不适合所有的情况，难以描述复杂的数据处理过程。

（2）磁盘 I/O 开销大。每次执行时都需要从磁盘读取数据，并且在计算完成后需要将中间结果写入磁盘中，I/O 开销较大。

（3）延迟高。一次计算可能需要分解成一系列按顺序执行的 MapReduce 任务，任务之间的衔接由于会涉及 I/O 开销，因此会产生较高延迟。而且，在前一个任务执行完成之前，其他任务无法开始，因此难以胜任复杂、多阶段的计算任务。

Spark 在借鉴 MapReduce 优点的同时，很好地解决了 Hadoop 所面临的问题。相比于 Hadoop，Spark 主要具有如下优点。

（1）Spark 的计算模式也属于 MapReduce，但不局限于 Map 和 Reduce 操作，还提供了多种数据集操作类型，其编程模型比 MapReduce 的更灵活。

（2）Spark 提供了内存计算，中间结果直接放到内存中，带来了更高的迭代运算效率。

（3）Spark 使用基于 DAG 的任务调度执行机制，要优于 MapReduce 的迭代执行机制。

Hadoop 与 Spark 的执行流程对比如图 9-1 所示。可以看到，Spark 的最大特点就是将计算数据、中间结果都存储在内存中，大大减少了 I/O 开销，因而 Spark 更适用于迭代运算比较多的数据挖掘与机器学习运算。

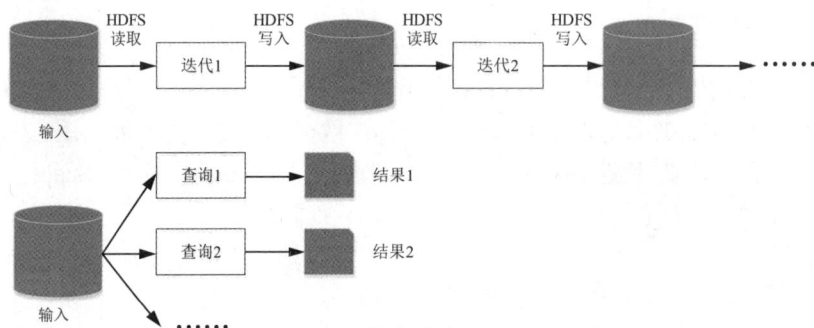

（a）Hadoop执行流程

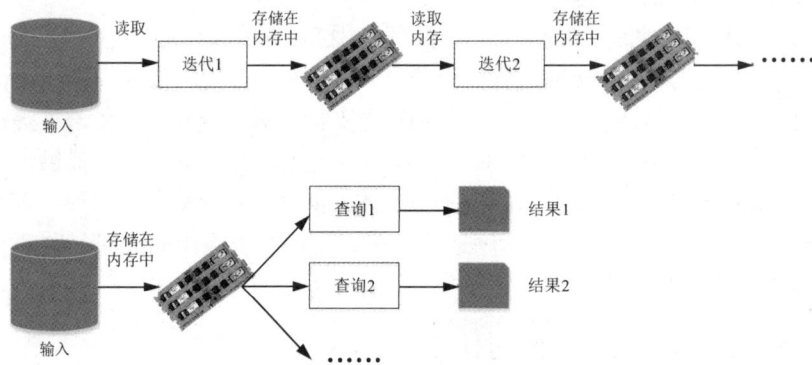

（b）Spark执行流程

图 9-1　Hadoop 与 Spark 的执行流程对比

使用 Hadoop 进行迭代计算非常耗费资源，因为每次迭代都需要从磁盘中写入、读取中间数据，I/O 开销大。而 Spark 将数据载入内存后，之后的迭代计算都可以直接使用内存中的中间结果进行运算，避免了从磁盘中频繁读取数据。图 9-2 所示为 Hadoop 与 Spark 执行逻辑回归的时间对比。

在实际进行开发时，使用 Hadoop 需要编写不少相对底层的代码，不够高效。相对而言，Spark 提供了多种高层次、简洁的 API。通常情况下，对于实现相同功能的应用程序，Hadoop 的代码量要比 Spark 的多 2～5 倍。更重要的是，Spark 提供了实时交互式编程反馈，可以方便地验证、调整算法。

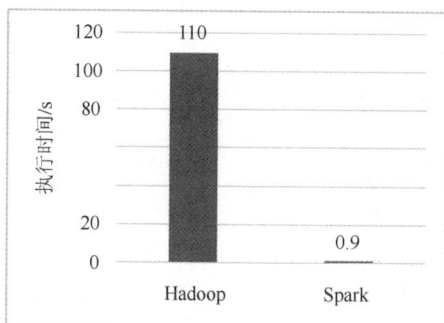

图 9-2　Hadoop 与 Spark 执行逻辑回归的时间对比

尽管 Spark 相对 Hadoop 具有较大优势，但 Spark 并不能完全替代 Hadoop，Spark 主要用于替代 Hadoop 中的 MapReduce 计算模型。实际上，Spark 已经很好地融入了 Hadoop 生态系统，并成为其中的重要一员，它可以借助 YARN 实现资源调度管理，借助 HDFS 实现分布式存储。此外，Hadoop 可以使用廉价的、异构的机器来进行分布式存储与计算，但是 Spark 对硬件（内存、CPU 等）的要求稍高一些。

9.2　Spark 生态系统

在实际应用中，大数据处理主要包括以下 3 种场景。

（1）复杂的批量数据处理：时间跨度通常在数十分钟到数小时。

（2）基于历史数据的交互式查询：时间跨度通常在数十秒到数分钟。

（3）基于实时数据流的数据处理：时间跨度通常在数百毫秒到数秒。

目前，已有很多相对成熟的开源软件用于处理以上 3 种情景。比如可以利用 Hadoop MapReduce 进行批量数据处理，可以用 Impala 进行交互式查询（Impala 与 Hive 相似，但底层引擎不同，提供了实时交互式 SQL 查询），流式数据处理可以采用开源流计算框架 Storm。一些企业可能只涉及其中的部分应用场景，只需部署相应软件即可满足业务需求。但是对于互联网公司而言，通常会同时存在以上 3 种场景，就需要同时部署 3 种不同的软件。这样做难免会带来一些问题。

（1）不同场景之间输入输出数据无法做到无缝共享，通常需要进行数据格式的转换。

（2）不同的软件需要不同的开发和维护团队，带来了较高的使用成本。

（3）难以对同一个集群中的各个系统进行统一的资源协调和分配。

Spark 的设计遵循"一个软件栈满足不同应用场景"的理念，逐渐形成了一套完整的生态系统，既能够提供内存计算框架，也可以支持 SQL 即席查询、实时流式计算、机器学习和图计算等。Spark 可以部署在资源管理器 YARN 之上，提供一站式的大数据解决方案。因此，Spark 所提供的生态系统足以应对上述 3 种场景，即同时支持批处理、交互式查询和流数据处理。

现在，Spark 生态系统已经成为伯克利数据分析软件栈（Berkeley data analytics stack，

BDAS）的重要组成部分。BDAS 架构如图 9-3 所示。可以看出，Spark 专注于数据的处理分析，而数据的存储还是要借助 HDFS、Amazon S3 等来实现。因此，Spark 生态系统可以很好地实现与 Hadoop 生态系统的兼容，使得现有 Hadoop 应用程序可以非常容易地迁移到 Spark 系统。

访问和接口	Spark Streaming	BlinkDB	GraphX	MLBase
		Spark SQL		MLlib
处理引擎	Spark Core			
存储	Tachyon			
	HDFS, S3			
资源管理调度	Mesos		Hadoop YARN	

图 9-3　BDAS 架构

Spark 生态系统主要包含 Spark Core、Spark SQL、Spark Streaming、Structured Streaming、MLlib 和 GraphX 等组件，各个组件的具体功能如下。

（1）Spark Core（批处理）

Spark Core 包含 Spark 的基本功能，如内存计算、任务调度、部署模式、故障恢复、存储管理等，主要面向批量数据处理。Spark 建立在统一的抽象弹性分布式数据集（resilient distributed dataset，RDD）之上，使其可以以基本一致的方式应对不同的大数据处理场景。

（2）Spark SQL（查询分析）

Spark SQL 允许开发人员直接处理 RDD，同时也可查询 Hive、HBase 等外部数据源。Spark SQL 的一个重要特点是其能够统一处理关系表和 RDD，使得开发人员不需要自己编写 Spark 应用程序。开发人员可以轻松地使用 SQL 命令进行查询，并进行更复杂的数据分析。

（3）Spark Streaming（流计算）

Spark Streaming 支持高吞吐量、可容错处理的实时流数据处理，其核心思路是将流数据分解成一系列短小的批处理作业，每个短小的批处理作业都可以使用 Spark Core 进行快速处理。Spark Streaming 支持多种数据输入源，如 Kafka、Flume 和 TCP 套接字等。

（4）Structured Streaming（流计算）

Structured Streaming 是一种基于 Spark SQL 引擎构建的、可扩展且容错的流处理引擎。通过一致的 API，Structured Streaming 使得使用者可以像编写批处理程序一样编写流处理程序，降低了使用者的使用难度。

（5）MLlib（机器学习）

MLlib 提供了常用机器学习算法的实现，包括聚类、分类、回归、协同过滤等，降低了机器学习的门槛，开发人员只要具备一定的理论知识就能进行机器学习的工作。

（6）GraphX（图计算）

GraphX 是 Spark 中用于图计算的 API，可认为是 Pregel 在 Spark 上的重写及优化。GraphX 性能良好，拥有丰富的功能和运算符，能在海量数据上自如地运行复杂的图算法。

需要说明的是，无论是 Spark SQL、Spark Streaming、Structured Streaming、MLlib 还是 GraphX，底层都是使用 Spark Core 的 API 处理问题，它们的方法几乎是通用的，处理的

数据也可以共享，不同应用之间的数据可以无缝集成。

在不同的应用场景下，可以选用的其他框架和 Spark 生态系统中的组件如表 9-1 所示。

表 9-1　Spark 的应用场景

应用场景	时间跨度	其他框架	Spark 生态系统中的组件
复杂的批量数据处理	小时级	MapReduce、Hive	Spark Core
基于历史数据的交互式查询	分钟级、秒级	Impala、Dremel、Drill	Spark SQL
基于实时数据流的数据处理	毫秒级、秒级	Storm、S4	Spark Streaming Structured Streaming
基于历史数据的数据挖掘	—	Mahout	MLlib
图结构数据的处理	—	Pregel、Hama	GraphX

9.3　Spark 运行架构

如图 9-4 所示，Spark 运行架构包括集群资源管理器（Cluster Manager）、运行作业任务的工作节点（Worker Node）、每个应用的驱动器（Driver Program，简称 Driver）和每个工作节点上负责具体任务的执行器（Executor）。其中，集群资源管理器可以是 Spark 自带的资源管理器，也可以是 YARN 或 Mesos 等资源管理框架；执行器在集群内各工作节点上运行，它会与驱动器进行通信，并负载在工作节点上执行任务，在大多数部署模式中，每个工作节点上只有一个执行器。可以看出，就系统架构而言，Spark 采用主从架构，包含一个 Master（Driver）和若干个 Worker。

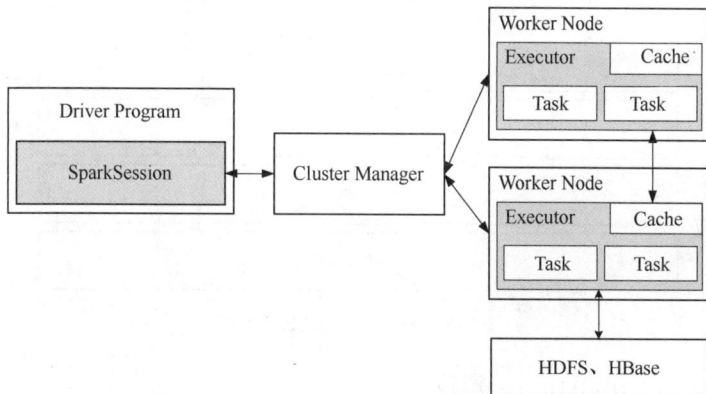

图 9-4　Spark 运行架构

9.4　Spark 的部署和应用方式

本节先介绍 Spark 支持的典型部署模式，即 Local、Standalone、Spark on Mesos、Spark on YARN 和 Spark on Kubernetes；然后介绍在企业中如何具体部署和应用 Spark 框架。

9.4.1　Spark 的部署模式

目前，Spark 支持 5 种不同类型的部署模式，包括 Local、Standalone、Spark on Mesos、

169

Spark on YARN 和 Spark on Kubernetes。其中，Local 模式属于单机部署模式，其他属于分布式部署模式。下面对分布式部署模式进行简单介绍。

1．Standalone 模式

与 MapReduce 1.0 框架类似，Spark 框架自带完整的资源调度管理服务，可以独立部署到一个集群中，而不需要依赖其他系统来为其提供资源管理调度服务。在架构的设计上，Spark 与 MapReduce 1.0 完全一致，都是由一个 Master 和若干个 Slave 节点构成的，并且以槽作为资源分配单位。不同的是，Spark 中的槽不再像 MapReduce 1.0 那样分为 Map 槽和 Reduce 槽，而是只设计了统一的一种槽提供给各种任务使用。

2．Spark on Mesos 模式

Mesos 是一种资源调度管理框架，可以为运行在它上面的 Spark 提供服务。由于 Mesos 和 Spark 存在一定的血缘关系，因此 Spark 这个框架在进行设计开发的时候就充分考虑到了对 Mesos 的充分支持。相对而言，Spark 运行在 Mesos 上，要比运行在 YARN 上更加灵活、自然。目前，Spark 官方推荐采用这种模式，所以许多公司在实际应用中也采用这种模式。

3．Spark on YARN 模式

Spark 可运行于 YARN 之上，与 Hadoop 进行统一部署，即 Spark on YARN，其架构如图 9-5 所示，资源管理和调度依赖 YARN，分布式存储则依赖 HDFS。

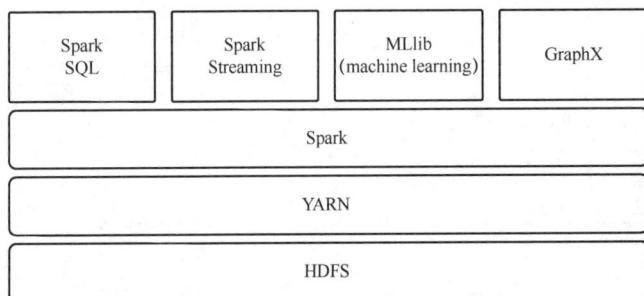

图 9-5　Spark on YARN 架构

4．Spark on Kubernetes 模式

Kubernetes 作为一个广受欢迎的开源容器协调系统，是谷歌公司于 2014 年酝酿的项目。Kubernetes 自 2014 年以来热度一路飙升，短短几年时间就已超越了大数据分析领域的明星产品 Hadoop。Spark 从 2.3.0 开始引入了对 Kubernetes 的原生支持，可以将编写好的数据处理程序直接通过 spark-submit 提交到 Kubernetes 集群。

9.4.2　Spark 架构对流处理和批处理的支持

由于 Spark 架构同时支持批处理与流处理（见图 9-6），因此，对于一些类型的企业应用而言，从 Hadoop+Storm 架构转向 Spark 架构就成为一种很自然的选择。采用 Spark 架构具有如下优点。

（1）实现一键式安装和配置、线程级别的任务监控和警告。

（2）降低硬件集群、软件维护、任务监控和应用开发的难度。

（3）便于集成统一的硬件、计算平台资源池。

需要说明的是，Spark Streaming 的原理是将流数据分解成一系列短小的批处理作业，每个短小的批处理作业使用面向批处理的 Spark Core 进行处理，通过这种方式只能变相实现流计算，而不能实现真正实时的流计算，因而通常无法实现毫秒级的响应。因此，对于需要毫秒级实时响应的企业应用而言，仍然需要采用流计算框架（如 Storm 和 Flink）。

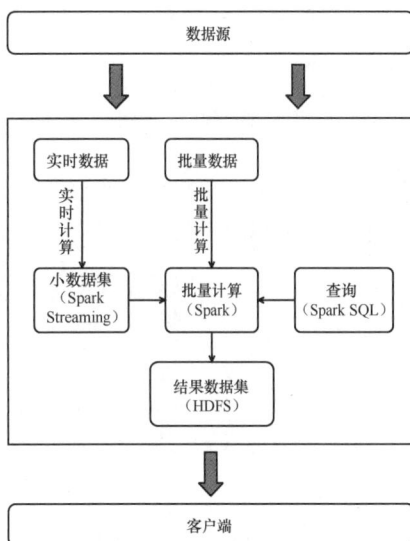

图 9-6　Spark 架构同时支持批处理与流处理

9.4.3　Hadoop 和 Spark 的统一部署

一方面，由于 Hadoop 生态系统中的一些组件所实现的功能，目前还是无法用 Spark 取代，比如 Storm 可以实现毫秒级响应的流计算，但是 Spark 无法做到毫秒级响应；另一方面，企业中已经有许多现有的应用，都是基于现有的 Hadoop 组件开发的，完全转移到 Spark 上需要一定的成本。因此，在许多企业的实际应用中，Hadoop 和 Spark 的统一部署是一种比较现实与合理的选择。

由于 Hadoop MapReduce、HBase、Storm 和 Spark 等都可以运行在资源管理框架 YARN 之上，因此，这些计算框架可以在 YARN 之上进行统一部署（见图 9-7）。这些不同的计算框架统一运行在 YARN 中，可以带来如下好处。

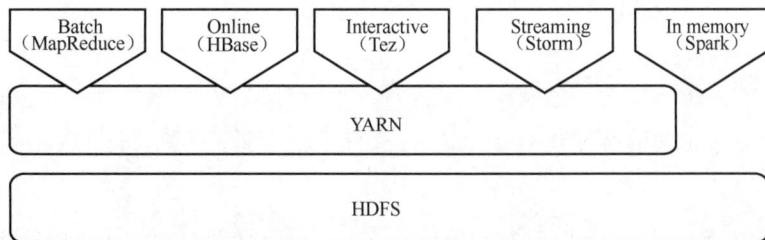

图 9-7　Hadoop 和 Spark 的统一部署

（1）计算资源按需伸缩。

（2）不同负载应用混搭，集群利用率高。

（3）共享底层存储系统，避免数据跨集群迁移。

9.5　Spark 的安装和使用

Spark 部署模式主要有 5 种：Local 模式（单机模式）、Standalone 模式（使用 Spark 自带的简单集群管理器）、Spark on YARN 模式（使用 YARN 作为集群管理器）、Spark on Mesos 模式（使用 Mesos 作为集群管理器）和 Spark on Kubernetes 模式（部署在 Kubernetes 集群

上）。这里仅介绍 Local 模式（单机部署模式）的 Spark 安装，其他模式的安装和配置方法请参考 Spark 官网资料。

9.5.1　下载安装文件

访问 Spark 官网，下载页面如图 9-8 所示，在页面中选择下载 spark-3.4.0-bin-without-hadoop.tgz。假设下载后的文件被保存在～/Downloads 目录下。

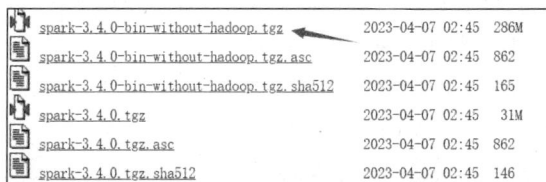

spark-3.4.0-bin-without-hadoop.tgz ←	2023-04-07 02:45	286M
spark-3.4.0-bin-without-hadoop.tgz.asc	2023-04-07 02:45	862
spark-3.4.0-bin-without-hadoop.tgz.sha512	2023-04-07 02:45	165
spark-3.4.0.tgz	2023-04-07 02:45	31M
spark-3.4.0.tgz.asc	2023-04-07 02:45	862
spark-3.4.0.tgz.sha512	2023-04-07 02:45	146

图 9-8　Spark 官网的下载页面

也可以直接到教材官网的"下载专区"的"软件"目录中下载 Spark 安装文件 spark-3.4.0-bin-without-hadoop.tgz。

在 Linux 系统中打开一个终端，执行如下命令。

```
$ cd ~
$ sudo tar -zxvf ~/Downloads/spark-3.4.0-bin-without-hadoop.tgz -C /usr/local/
$ cd /usr/local
$ sudo mv ./spark-3.4.0-bin-without-hadoop/ ./spark
$ sudo chown -R hadoop:hadoop ./spark     # hadoop是当前登录 Linux 系统的用户名
```

9.5.2　配置相关文件

解压安装文件以后，还需要修改 Spark 的配置文件 spark-env.sh。首先，可以复制一份由 Spark 安装文件自带的配置文件模板，命令如下。

```
$ cd /usr/local/spark
$ cp ./conf/spark-env.sh.template ./conf/spark-env.sh
```

然后，使用 vim 编辑器打开 spark-env.sh 文件进行编辑，在该文件的第一行之前添加以下配置信息。

```
export SPARK_DIST_CLASSPATH=$(/usr/local/hadoop/bin/hadoop classpath)
```

有了上面的配置信息以后，Spark 就可以把数据存储到 HDFS 中，也可以从 HDFS 中读取数据。如果没有配置以上信息，Spark 就只能读写本地数据，无法读写 HDFS 数据。

除此之外，还需要对 log4j 日志显示格式进行设置，让 Spark Shell 在运行过程中不要产生大量 INFO 级别的提示信息，因为大量提示信息会把程序执行结果"淹没"掉，导致我们无法快速看到程序运行结果。可以使用 vim 编辑器新建一个 log4j.properties 文件，命令如下。

```
$ cd /usr/local/spark/conf
$ vim log4j.properties
```

然后，在该文件的第一行之前添加以下配置信息。

```
rootLogger.level = warn
rootLogger.appenderRef.stdout.ref = console
```

配置完成后就可以直接使用 Spark，不需要像 Hadoop 那样运行启动命令。通过运行 Spark 自带的实例，可以验证 Spark 是否安装成功，命令如下。

```
$ cd /usr/local/spark
$ bin/run-example SparkPi
```

执行时如果输出很多信息，不容易找到最终的输出结果，为了从大量的输出信息中快速找到我们想要的执行结果，可以通过 grep 命令进行过滤。

```
$ bin/run-example SparkPi 2>&1 | grep "Pi is roughly"
```

以上命令涉及 Linux Shell 中关于管道的知识，可以查看网络资料学习管道命令的用法，这里不赘述。过滤后的运行结果如图 9-9 所示，可以得到 π 保留 5 位小数的近似值。

图 9-9　运行结果

9.5.3　启动 Spark Shell

需要强调的是，如果需要使用 HDFS 中的文件，则在使用 Spark 前需要启动 Hadoop。
Spark Shell 提供了简单的方式来学习 Spark API，且能以实时、交互的方式来分析数据。
Spark Shell 支持 Scala 和 Python，这里选择使用 Scala 进行编程实践。
执行如下命令启动 Spark Shell。

```
$ ./bin/spark-shell
```

启动 Spark Shell 成功后，在输出信息的末尾可以看到 scala>命令提示符，如图 9-10 所示。

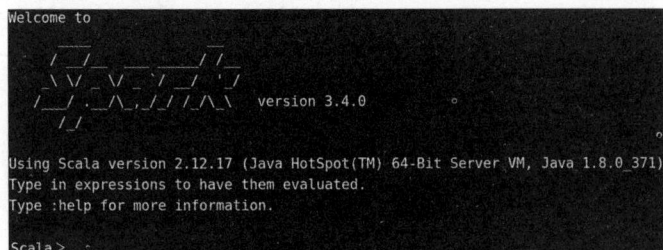

图 9-10　scala>命令提示符

现在，就可以在里面输入 Scala 代码进行调试了。比如，下面在命令提示符 scala>后面输入一个表达式 8 * 2 + 5，然后按 Enter 键，就会立即得到结果。

```
scala> 8*2+5
res0: Int = 21
```

下面读取一个本地文件 README.md 并统计该文件的行数，命令如下。

```
scala > val  textFile = sc.textFile("file:///usr/local/spark/README.md")
scala > textFile.count()
```

Spark Shell 本身就是一个驱动器，驱动器会生成一个 SparkContext 对象来访问 Spark

集群，这个对象代表了对 Spark 集群的一个连接。Spark Shell 启动时已经自动创建了一个 SparkContext 对象，是一个叫作 sc 的变量。因此，上面语句直接使用 sc.textFile( )方法读取文件中的数据。

最后，可以使用命令：quit 退出 Spark Shell，如下所示。

```
scala>:quit
```

也可以直接按 Ctrl + D 组合键，退出 Spark Shell。

9.6 Spark 编程实践

本节先介绍 Spark RDD 的基本操作，然后介绍如何编译、打包、运行 Spark 应用程序。

9.6.1 RDD 基本操作

Spark 编程的主要操作对象是 RDD，RDD 可以通过多种方式灵活创建，既可通过导入外部数据源建立（如位于本地或 HDFS 中的数据文件），也可从其他的 RDD 转化而来。可以对 RDD 执行各种操作来完成所需的业务处理逻辑。RDD 操作包括两种类型，即转换（transformation）操作和行动（action）操作。

1.转换操作

对于 RDD 而言，每一次转换操作都会产生不同的 RDD，供给下一个操作使用。RDD 的转换过程是惰性求值的，也就是说，整个转换过程只是记录了转换的轨迹，并不会发生真正的计算，只有遇到行动操作时，才会触发"从头到尾"的真正的计算。表 9-2 所示为常用的 RDD 转换操作 API，其中很多操作都是高阶函数，比如，filter(func)就是一个高阶函数，这个函数的输入参数 func 也是一个函数。

表 9-2　常用的 RDD 转换操作 API

操作	含义
filter(func)	筛选出满足函数 func 的元素，并返回一个新的数据集
map(func)	将每个元素传递到函数 func 中，并将结果返回为一个新的数据集
flatMap(func)	与 map( )相似，但每个输入元素都可以映射到 0 或多个输出结果中
groupByKey( )	应用于(K,V)键值对的数据集时，返回一个新的(K, Iterable)形式的数据集
reduceByKey(func)	应用于(K,V)键值对的数据集时，返回一个新的(K, V)形式的数据集，其中每个值是将每个 key 传递到函数 func 中进行聚合后的结果

下面结合具体实例对这些 RDD 转换操作 API 进行逐一介绍。

（1）filter(func)

filter(func)操作会筛选出满足函数 func 的元素，并返回一个新的数据集。例如：

```
scala>  val  lines = sc.textFile("file:///usr/local/spark/mycode/rdd/word.txt")
scala>  val  linesWithSpark=lines.filter(line => line.contains("Spark"))
```

上述语句的执行过程如图 9-11 所示。在第 1 行语句中，sc 是 Spark Shell 启动时由系统自动创建的 Spark Context 对象，执行 sc.textFile( )方法可以把 word.txt 文件中的数据加载到内存中生成一个 RDD，即 lines，这个 RDD 中的每个元素都是 String 类型，即每个 RDD元素都是一行文本内容。在第 2 行语句中，执行 lines.filter( )操作，filter( )的输入参数 line => line.contains("Spark")是一个匿名函数，或者被称为"λ表达式"，其中，=>左侧的 line 是函数的输入参数，=> 右侧的 line.contains("Spark") 是函数体。lines.filter(line => line.contains("Spark"))操作的含义是，依次取出 lines 这个 RDD 中的每个元素，对于当前取到的元素，把它赋值给 λ 表达式中的 line 变量，然后，执行 λ 表达式的函数体部分 line.contains("Spark")，如果 line 中包含 Spark 这个单词，就把这个元素加入新的 RDD（linesWithSpark）中，否则，就丢弃该元素。最终，新生成的 RDD（linesWithSpark）中的所有元素都包含单词 Spark。

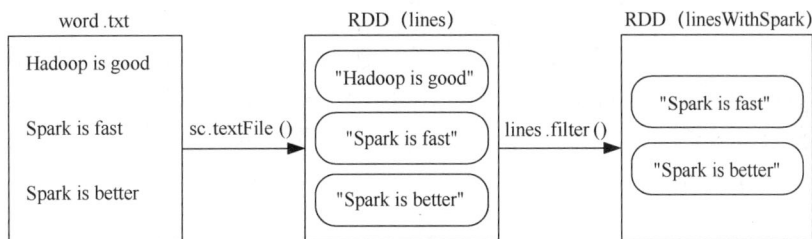

图 9-11　filter(func)操作实例的执行过程

（2）map(func)

map(func)操作将每个元素传递到函数 func 中，并将结果返回为一个新的数据集。例如：

```
scala> data=Array(1,2,3,4,5)
scala> val  rdd1= sc.parallelize(data)
scala> val  rdd2=rdd1.map(x=>x+10)
```

上述语句的执行过程如图 9-12 所示。第 1 行语句创建了一个包含 5 个 Int 类型元素的数组 data。第 2 行语句执行 sc.parallelize( )操作，从数组 data 中生成一个 RDD，即 rdd1，rdd1 中包含 5 个 Int 类型的元素，即 1、2、3、4、5。第 3 行语句执行 rdd1.map( )操作，map( )的输入参数 x=>x+10 是一个 λ 表达式。rdd1.map(x => x + 10)的含义是，依次取出 rdd1这个 RDD 中的每个元素，对于当前取到的元素，把它赋值给 λ 表达式中的变量 x，然后，执行 λ 表达式的函数体部分 x+10，也就是把变量 x 的值和 10 相加后，作为函数的返回值，并作为一个元素放入新的 RDD（rdd2）中。最终，新生成的 RDD（rdd2）包含 5 个 Int 类型的元素，即 11、12、13、14、15。

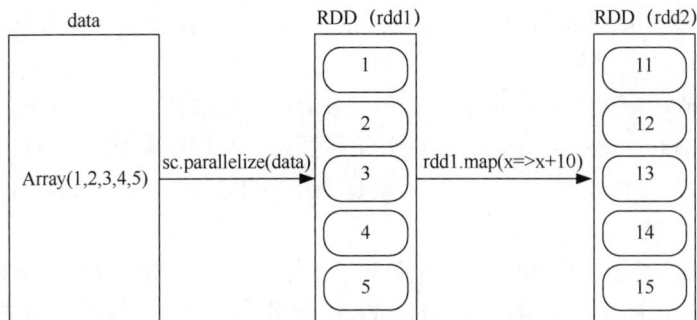

图 9-12　map(func)操作实例的执行过程（一）

下面是另外一个实例。

```
scala> val  lines = sc.textFile("file:///usr/local/spark/mycode/rdd/word.txt")
scala> val  words=lines.map(line => line.split(" "))
```

上述语句的执行过程如图9-13所示。在第1行语句中,执行 sc.textFile( )方法,把 word.txt 文件中的数据加载到内存生成一个 RDD,即 lines,这个 RDD 中的每个元素都是 String 类型,即每个 RDD 元素都是一行文本,比如,lines 中的第1个元素是"Hadoop is good",第2个元素是"Spark is fast",第3个元素是"Spark is better"。在第2行语句中,执行 lines.map( )操作,map( )的输入参数 line => line.split(" ")是一个 λ 表达式。lines.map(line => line.split(" "))的含义是,依次取出 lines 这个 RDD 中的每个元素,对于当前取到的元素,把它赋值给 λ 表达式中的 line 变量,然后,执行 λ 表达式的函数体部分 line.split(" ")。因为 line 是一行文本,比如"Hadoop is good",一行文本中包含很多个单词,单词之间以空格进行分隔,所以,line.split(" ")的功能是,以空格作为分隔符把 line 拆分成一个个单词,拆分后得到的单词都封装在一个数组对象中,成为新的 RDD(words)的一个元素。例如,"Hadoop is good"被拆分后,得到"Hadoop"、"is"和"good",会被封装到一个数组对象中,即 Array("Hadoop", "is", "good"),成为 words 这个 RDD 的一个元素。

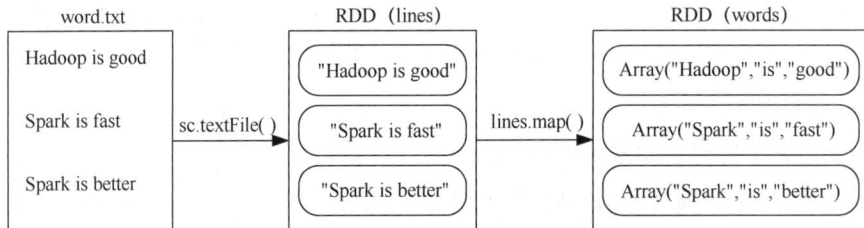

图 9-13 map(func)操作实例的执行过程(二)

(3)flatMap(func)

flatMap(func)与 map(func)相似,但每个输入元素都可以映射到 0 或多个输出结果中。例如:

```
scala> val  lines = sc.textFile("file:///usr/local/spark/mycode/rdd/word.txt")
scala> val  words=lines.flatMap(line => line.split(" "))
```

上述语句的执行过程如图9-14所示。在第1行语句中,执行 sc.textFile( )方法把 word.txt 文件中的数据加载到内存生成一个 RDD,即 lines,这个 RDD 中的每个元素都是 String 类型,即每个 RDD 元素都是一行文本。在第2行语句中,执行 lines.flatMap( )操作,flatMap( )的输入参数 line => line.split(" ")是一个 λ 表达式。lines.flatMap(line => line.split(" "))的结果等价于如下两步操作的结果。

第1步:map( )。执行 lines.map(line => line.split(" "))操作,从 lines 转换得到一个新的 RDD,即 wordArray,wordArray 中的每个元素都是一个数组对象。例如,第1个元素是 Array("Hadoop", "is", "good"),第2个元素是 Array("Spark", "is", "fast"),第3个元素是 Array("Spark", "is", "better")。

第2步:拍扁(flat)。flatMap( )操作中的 flat 是一个很形象的动作——拍扁,也就是把 wordArray 中的每个 RDD 元素都"拍扁"成多个元素,最终,所有这些被拍扁以后得到的元素,构成一个新的 RDD,即 words。例如,wordArray 中的第1个元素是 Array("Hadoop",

"is"、"good"），被拍扁以后得到 3 个新的 String 类型的元素，即"Hadoop"、"is"和"good"；
wordArray 中的第 2 个元素是 Array("Spark", "is", "fast")，被拍扁以后得到 3 个新的元素，
即"Spark"、"is"和"fast"； wordArray 中的第 3 个元素是 Array("Spark", "is", "better")，被拍
扁以后得到 3 个新的元素，即"Spark"、"is"和"better"。最终，这些被拍扁得到的 9 个 String
类型的元素构成一个新的 RDD，即 words，也就是说，words 里面包含 9 个 String 类型的
元素，分别是"Hadoop"、"is"、"good"、"Spark"、"is"、"fast"、"Spark"、"is"和"better"。

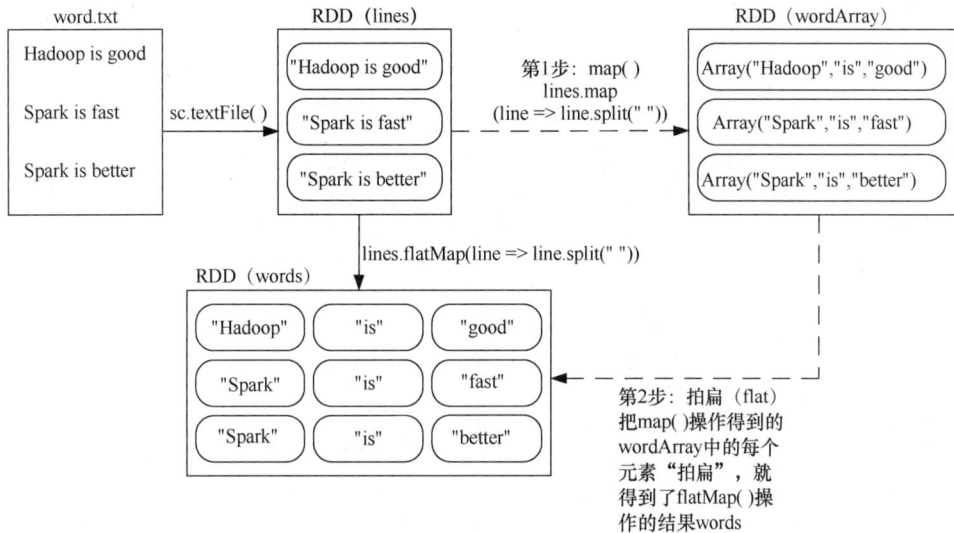

图 9-14　flatMap(func)操作实例的执行过程

（4）groupByKey( )

groupByKey( )应用于(K,V)键值对的数据集时，返回一个新的(K, Iterable)形式的数据
集。如图 9-15 所示，名称为 words 的 RDD 中包含 9 个元素，每个元素都是<String,Int>类
型，也就是(K,V)键值对类型。执行 words. groupByKey( )操作以后，所有 key 相同的键值对，
它们的 value 都被归并到一起。例如，("is",1)、("is",1)、("is",1)这 3 个键值对的 key 相同，
就会被归并成一个新的键值对("is",(1,1,1))，其
中，key 是"is"，value 是(1,1,1)，而且 value 会
被封装成 Iterable（一种可迭代集合）。

（5）reduceByKey(func)

reduceByKey(func)应用于(K,V)键值对的
数据集时，返回一个新的(K, V)形式的数据集，
其中的每个值是将每个 key 传递到函数 func 中
进行聚合后得到的结果。

如图 9-16 所示，名称为 words 的 RDD 中
包含 9 个元素，每个元素都是<String,Int>类型，
也就是(K,V)键值对类型。执行 words.
reduceByKey((a,b)=>a+b)操作以后，所有 key
相同的键值对，它们的 value 首先被归并到一
起。例如，("is",1)、("is",1)、("is",1)这 3 个键

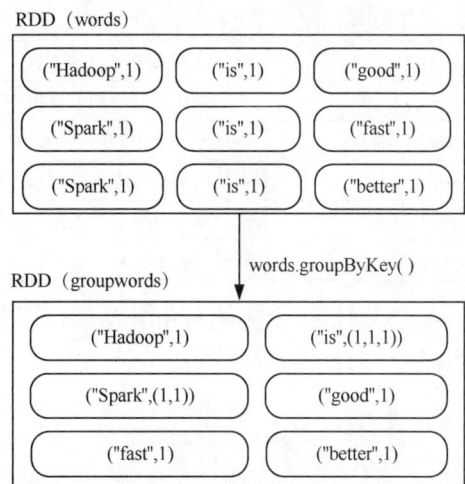

图 9-15　groupByKey()操作实例的执行过程

值对的 key 相同，就会被归并成一个新的键值对("is",(1,1,1))，其中，key 是"is"，value 是一个 value-list，即(1,1,1)。然后，使用 func 函数把(1,1,1)聚合到一起，这里的 func 函数是一个 λ 表达式，即(a,b)=>a+b，它的功能是对(1,1,1)这个 value-list 中的每个元素进行求和。首先，把 value-list 中的第 1 个元素（1）赋值给参数 a，把 value-list 中的第 2 个元素（也是 1）赋值给参数 b，执行 a+b 得到 2。然后，对 value-list 中的元素执行下一次计算，把求和得到的 2 赋值给 a，把 value-list 中的第 3 个元素（1）赋值给 b，再次执行 a+b 得到 3。最终，就得到聚合后的结果("is",3)。

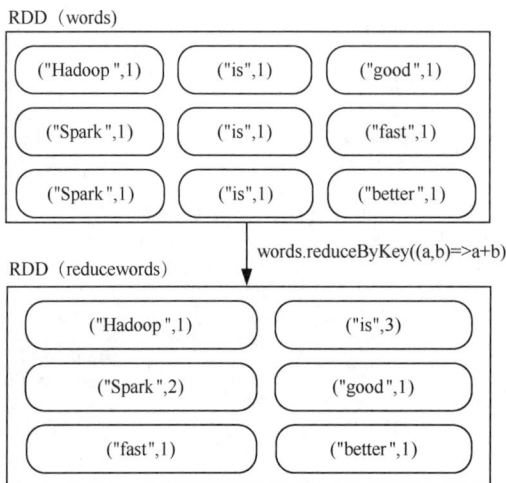

图 9-16　reduceByKey(func)操作实例的执行过程

2. 行动操作

行动操作是真正触发计算的地方。Spark 程序只有执行到行动操作时，才会执行真正的计算，从文件中加载数据，完成一次又一次的转换操作，最终，完成行动操作得到结果。表 9-3 所示为常用的 RDD 行动操作 API。

表 9-3　常用的 RDD 行动操作 API

操作	含义
count( )	返回数据集中的元素个数
collect( )	以数组的形式返回数据集中的所有元素
first( )	返回数据集中的第一个元素
take(n)	以数组的形式返回数据集中的前 n 个元素
reduce(func)	通过函数 func（输入两个参数并返回一个值）聚合数据集中的元素
foreach(func)	将数据集中的每个元素传递到函数 func 中运行

下面通过一个实例来介绍表 9-3 中的各个行动操作，这里同时给出了在 Spark Shell 环境中执行的代码及执行结果。

```
scala> val  rdd=sc.parallelize(Array(1,2,3,4,5))
rdd: org.apache.spark.rdd.RDD[Int]=ParallelCollectionRDD[1] at parallelize
at <console>:24
scala> rdd.count()
res0: Long = 5
```

```
scala> rdd.first()
res1: Int = 1
scala> rdd.take(3)
res2: Array[Int] = Array(1,2,3)
scala> rdd.reduce((a,b)=>a+b)
res3: Int = 15
scala> rdd.collect()
res4: Array[Int] = Array(1,2,3,4,5)
scala> rdd.foreach(elem=>println(elem))
1
2
3
4
5
```

首先使用 sc.parallelize(Array(1,2,3,4,5))生成了一个 RDD，变量名称为 rdd，rdd 中包含 5 个元素，分别是 1、2、3、4 和 5。执行 rdd.count( )语句后返回的结果是 5。执行 rdd.first( ) 语句后，会返回第 1 个元素，即 1。执行完 rdd.take(3)语句后，会以数组的形式返回 rdd 中 的前 3 个元素，即 Array(1,2,3)。执行完 rdd.reduce((a,b)=>a+b)语句后，会得到对 rdd 中的 所有元素（1、2、3、4、5）进行求和后的结果，即 15。在执行 rdd.reduce((a,b)=>a+b)时， 系统会把 rdd 的第 1 个元素 1 传给参数 a，把 rdd 的第 2 个元素 2 传给参数 b，执行 a+b 计 算得到求和结果 3；把这个求和的结果 3 传给参数 a，把 rdd 的第 3 个元素 3 传给参数 b， 执行 a+b 计算得到求和结果 6；把 6 传给参数 a，把 rdd 的第 4 个元素 4 传给参数 b，执行 a+b 计算得到求和结果 10；把 10 传给参数 a，把 rdd 的第 5 个元素 5 传给参数 b，执行 a+b 计算得到求和结果 15。执行 rdd.collect( )语句后，以数组的形式返回 rdd 中的所有元素，可 以看出，执行结果是一个数组 Array(1,2,3,4,5)。在这个实例的最后，执行了语句 rdd.foreach(elem=>println(elem))，该语句会依次遍历 rdd 中的每个元素，把当前遍历到的元 素赋值给变量 elem，并使用 println(elem)输出 elem 的值。实际上，rdd.foreach(elem=> println(elem))可以被简化成 rdd.foreach(println)，效果是一样的。

9.6.2　Spark 应用程序

Spark 应用程序支持采用 Scala、Python、Java、R 语言等进行开发。在 Spark Shell 中 进行交互式编程时，采用 Scala 和 Python，主要是方便对代码进行调试，但需要以逐行调 试代码的方式运行。一般等到代码都调试好之后，选择将代码打包成独立的 Spark 应用程 序，然后提交到 Spark 中运行。如果不是在 Spark Shell 中进行交互式编程，比如使用 Java 或 Scala 进行 Spark 应用程序开发，也需要编译打包后再提交给 Spark 运行。采用 Scala 编 写的程序，需要使用 sbt（simple build tool，简单构建工具）进行编译打包；采用 Java 编写 的程序，建议使用 Maven 进行编译打包；采用 Python 编写的程序，可以直接通过 spark-submit 提交给 Spark 运行。下面分别介绍如何使用 sbt 编译打包 Scala 程序，以及如何使用 Maven 编译打包 Java 程序。

1．用 sbt 编译打包 Scala 程序

sbt 是对 Scala 或 Java 进行编译的一个工具，类似于 Maven 或 Ant，需要 JDK 1.8 或更 高版本的支持，并且可以在 Windows 和 Linux 两种系统中安装使用。sbt 需要下载安装，可

以访问教材官网或者 sbt 官网下载安装文件 sbt-1.9.0.tgz，保存到 Linux 系统的~/Downloads 目录下，安装目录为/usr/local/sbt，则执行如下命令将下载后的文件复制至安装目录中。

```
$ sudo mkdir /usr/local/sbt              # 创建安装目录
$ cd ~/Downloads
$ sudo tar -zxvf ./sbt-1.9.0.tgz -C /usr/local
$ cd /usr/local/sbt
$ sudo chown -R hadoop /usr/local/sbt        # 此处的 hadoop 为系统当前用户名
$ cp ./bin/sbt-launch.jar ./   # 把 bin 目录下的 sbt-launch.jar 复制到 sbt 安装目录下
```

接着在安装目录中使用下面的命令创建一个 Shell 脚本文件，用于启动 sbt。

```
$ vim /usr/local/sbt/sbt
```

该脚本文件中的代码如下。

```
#!/bin/bash
SBT_OPTS="-Xms512M -Xmx1536M -Xss1M -XX:+CMSClassUnloadingEnabled -XX:MaxPerm
Size=256M"
java $SBT_OPTS -jar `dirname $0`/sbt-launch.jar "$@"
```

保存后，还需要为该 Shell 脚本文件增加可执行权限。

```
$ chmod u+x /usr/local/sbt/sbt
```

然后，可以使用如下命令查看 sbt 版本信息。

```
$ cd /usr/local/sbt
$ ./sbt sbtVersion
Java HotSpot(TM) 64-Bit Server VM warning: ignoring option MaxPermSize=256M;
support was removed in 8.0
[warn] No sbt.version set in project/build.properties, base directory: /usr/
local/sbt
[info] welcome to sbt 1.9.0 (Oracle Corporation Java 1.8.0_371)
[info] set current project to sbt (in build file:/usr/local/sbt/)
[info] 1.9.0
```

上述查看版本信息的命令，可能需要执行几分钟，执行成功以后就可以看到版本为 1.9.0。

然后，就可以使用/usr/local/sbt/sbt package 命令来打包用 Scala 编写的 Spark 程序了。

下面以一个简单的程序为例，介绍如何打包并运行 Spark 程序。该程序的功能是统计文本文件中包含字母 a 和字母 b 的各有多少行。首先执行如下命令创建程序根目录，并创建程序所需的文件夹结构。

```
$ mkdir ~/sparkapp                       # 创建程序根目录
$ mkdir -p ~/sparkapp/src/main/scala     # 创建程序所需的文件夹结构
```

接着使用下面的命令创建一个 SimpleApp.scala 文件。

```
$ vim ~/sparkapp/src/main/scala/SimpleApp.scala
```

该文件是程序的代码内容，具体代码如下。

```
import org.apache.spark.SparkContext
import org.apache.spark.SparkContext._
import org.apache.spark.SparkConf
```

```
object SimpleApp {
  def main(args: Array[String]) {
    val logFile = "file:///usr/local/spark/README.md" // 用于统计的文本文件
    val conf = new SparkConf().setAppName("Simple Application")
    val sc = new SparkContext(conf)
    val logData = sc.textFile(logFile, 2).cache()
    val numAs = logData.filter(line => line.contains("a")).count()
    val numBs = logData.filter(line => line.contains("b")).count()
    println("Lines with a: %s, Lines with b: %s".format(numAs, numBs))
  }
}
```

然后使用下面的命令创建一个 simple.sbt 文件。

```
$ vim ~/sparkapp/simple.sbt
```

该文件用于声明该应用程序的信息以及与 Spark 的依赖关系，具体内容如下。

```
name := "Simple Project"
version := "1.0"
scalaVersion := "2.12.17"
libraryDependencies += "org.apache.spark" %% "spark-core" % "3.4.0"
```

需要注意的是，上面的 scalaVersion 表示 Scala 版本。

最后，执行如下命令使用 sbt 进行打包。

```
$ cd ~/sparkapp
$ /usr/local/sbt/sbt package
```

打包成功后，会输出 success 的提示，如下所示。

```
$ cd ~/sparkapp
$ /usr/local/sbt/sbt package
Java HotSpot(TM) 64-Bit Server VM warning: ignoring option MaxPermSize=256M;
support was removed in 8.0
[info] welcome to sbt 1.9.0 (Oracle Corporation Java 1.8.0_371)
[info] loading project definition from /home/hadoop/sparkapp/project
[info] loading settings for project sparkapp from simple.sbt ...
[info] set current project to Simple Project (in build file:/home/hadoop/
sparkapp/)
[success] Total time: 93 s (01:33), completed 2024-7-9 10:58:26
```

有了最终生成的 JAR 包后，通过 spark-submit 就可以提交到 Spark 中运行了，命令如下。

```
$ /usr/local/spark/bin/spark-submit --class "SimpleApp" ~/sparkapp/target/scala-
2.12/simple-project_2.12-1.0.jar
```

该应用程序的执行结果如下。

```
Lines with a: 72, Lines with b: 39
```

2. 用 Maven 编译打包 Java 程序

Maven 是对 Java 进行编译的一个工具，需要下载安装，可以访问教材官网或者 Maven 官网下载安装文件 apache-maven-3.9.2-bin.zip，保存到 Linux 系统的 ~/Downloads 目录下。本地的安装目录为/usr/local/maven，需要执行如下命令将下载后的文件复制至安装目录中。

```
$ sudo unzip ~/Downloads/apache-maven-3.9.2-bin.zip -d /usr/local
$ cd /usr/local
$ sudo mv apache-maven-3.9.2/ ./maven
$ sudo chown -R hadoop ./maven
```

在终端执行如下命令创建一个文件夹 sparkapp2 作为应用程序的根目录。

```
$ cd ~ #进入用户主文件夹
$ mkdir -p ./sparkapp2/src/main/java
```

在./sparkapp2/src/main/java 目录下使用下面的命令建立一个名为 SimpleApp.java 的文件。

```
$ vim ./sparkapp2/src/main/java/SimpleApp.java
```

在 SimpleApp.java 文件中添加如下代码。

```
/*** SimpleApp.java ***/
import org.apache.spark.api.java.*;
import org.apache.spark.api.java.function.Function;
import org.apache.spark.SparkConf;

public class SimpleApp {
    public static void main(String[] args) {
        String logFile = "file:///usr/local/spark/README.md";
        // Should be some file on your system
        SparkConf conf=new SparkConf().setMaster("local").setAppName("Simple
App");
        JavaSparkContext sc=new JavaSparkContext(conf);
        JavaRDD<String> logData = sc.textFile(logFile).cache();

        long numAs = logData.filter(new Function<String, Boolean>() {
            public Boolean call(String s) { return s.contains("a"); }
        }).count();

        long numBs = logData.filter(new Function<String, Boolean>() {
            public Boolean call(String s) { return s.contains("b"); }
        }).count();

        System.out.println("Lines with a: " + numAs + ", lines with b: " + numBs);
    }
}
```

该程序依赖 Spark Java API，因此需要通过 Maven 进行编译打包。再使用下面的命令在./sparkapp2 目录中新建文件 pom.xml。

```
$ vim ./sparkapp2/pom.xml
```

在 pom.xml 文件中添加如下代码,声明该独立应用程序的信息以及与 Spark 的依赖关系。

```
<project>
    <groupId>cn.edu.xmu</groupId>
    <artifactId>simple-project</artifactId>
    <modelVersion>4.0.0</modelVersion>
    <name>Simple Project</name>
    <packaging>jar</packaging>
    <version>1.0</version>
    <repositories>
```

```
        <repository>
            <id>jboss</id>
            <name>JBoss Repository</name>
            <url>http://repository.jboss.com/maven2/</url>
        </repository>
    </repositories>
    <dependencies>
        <dependency> <!-- Spark dependency -->
            <groupId>org.apache.spark</groupId>
            <artifactId>spark-core_2.12</artifactId>
            <version>3.4.0</version>
        </dependency>
    </dependencies>
</project>
```

为了保证 Maven 能够正常运行，先执行如下命令检查整个应用程序的文件结构。

```
$ cd ~/sparkapp2
$ find
```

应用程序的文件结构如图 9-17 所示。

接着，可以通过如下代码将整个应用程序打包成 JAR
包（注意：计算机需要保持连接网络的状态，而且由于是首
次运行，同样需要下载依赖包，因此这个过程会消耗几分钟
的时间）。

图 9-17　应用程序的文件结构

```
$ /usr/local/maven/bin/mvn package
```

若显示如图 9-18 所示的信息，则说明 JAR 包生成成功。

图 9-18　打包应用程序时显示的信息

然后，需要将生成的 JAR 包通过 spark-submit 提交到 Spark 中运行，命令如下。

```
$ /usr/local/spark/bin/spark-submit --class "SimpleApp" ~/sparkapp2/target/
simple- project-1.0.jar 2>&1 | grep "Lines with a"
```

最后得到的结果如下。

```
Lines with a: 72, Lines with b: 39
```

9.7　综合实例

本节介绍 Spark 的 RDD 编程的 3 个综合实例，包括求 TOP 值、文件排序和二次排序。

9.7.1　求 TOP 值

假设在某个目录下有若干个文本文件，每个文本文件里面包含很多行数据，每行数据由 4 个字段的值构成，不同字段值之间用逗号隔开，4 个字段分别为 orderid、userid、payment 和 productid，要求求出 Top *N* 个 payment 值。下面给出一个样例文件 file1.txt。

```
1,1768,50,155
2,1218,600,211
3,2239,788,242
4,3101,28,599
5,4899,290,129
6,3110,54,1201
7,4436,259,877
8,2369,7890,27
```

实现上述功能的代码文件 TopN.scala 的内容如下。

```
import org.apache.spark.{SparkConf, SparkContext}
object TopN {
  def main(args: Array[String]): Unit = {
    val conf = new SparkConf().setAppName("TopN").setMaster("local")
    val sc = new SparkContext(conf)
    sc.setLogLevel("ERROR")
    val lines = sc.textFile("file:///home/hadoop/file1.txt",2)
    var num = 0;
    val result = lines.filter(line => (line.trim().length > 0) && (line.split
(",").length == 4))
      .map(_.split(",")(2))
      .map(x => (x.toInt," "))
      .sortByKey(false)
      .map(x => x._1).take(5)
      .foreach(x => {
        num = num + 1
        println(num + "\t" + x)
      })
    sc.stop()
  }
}
```

在 TopN.scala 文件的代码中，val lines = sc.textFile( )语句会从文本文件中读取所有行的内容，生成一个 RDD，即 lines，这个 RDD 中的每个元素都是一个字符串，也就是文本文件中的一行。lines.filter( )语句会把空行和字段数量不等于 4 的行都丢弃，只保留那些正好包含 orderid、userid、payment 和 productid 等 4 个字段值的行。在新得到的 RDD（假设为 rdd1）上执行 map(_.split(",")(2))操作，rdd1 中的每个元素（一行内容）被 split( )方法拆分成 4 个字符串，保存到数组中。例如，"1,1768,50,155"这个字符串会被转换成数组 Array("1","1768","50","155")。把数组的第 3 个元素（payment 字段的值）取出来放到新的 RDD 中（假设为 rdd2），这样，最终得到的 rdd2 就包含所有 payment 字段的值（实际上，这时每个 RDD 元素都还是 String 类型，而不是 Int 类型）。在 rdd2 上调用 map(x => (x.toInt," "))方法，把 rdd2 中的每个元素从 String 类型转换成 Int 类型，并且生成(key,value)键值对放到新的 RDD 中（假设为 rdd3），其中，key 是 payment 字段的值，value 是空字符串。之所以要把 RDD 元素转换成(key,value)形式，是因为 sortByKey( )操作要求 RDD 的元素必须是 (key,value)键值对。对 rdd3 调用 sortByKey(false)，就可以实现对 rdd3 中的所有元素都按照 key 的降序排列，也就是按照 payment 字段值降序排列，假设排序后得到的新的 RDD 为 rdd4。

在 rdd4 上执行 map(x => x._1)操作，就是把 rdd4 中的每个元素 (key,value)中的 key 取出来，这样得到的新的 RDD（假设为 rdd5）中的每个元素就是字段 payment 的值，而且是按照降序排列的。take(5)操作会取出 Top 5 个 payment 字段的值，得到新的 RDD（假设为 rdd6）。在 rdd6 上执行 foreach( )操作，把所有 RDD 元素都输出。

9.7.2 文件排序

假设某个目录下有多个文本文件，每个文件中的每一行内容均为一个整数。要求读取所有文件中的整数，进行排序后输出到一个新的文件中，输出的内容为每行两个整数，第一个整数为第二个整数的排序位次，第二个整数为原待排序的整数。图 9-19 所示为文件排序样例。

实现上述功能的代码文件 FileSort.scala 的内容如下。

输入文件	输出文件
file1.txt	1 1
33	2 4
37	3 5
12	4 12
40	5 16
file2.txt	6 25
4	7 33
16	8 37
39	9 39
5	10 40
file3.txt	11 45
1	
45	
25	

图 9-19　文件排序样例

```scala
import org.apache.spark.SparkContext
import org.apache.spark.SparkContext._
import org.apache.spark.SparkConf
import org.apache.spark.HashPartitioner
object FileSort {
    def main(args: Array[String]) {
        val conf = new SparkConf().setAppName("FileSort")
        val sc = new SparkContext(conf)
        val dataFile = "file:///home/hadoop/data"
        val lines = sc.textFile(dataFile,3)
        var index = 0
        val result = lines.filter(_.trim().length>0).map(n=>(n.trim.toInt,
"")). partitionBy (new HashPartitioner(1)).sortByKey().map(t => {
            index += 1
            (index,t._1)
        })
        result.saveAsTextFile("file:///home/hadoop/result")
        sc.stop()
    }
}
```

在 FileSort.scala 文件的代码中，file:///home/hadoop/data 目录下有 3 个文件 file1.txt、file2.txt 和 file3.txt。val lines = sc.textFile(dataFile,3)语句会从 3 个文本文件中加载数据，生成一个 RDD，即 lines。lines.filter(_.trim( ).length>0)操作会把空行丢弃，得到一个新的 RDD（假设为 rdd1）。在 rdd1 上执行 map(n=>(n.trim.toInt," "))操作，把每个 String 类型的元素取出来以后，去除尾部的空格并转换成 Int 类型，然后生成一个(key,value)键值对（从而可以在后面使用 sortByKey( )），放入一个新的 RDD 中（假设为 rdd2）。在 rdd2 上执行 partitionBy(new HashPartitioner(1))操作，也就是对 rdd2 进行重新分区，变成一个分区，因为在分布式环境下，只有把所有分区合并成一个分区，才能让所有整数排序后总体有序，这里假设重分区后得到的新的 RDD 为 rdd3。在 rdd3 上执行 sortByKey( )，对所有 RDD 元素进行升序排列，假设排序后得到的新的 RDD 为 rdd4。在 rdd4 上执行 map( )操作，把 rdd4 的每个元素(key,vlaue)中的 key 取出来（t._1），构建一个键值对(index,t._1)放入 result 中，其中，index 就是整数的排序位次，t._1 就是原待排序的整数。对 result 调用 saveAsTextFile( )

方法，把 RDD 元素保存到文件中。

9.7.3 二次排序

对于一个给定的文件 file1.txt（样例见图 9-20），需要对文件中的数据进行二次排序，即先根据第 1 列数据降序排列，如果第 1 列数据相等，则根据第 2 列数据降序排列。

二次排序的具体实现步骤如下。

- 第一步：混入 Ordered 和 Serializable 特质（trait），实现自定义的用于排序的 key。
- 第二步：将要进行二次排序的文件加载进来生成（key,value）形式的 RDD。
- 第三步：使用 sortByKey( ) 基于自定义的 key 进行二次排序。
- 第四步：去除掉排序的 key，只保留排序的结果。

输入文件 file1.txt			输出结果	
5	3		8	3
1	6		5	6
4	9		5	3
8	3		4	9
4	7		4	7
5	6		3	2
3	2		1	6

图 9-20　二次排序样例

二次排序的关键在于要实现自定义的用于排序的 key。假设有一个名称为 rdd1 的 RDD，每个元素都是 (key,value) 键值对类型，分别是 (1,"a")、(2,"b") 和 (3,"c")。执行 rdd1.sortByKey(false)，就可以让这 3 个元素按照 key 降序排列，即 (3,"c")、(2,"b") 和 (1,"a")。之所以 sortByKey( ) 可以直接对 1、2、3 这 3 个 key 进行降序排列，是因为 1、2 和 3 都是 Int 类型，sortByKey( ) 会隐式地把 key 的类型从 Int 转换为 Ordered[Int]，让 1、2、3 这些 key 转变成可比较的对象，进而进行排序；换言之，如果 key 是不可比较的对象，则无法用于排序。

同理，为了实现二次排序，需要自定义一个可用于排序的 key。下面新建一个代码文件 SecondarySortKey.scala，定义一个用于二次排序的 key 的类型，代码如下。

```
package cn.edu.xmu.spark
class SecondarySortKey(val first:Int,val second:Int) extends Ordered[Secondary
SortKey] with Serializable {
  def compare(other:SecondarySortKey):Int = {
    if (this.first - other.first !=0) {
        this.first - other.first
    } else {
        this.second - other.second
    }
  }
}
```

在 SecondarySortKey.scala 文件的代码中，定义了一个 key 的类型 SecondarySortKey，在这个类的构造函数中提供了两个参数(val first:Int,val second:Int)，在进行二次排序时，首先根据 first 的值降序排列，如果 first 的值相等，则根据 second 的值降序排列。为了让这个 key 能够支持排序，必须让 SecondarySortKey 类混入 Ordered 特质，另外，为了支持 key 在分布式环境下进行网络传输，必须支持序列化，所以，又混入了 Serializable 特质。在 SecondarySortKey 类中混入 Ordered 特质以后，需要实现 Ordered 中的 compare( ) 方法。通过这种方式定义了 SecondarySortKey 类以后，只要让每个 key 都是 SecondarySortKey 类的对象，就可以让这些 key 变得可比较，从而可以用于二次排序。

下面是实现二次排序功能的代码文件 SecondarySortApp.scala 的具体内容。

```
package cn.edu.xmu.spark
import org.apache.spark.SparkConf
import org.apache.spark.SparkContext
object SecondarySortApp {
  def main(args:Array[String]){
      val conf = new SparkConf().setAppName("SecondarySortApp").setMaster("local")
      val sc = new SparkContext(conf)
      val lines = sc.textFile("file:///home/hadoop/file1.txt", 1)
      val pairWithSortKey = lines.map(line=>(new SecondarySortKey(line.split
(" ")(0). toInt, line.split(" ")(1).toInt),line))
      val sorted = pairWithSortKey.sortByKey(false)
      val sortedResult = sorted.map(sortedLine =>sortedLine._2)
      sortedResult.collect().foreach (println)
      sc.stop()
  }
}
```

在 SecondarySortApp.scala 文件的代码中，val lines = sc.textFile( )语句会从文件中加载数据，生成一个 RDD，即 lines，这个 RDD 中的每个元素都是一行文本，例如，"5 3"。在执行 lines.map( )操作时，lines 中的每个 RDD 元素会先被 split( )方法拆分成数组。例如，"5 3" 被拆分后得到一个数组 Array("5","3")。分别取出数组中的两个元素，作为 SecondarySortKey 类的构造函数的两个参数，使用 new SecondarySortKey( )生成一个 SecondarySortKey 类对象，比如，SecondarySortKey(5,3)。用 SecondarySortKey(5,3)这个对象作为 key，把"5 3"作为 value，构建一个键值对(SecondarySortKey(5,3), "5 3")。同理，"1 6"和"4 9"也分别被转换成键值对(SecondarySortKey(1,6), "1 6")和(SecondarySortKey(4,9), "4 9")。经过这种转换以后，这些 key 就变成了可比较的对象，可以用于二次排序。所以，执行 pairWithSortKey.sortByKey(false)时，对于(SecondarySortKey(1,6), "1 6")和 (SecondarySortKey(4,9), "4 9")这两个 RDD 元素而言，因为 SecondarySortKey(4,9)对象会排在 SecondarySortKey(1,6)对象前面，所以"4 9"就相应地会排在"1 6"前面。这样，pairWithSortKey 这个 RDD 中的所有 String 类型的 value 都会因为 key 降序排列，呈现出降序排列的效果。这样就得到了二次排序后的新的 RDD，即 sorted。

sorted 中的每个元素都是(SecondarySortKey(1,6), "1 6")这种形式，故只需要输出 value，也就是输出"1 6"。所以，sorted.map(sortedLine =>sortedLine._2)语句的功能就是只把 sorted 中的每个 RDD 元素的 value 输出，这些 value 的输出顺序就是我们所期望的二次排序后的效果。

9.8 本章小结

本章首先介绍了 Spark 的起源与发展，分析了 Hadoop 存在的缺点与 Spark 的优势。接着介绍了 Spark 的相关概念、生态系统与运行架构。Spark 的核心是统一的抽象 RDD，在此之上形成了结构一体化、功能多元化的完整的大数据生态系统，支持内存计算、SQL 即席查询、实时流式计算、机器学习和图计算等。

本章最后介绍了 Spark 基本的编程实践，包括 Spark 的安装与使用，并演示了 Spark RDD 的基本操作。Spark 提供了丰富的 API，让开发人员可以用简洁的方式来处理复杂的数据计算与分析。

9.9 习题

1. Spark 是基于内存计算的大数据计算平台，试述 Spark 的主要特点。

2. Spark 的出现是为了解决 Hadoop 的不足，试列举几个 Hadoop 的缺点，并说明 Spark 具备哪些优点。

3. 美国加利福尼亚大学伯克利分校提出的数据分析软件栈 BDAS 认为目前的大数据处理可以分为哪 3 种类型？

4. Spark 已打造出结构一体化、功能多样化的大数据生态系统，试述 Spark 的生态系统。

5. 从 Hadoop+Storm 架构转向 Spark 架构可带来哪些好处？

6. 试述 Spark on YARN 的概念。

7. Spark 对 RDD 的操作主要分为行动和转换两种类型，这两种操作的区别是什么？

实验 7　Spark 初级编程实践

一、实验目的

（1）掌握使用 Spark 访问本地文件和 HDFS 文件的方法。

（2）掌握 Spark 应用程序的编写、编译和运行的方法。

二、实验平台

- 操作系统：Ubuntu 22.04。
- Spark 版本：3.4.0。
- Hadoop 版本：3.3.5。

三、实验内容和要求

1. 安装 Hadoop 和 Spark

进入 Linux 系统，完成伪分布式模式 Hadoop 的安装。完成 Hadoop 的安装以后，再安装 Spark（Local 模式）。具体安装过程可以参考本书官网的"教材配套大数据软件安装和编程实践指南"。

2. Spark 读取文件系统的数据

（1）在 Spark Shell 中读取 Linux 系统本地文件/home/hadoop/test.txt，然后统计出文件的行数。

（2）在 Spark Shell 中读取 HDFS 文件/user/hadoop/test.txt（如果该文件不存在，则先创建），然后统计出文件的行数。

（3）编写独立应用程序（推荐使用 Scala 编写），读取 HDFS 文件/user/hadoop/test.txt（如果该文件不存在，则先创建），然后统计出文件的行数；通过 sbt 将整个应用程序编译打包成 JAR 包，并将生成的 JAR 包通过 spark-submit 提交到 Spark 中运行。

3．编写独立应用程序实现数据去重

对于两个输入文件 A 和 B，编写 Spark 独立应用程序，对两个文件进行合并，并剔除其中重复的内容，得到一个新文件 C。下面是输入文件和输出文件的一个样例，可供参考。

输入文件 A 的样例如下。

```
20170101        x
20170102        y
20170103        x
20170104        y
20170105        z
20170106        z
```

输入文件 B 的样例如下。

```
20170101        y
20170102        y
20170103        x
20170104        z
20170105        y
```

合并输入文件 A 和 B 得到的输出文件 C 的样例如下。

```
20170101        x
20170101        y
20170102        y
20170103        x
20170104        y
20170104        z
20170105        y
20170105        z
20170106        z
```

4．编写独立应用程序实现求平均值问题

每个输入文件表示某个班级的学生某个学科的成绩，每行内容由两个字段组成，第一个是学生的名字，第二个是学生的成绩；编写 Spark 独立应用程序求出所有学生的平均成绩，并输出到一个新文件中。下面是输入文件和输出文件的一个样例，可供参考。

Algorithm 成绩如下。

```
小明 92
小红 87
小新 82
小丽 90
```

Database 成绩如下。

```
小明 95
小红 81
小新 89
小丽 85
```

Python 成绩如下。

```
小明 82
小红 83
小新 94
小丽 91
```

平均成绩如下。

```
(小红,83.67)
(小新,88.33)
(小明,89.67)
(小丽,88.67)
```

四、实验报告

"大数据技术原理与应用"实验报告 7				
题目：		姓名：		日期：

实验环境：

实验内容与完成情况：

出现的问题：

解决方案（列出已解决的问题和解决办法，以及没有解决的问题）：

第10章 流计算

大数据包括静态数据和动态数据，相应地，大数据计算包括批量计算和实时计算。随着人们对大数据处理实时性的要求越来越高，如何对海量流数据进行实时计算成为大数据领域的一大挑战。传统的 MapReduce 框架采用离线处理方式，主要用于对静态数据的批量计算，并不适合处理流数据，因此业界提出了流计算的概念。流计算是指针对流数据的实时计算，但以往只有大型的金融机构和政府机构能通过昂贵的定制系统来满足这个需求。随着 Storm 等流计算框架的开源，开发针对流数据的实时应用开始变得可行。

本章先介绍流计算的基本概念和框架，分析 MapReduce 框架为何不适合处理流数据；然后阐述流计算的处理流程和可应用的场景；最后介绍流计算框架 Storm、Spark Streaming、Structured Streaming 和 Flink 等。

10.1 流计算概述

本节先介绍数据的两种类型，即静态数据和流数据；然后介绍与这两种类型数据对应的两种计算类型，即批量计算和实时计算；随后阐述流计算的概念以及流计算框架与 Hadoop 框架的区别；最后汇总介绍市场上现有的流计算框架。

10.1.1 静态数据和流数据

数据总体上可以分为静态数据和流数据两种类型。

1．静态数据

静态数据是指不会随时间发生变化的数据。很多企业为了支持决策分析构建了数据仓库系统，其中存放的大量历史数据就是静态数据。这些数据来自不同的数据源，利用 ETL 工具加载到数据仓库中，并且不会发生更新，技术人员可以利用数据挖掘和 OLAP 分析工具从这些静态数据中找到对企业有价值的信息。

2．流数据

近年来，在 Web 应用、网络监控、传感监测、电信金融、生产制造等领域，兴起了一种新的流数据——数据以大量、快速、时变的流形式持续到达。以传感器监测为例，在大气环境中放置 PM2.5（细颗粒物）传感器实时监测大气中 PM2.5 的浓度，监测数据会源源不断地实时传输回数据中心。监测系统对回传数据进行实时分析，预判空气质量变化趋势。

如果空气质量在未来一段时间内达到影响人体健康的程度，就启动应急响应机制。在电子商务中，淘宝等网站可以通过用户点击流、浏览历史和行为（如放入购物车）等实时发现用户的即时购买意图和兴趣，为之实时推荐相关商品，从而有效提高商品销量，同时增加用户的购物满意度，可谓"一举两得"。

从概念上而言，流数据是指在时间分布和数量上无限的一系列动态数据集合体；数据记录是流数据的最小组成单元。流数据具有如下特征。

（1）数据快速、持续到达，潜在数据量也许是无穷无尽的。

（2）数据来源众多，格式复杂。

（3）数据量大，但是不过分关注存储，流数据中的某个元素一旦经过处理，要么被丢弃，要么被归档存储。

（4）注重数据的整体价值，不过分关注个别数据。

（5）数据顺序颠倒或不完整，系统无法控制将要处理的新到达的数据元素的顺序。

10.1.2　批量计算和实时计算

对静态数据和流数据的处理，对应着两种截然不同的计算模式，即批量计算和实时计算，如图 10-1 所示。批量计算以静态数据为对象，可以在很充裕的时间内对海量数据进行批量处理，计算得到有价值的信息。Hadoop 就是典型的批处理模型，由 HDFS 和 HBase 存放大量的静态数据，由 MapReduce 负责对海量数据执行批量计算。

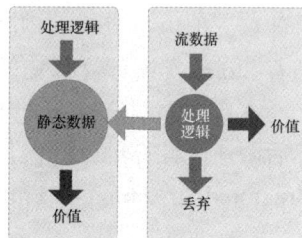

（a）批量计算（b）实时计算
图 10-1　数据的两种计算模式

流数据不适合采用批量计算，因为流数据不适合用传统的关系模型建模，不能把源源不断的流数据保存到数据库中。流数据被处理后，一部分进入数据库成为静态数据，其他部分则直接被丢弃。传统的关系数据库通常用于满足信息实时交互处理的需求，比如零售系统和银行系统，每有一笔业务发生，用户通过和关系数据库系统进行交互，就可以把相应记录写入磁盘，并支持对记录进行随机读写操作。但是，关系数据库并不是为存储快速、连续到达的流数据而设计的，不支持连续处理，把这类数据库用于流数据处理，不仅成本高，而且效率低。

流数据必须采用实时计算，实时计算最重要的一个需求是能够实时得到计算结果，一般要求响应时间为秒级。只需要处理少量数据时，实时计算并不是问题；但是，在大数据时代，不仅数据格式复杂、来源众多，而且数据量巨大，这就对实时计算提出了很大的挑战。因此，针对流数据的实时计算——流计算，应运而生。

10.1.3　流计算的概念

流计算的示意如图 10-2 所示，流计算平台实时获取来自不同数据源的海量数据，经过实时分析处理，获得有价值的信息。

总的来说，流计算秉承一个基本理念，即数据的价值随着时间的流逝而降低。因此，当事件出现时就应该立即进行处理，而不是缓存起来进行批量处理。为了及时处理流数据，需要一个低延迟、可扩展、高可靠的处理引擎。对于一个流计算系统来说，它应达到如下需求。

（1）高性能：这是处理大数据的基本要求，如每秒处理几十万条数据。

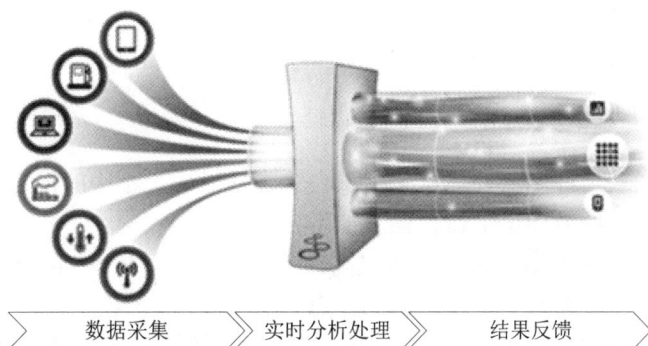

图 10-2　流计算的示意

（2）海量式：支持 TB 级甚至是 PB 级规模的数据。

（3）实时性：必须保证较低的时延，达到秒级别，甚至是毫秒级别。

（4）分布式：支持大数据的基本架构，必须能够平滑扩展。

（5）易用性：能够快速进行开发和部署。

（6）可靠性：能可靠地处理流数据。

针对不同的应用场景，相应的流计算系统会有不同的需求，但是针对海量数据的流计算，无论是数据采集还是数据处理，都应达到秒级别响应的要求。

10.1.4　流计算与 Hadoop

Hadoop 已经成为大数据技术的事实标准，其两大核心 MapReduce 和 HDFS 搭建起了大规模分布式存储和分布式处理的框架。因此，很容易就会想到，是否可以使用 MapReduce 来满足流计算系统的需求呢？很遗憾，答案是不行。

Hadoop 设计的初衷是面向大规模数据的批量处理，在使用 MapReduce 处理大规模文件时，一个大文件会被分解成许多个块分发到不同的机器上，每台机器并行运行 MapReduce 任务，最后对结果进行汇总输出。有时候，完成一个任务甚至要经过多轮迭代。很显然，这种批量任务处理方式在时延方面是无法满足流计算的实时响应需求的。这时，我们可能很自然地想到一种"变通"的方案来降低批处理的时延——将基于 MapReduce 的批量处理转为小批量处理，将输入数据切成小的片段，每隔一个周期就启动一次 MapReduce 作业。但是这种方案存在以下问题。

（1）切分成小的片段虽然可以降低延迟，但是增加了任务处理的附加开销，而且要处理片段之间的依赖关系，因为一个片段可能需要用到前一个片段的计算结果。

（2）需要对 MapReduce 进行改造以支持流式处理，Reduce 阶段的结果不能直接输出，而是保存在内存中。这种做法会大大增加 MapReduce 框架的复杂度，导致系统难以维护和扩展。

（3）降低了用户程序的可伸缩性，因为用户必须使用 MapReduce 接口来定义流式作业。

总之，流数据处理和批量数据处理是两种截然不同的数据处理模式，MapReduce 专门面向静态数据的批量处理，内部各种实现机制都为批处理做了高度优化，不适合处理持续到达的动态数据。正所谓"鱼和熊掌不可兼得"，想设计一个既适合流计算又适合批处理的通用平台，虽然想法很好，但实际上是很难实现的。因此，当前业界诞生了许多专门的流数据实时计算系统来满足各自的需求。

10.1.5　流计算框架与平台

目前业内已涌现出许多流计算框架与平台，在此做一个小小的汇总。

第一类是商业级的流计算平台，代表如下。

（1）IBM InfoSphere Streams：商业级高级计算平台，可以帮助用户开发应用程序来快速摄取、分析和关联来自数千个实时源的信息。

（2）IBM StreamBase：IBM 开发的另一款商业流计算系统，被金融部门和政府部门使用。

第二类是开源流计算框架，代表如下。

（1）Twitter Storm：免费、开源的分布式实时计算系统，可简单、高效、可靠地处理大量的流数据。阿里巴巴的 JStorm 是参考 Twitter Storm 开发的实时流式计算框架，可以看成 Storm 的 Java 增强版本，在网络 I/O、线程模型、资源调度、可用性及稳定性等方面做了持续改进，已被越来越多的企业使用。

（2）Flink：为流计算提供强大支持，支持高吞吐、低延迟的数据处理，具备精密的状态管理和事件时间语义。通过灵活的窗口操作和状态管理，Flink 能够处理实时数据流，实现复杂的数据分析任务，是流计算领域的领先框架。

第三类是公司为支持自身业务开发的流计算框架，虽然未开源，但有不少的学习资料供读者了解、学习，代表如下。

（1）DStream：百度开发的通用流数据实时计算系统。

（2）银河流数据处理平台：淘宝开发的通用流数据实时计算系统。

（3）SM：基于 Erlang 语言和 ZooKeeper 模块开发的高性能流数据处理框架。

此外，业界也涌现出了像 SQLStream 这种专门致力于实时大数据流处理服务的公司。

10.2　流计算的处理流程

流计算的处理流程包括数据实时采集、数据实时计算和实时查询服务。下面先介绍传统的数据处理流程，然后详细介绍流计算处理流程的各个环节。

10.2.1　概述

传统的数据处理流程如图 10-3 所示，需要先采集数据并将数据存储在关系数据库等数据管理系统中，之后用户便可以通过查询操作和数据管理系统进行交互，最终得到查询结果。但是，这样一个流程隐含两个前提。

（1）存储的数据是旧的。当查询数据的时候，存储的静态数据已经是过去某一时刻的快照，这些数据在查询时可能已不具备时效性了。

（2）需要用户主动发出查询。也就是说，用户是主动发出查询来获取结果的。

流计算的数据处理流程如图 10-4 所示，一般包含 3 个阶段：数据实时采集、数据实时计算、实时查询服务。

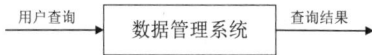

图 10-3　传统的数据处理流程

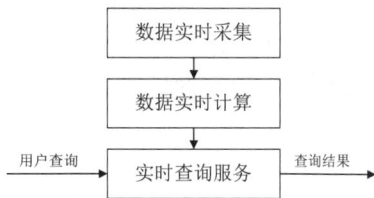

图 10-4　流计算的数据处理流程

10.2.2　数据实时采集

数据实时采集阶段通常会采集多个数据源的海量数据，需要保证实时性、低延迟与稳定可靠。以日志数据为例，由于分布式集群的广泛应用，数据分散存储在不同的机器上，因此需要实时汇总来自不同机器的日志数据。

目前有许多互联网公司发布的开源分布式日志采集系统满足每秒数百兆字节的数据采集和传输需求，如 LinkedIn 的 Kafka、淘宝的 TimeTunnel，以及基于 Hadoop 的 Chukwa 和 Flume 等。

数据采集系统的基本架构一般有 3 个部分，如图 10-5 所示。

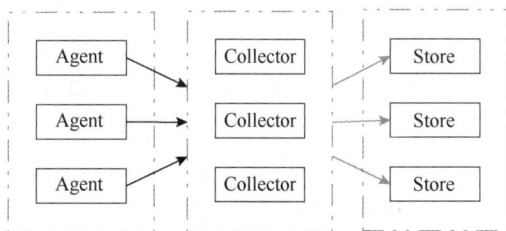

图 10-5　数据采集系统的基本架构

（1）Agent：主动采集数据，并把数据推送到 Collector 部分。

（2）Collector：接收多个 Agent 的数据，并实现有序、可靠、高性能的转发。

（3）Store：存储 Collector 转发过来的数据。

但对于流计算，一般在 Store 部分不进行数据存储，而是将采集的数据直接发送给流计算平台进行实时计算。

10.2.3　数据实时计算

数据实时计算阶段对采集的数据进行实时的分析和计算。数据实时计算的流程如图 10-6 所示，流处理系统接收数据采集系统不断发来的实时数据，实时地进行分析和计算，并反馈实时结果。经流处理系统处理后的数据，可视情况进行存储，以便之后进行分析

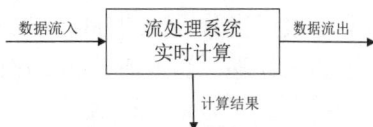

图 10-6　数据实时计算的流程

和计算。在时效性要求较高的场景中，处理之后的数据也可以直接丢弃。

10.2.4　实时查询服务

流计算的第 3 个阶段是实时查询服务，经流计算框架得出的结果可供用户进行实时查

询、展示或存储。传统的数据处理流程，需要用户主动发出查询才能获得想要的结果。而在流处理流程中，实时查询服务可以不断更新结果，并将用户所需的结果实时推送给用户。虽然通过对传统数据处理系统进行定时查询也可以实现不断更新结果和结果推送，但通过这样的方式获取的结果仍然是根据过去某一时刻的数据得到的结果，与实时结果有着本质的区别。

由此可见，流处理系统与传统的数据处理系统有如下不同之处。

（1）流处理系统处理的是实时数据，而传统的数据处理系统处理的是预先存储好的静态数据。

（2）用户通过流处理系统获取的是实时结果，而通过传统的数据处理系统获取的是过去某一时刻的结果。并且，流处理系统不需要用户主动发出查询，实时查询服务可以主动将实时结果推送给用户。

10.3 流计算的应用

流计算是针对流数据的实时计算，可以应用在多种场景中，如 Web 服务、机器翻译、广告投放、自然语言处理、气候模拟预测等。在众多应用场景中，与我们日常网络生活息息相关的，当属流计算在 Web 服务中的应用。在百度、淘宝等大型网站中，每天都会产生大量流数据，包括用户的搜索内容、用户的浏览记录等。采用流计算实现实时数据分析，可以了解每个时刻的流量变化情况，甚至可以分析用户的实时浏览轨迹，从而实现实时的个性化内容推荐。

同时，我们也注意到，并不是每个应用场景都需要用到流计算。流计算适用于需要处理持续到达的流数据、对数据处理有较高实时性要求的场景。下面介绍两个典型的流计算应用场景，并简单介绍各自使用的流计算系统。

10.3.1 应用场景 1：实时分析

流计算的一大应用领域是业务分析。传统的业务分析一般采用分布式离线分析方式，即将数据全部保存起来，然后每隔一段时间进行离线分析来得到结果。但这样必然会导致一定的延时，这取决于离线分析任务的间隔时间和任务执行时长。若无法在短时间内计算出结果，或者离线分析任务的间隔时间较长，将不能保证结果的实时性。

随着分析业务对实时性要求的提升，离线分析模式已不适用于流数据的分析，也不适用于要求实时响应的互联网应用场景。通过流计算，能在秒级别内得到实时的分析结果，有利于根据当前得到的分析结果及时地做出决策。例如购物网站的广告推荐、社交网站的个性化推荐等，都是基于对用户行为的分析来实现的。基于实时分析，推荐的效果将得到有效提升。

以淘宝的促销活动为例，商家会在淘宝活动页面或者在店铺页面投放相应的广告来吸引用户，同时商家也可能会准备多个广告样式、文案，根据广告效果做出调整，这就需要对广告的点击情况、用户的访问情况进行分析。但是，以往这类分析采用分布式离线分析，分析结果有几小时甚至一天的延时，使商家不能及时地根据广告效果来调整广告样式。更重要的是，有些促销活动通常只持续一天，因此隔天才能得到的分析结果便失去了价值。

可见，虽然分布式离线分析带来的小时级的分析延时可以满足大部分商家的需求，但是随着实时性越来越重要，商家希望获得实时的网店访问分析结果。如何实现秒级别的实时分析响应成为业务分析的一大挑战。

针对流数据，量子恒道开发了海量数据实时流计算框架 SM。量子恒道是专业电子商务数据服务商，为超过百万家的淘宝商家提供数据统计分析服务。流计算框架 SM 具有低延迟、高可靠性的特点。与前文介绍的流计算的 3 个阶段相对应，SM 框架的处理流程（见图 10-7）也可以用以下 3 个阶段来表示。

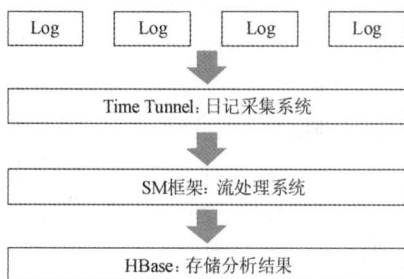

图 10-7　SM 框架的处理流程

（1）Log 数据由日记采集系统 Time Tunnel 在毫秒级别内实时送达。

（2）实时数据经 SM 框架进行处理。

（3）HBase 输出、存储分析结果。

通过 SM 框架，量子恒道每天可处理 TB 级的实时流数据，并且从用户发出请求到数据展示的延时控制在 2～3 s，达到了实时性的要求。

10.3.2　应用场景 2：实时交通

流计算不仅为互联网带来改变，也改变了我们的生活。以导航为例，传统的导航并没有考虑实时的交通状况，即便在计算路线时考虑交通状况，往往也只是使用了以往的交通状况数据。要达到根据实时交通状态进行导航的效果，就需要获取海量的实时交通数据并进行实时分析，这对于传统的导航系统来说将是一个巨大的挑战。而借助流计算的实时特性，不仅可以根据交通情况确定路线，在行驶过程中也可以根据交通情况的变化实时更新路线，始终为用户提供最佳的行驶路线。

IBM 的流计算平台 InfoSphere Streams 能够广泛应用于制造、零售、交通运输、金融证券以及监管等行业，使得实时、快速做出决策的理念得以实现。以上述的实时交通为例，斯德哥尔摩将 InfoSphere Streams 应用于交通信息管理，通过结合来自不同源的实时数据，可以形成动态的、多方位的观察交通流量的方式，为城市规划者和乘客提供实时的交通状况查询服务。

10.4　Storm

随着数据规模的日益增长，对流数据进行实时计算与分析的需求也逐渐增加。但是，直到十几年前，仍然只有大型的金融机构和政府机构等能够通过昂贵的定制系统来满足这种需求。因为流数据一般出现在金融行业或者互联网流量监控等业务场景中，而这些场景中数据库应用占据主导地位，因而造成了早期对流计算的研究多数是基于传统数据库处理的流式化，即工业界对实时数据库的研究更多，对流式框架的研究则偏少。

2011 年，Twitter 开发的流计算框架 Storm 的开源，改变了这个情况。和 MapReduce 框架相比，Storm 框架在流数据处理上更具优势。MapReduce 框架主要解决的是静态数据的批量处理，即 MapReduce 框架处理的是已存储到位的数据；但是，流计算系统在启动时，一般数据还没有完全到位，可能还在源源不断地流入。批处理系统一般更重视数据处理的总吞吐量，流处理系统则更加关注数据处理的延时，即流入的数据越快得到的处理越好。

Storm 框架的开源也改变了开发人员开发实时应用的方式。以往开发人员在开发实时应用的时候，除了要关注处理逻辑，还要为实时数据的获取、传输、存储大伤脑筋，有了 Storm 以后，开发人员可以基于 Storm 快速地搭建一套健壮、易用的实时流处理系统，并配合 Hadoop 等平台，低成本地做出很多以前很难想象的实时产品。

Storm 是流计算引擎的先驱，它对实时计算的意义类似于 Hadoop 对批处理的意义。Storm 可以简单、高效、可靠地处理流数据，并支持多种编程语言。Storm 框架也可以方便地与数据库系统进行整合，从而开发出强大的实时计算系统。

但是，Storm 有一些明显的缺陷，比如不支持有状态计算和精确一次（exactly-once）的语义，并且吞吐量有限。因此，自从流计算框架 Flink 横空出世并大规模推广以后，Storm 这个项目的活跃度就明显下降了。目前，在和 Flink 的市场竞争中，Storm 逐渐败下阵来，预计在不远的将来会彻底退出历史舞台。

10.5 Spark Streaming

Spark Streaming 是构建在 Spark 上的实时计算框架，它扩展了 Spark 处理大规模流式数据的能力。Spark Streaming 可结合批处理和交互查询，适合需要对历史数据和实时数据进行结合分析的应用场景。

Spark Streaming 是 Spark 的核心组件之一，为 Spark 提供了可扩展、高吞吐、容错的流计算能力。Spark Streaming 可整合多种输入数据源，如 Kafka、Flume、HDFS 等，甚至是普通的 TCP 套接字，如图 10-8 所示。经处理后的数据可存储至文件系统、数据库，或在仪表盘上显示。

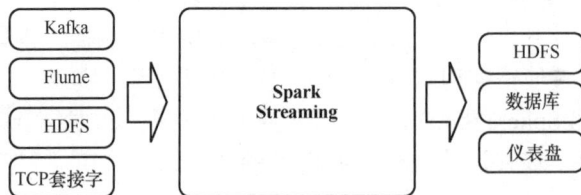

图 10-8　Spark Streaming 支持的输入、输出数据源

Spark Streaming 的基本原理是将实时输入数据流以时间片（秒级）为单位进行拆分，然后经 Spark 引擎以类似批处理的方式处理每个时间片数据，执行流程如图 10-9 所示。

图 10-9　Spark Streaming 执行流程

10.6　Structured Streaming

由于 Spark Streaming 组件延迟较高，最快响应时间为秒级，无法满足一些需要快速响应的企业应用的需求，因此，Spark 社区推出了新的流计算组件 Structured Streaming。

10.6.1　Structured Streaming 简介

Structured Streaming 是一种基于 Spark SQL 引擎构建的、可扩展且容错的流处理引擎。通过一致的 API，Structured Streaming 使得使用者可以像编写批处理程序一样编写流处理程序，降低了使用者的使用难度。提供端到端的完全一致性是 Structured Streaming 设计的关键目标之一。为了实现这一点，Spark 设计了输入源、执行引擎和接收器，以便对处理的进度进行更可靠的跟踪，使之可以通过重启或重新处理来处理任何类型的故障。如果所使用的源具有偏移量来跟踪流的读取位置，那么，引擎可以使用检查点和预写日志来记录每个触发时期正在处理的数据的偏移范围。此外，如果使用的接收器是"幂等"的，那么通过使用重放、对"幂等"接收数据进行覆盖等操作，Structured Streaming 可以确保在任何故障下达到端到端的完全一致性。

Spark 一直在更新，从 Spark 2.3.0 开始引入了持续流式处理模型，可以将原先的流处理延迟降低到毫秒级别。

10.6.2　Structured Streaming 的关键思想

Structured Streaming 的关键思想是将实时数据流视为一张正在不断添加数据的表，这种新的流处理模型与批处理模型非常类似。可以把流计算等同为在一张静态表上的批处理查询，Spark 会在不断添加数据的无界表上运行计算，并进行增量查询。如图 10-10 所示，数据流输入的每一项数据项都被原样添加到无界表，最终形成了一张新的无界表。

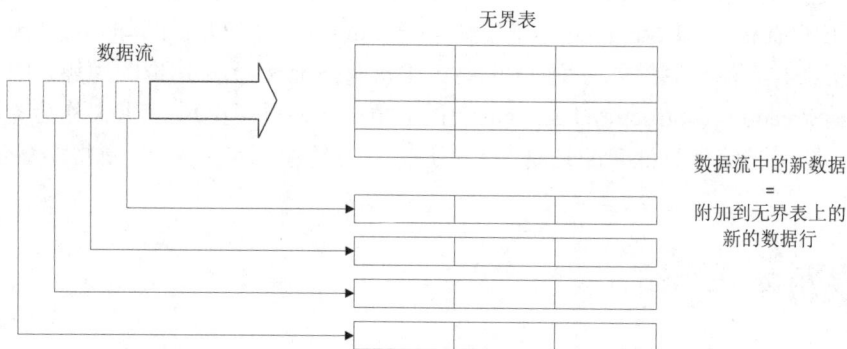

图 10-10　无界表

在无界表上对输入的查询将生成结果表，系统每隔一定的周期会触发对无界表的计算并更新结果表。Structured Streaming 编程模型如图 10-11 所示。在时间线上，每秒为一个触发周期，在 $t = 1$ 时刻，数据量较少，查询出结果后，输入接收器。在 $t = 2$ 时刻，数据量增加，查询出结果后，输入接收器。在 $t = 3$ 时刻，数据量再次增加，如同前面 2 s 一样查询并输出。

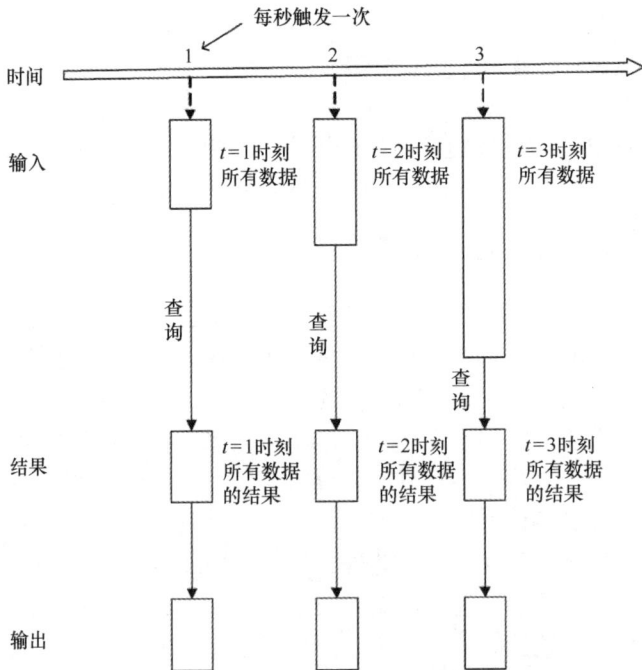

每秒触发一次

时间   1   2   3

输入   t=1时刻所有数据   t=2时刻所有数据   t=3时刻所有数据

查询   查询   查询

结果   t=1时刻所有数据的结果   t=2时刻所有数据的结果   t=3时刻所有数据的结果

输出

图 10-11   Structured Streaming 编程模型

10.7 Flink

Flink 是 Apache 软件基金会的一个顶级项目，是为分布式、高性能、随时可用和准确的流处理应用程序打造的开源流处理架构，并且可以同时支持实时计算和批量计算。Flink 的出现，使得市场上的其他流计算框架（比如 Storm、Spark Streaming、Structured Streaming 等）黯然失色，实际上，Spark 社区也正是因为面临和 Flink 的激烈竞争才在 Spark Streaming 之后又推出了 Structured Streaming，但是，由于 Flink 是天然的流计算框架，Spark 是天然的批处理框架，在流计算性能方面，Flink 天生具有 Spark 无法比拟的优势，因此，Flink 在和 Spark Streaming、Structured Streaming 的竞争中，占据了上风。Flink 作为流计算框架的后来者，更是把流计算框架的先驱 Storm 逼入生存绝境。本书第 11 章将详细介绍 Flink 技术。

10.8 本章小结

本章先介绍了流计算的基本概念和框架。流数据是持续到达的大量数据，对流数据的处理强调实时性，一般要求为秒级。MapReduce 框架虽然被广泛应用于大数据处理，但其面向的是海量数据的离线处理，并不适合处理持续到达的流数据。

本章阐述了流计算的处理流程，一般包括数据实时采集、数据实时计算和实时查询服务 3 个阶段，并比较了其与传统的数据处理流程的区别。流计算处理的是实时数据，而传统的批处理处理的是预先存储好的静态数据。

流计算可应用在多个场景中，如实时业务分析，流计算带来的实时性特点可以大大增加实时数据的价值，为业务分析带来质的提升。

本章接着介绍了流计算框架 Storm、Spark Streaming、Structured Streaming 和 Flink，这些技术都是目前市场上存在激烈竞争的技术，最终，在经过市场洗礼以后，有些技术会退出市场，就目前而言，Flink 是最具发展前景的流计算框架。

10.9 习题

1. 试述流数据的概念。

2. 试述流数据的特点。

3. 在流计算的理念中，数据的价值与时间具备怎样的关系？

4. 试述流计算的需求。

5. 试述 MapReduce 框架为何不适用于处理流数据。

6. 将基于 MapReduce 的批量处理转为小批量处理，每隔一个周期就启动一次 MapReduce 作业，通过这样的方式来处理流数据是否可行？为什么？

7. 列举几个常见的流计算框架。

8. 试述流计算的一般处理流程。

9. 试述流计算处理流程与传统的数据处理流程的主要区别。

10. 试述数据实时采集系统的一般组成部分。

11. 试述流计算系统与传统的数据处理系统对所采集的数据的处理方式有什么不同。

12. 试列举几个流计算的应用领域。

13. 流计算适用于具备什么特点的场景？

14. 试述流计算为业务分析带来了怎样的改变。

15. 除了实时分析和实时交通，再列举一个适合采用流计算的应用场景，并描述流计算可带来怎样的改变。

16. 试述 Storm 框架如何改变开发人员开发实时应用的方式。

17. 试述 Spark Streaming 的基本原理。

18. 试述 Structured Streaming 的关键思想。

第**11**章 Flink

近年来，流处理这种应用在企业中出现得越来越频繁，由此带动了企业数据架构由传统数据处理架构、大数据 Lambda 架构向流处理架构的演变。Flink 就是一种具有代表性的开源流处理架构，具有十分强大的功能，它实现了 Google Dataflow 流计算模型，是一种兼具高吞吐、低延迟和高性能的实时流计算框架，并且同时支持批处理和流处理。Flink 的主要特性包括批流一体化、精密的状态管理、事件时间支持以及精确一次的状态一致性保障等。Flink 不仅可以运行在包括 YARN、Mesos、Kubernetes 等在内的多种资源管理框架上，还支持在裸机集群上独立部署。目前 Flink 已经在全球范围内得到了广泛的应用，大量企业开始大规模使用 Flink 作为企业的分布式大数据处理引擎。

本章先进行 Flink 简介，并探讨为什么选择 Flink；然后介绍 Flink 的技术栈和编程模型；最后介绍 Flink 的编程实践。

11.1 Flink 简介

Flink 源于 Stratosphere 项目，该项目是在 2010 年到 2014 年间由柏林工业大学、柏林洪堡大学和哈索·普拉特纳研究所联合开展的。2014 年 4 月，Stratosphere 代码被贡献给 Apache 软件基金会，成为 Apache 软件基金会的孵化器项目。之后，团队的大部分创始成员离开大学，共同创办了一家名为 Data Artisans 的公司。在项目孵化期间，为了避免与另外一个项目重名，Stratosphere 被重新命名为 Flink。在德语中，Flink 是"快速和灵巧"的意思，使用这个词作为项目名称，可以彰显流计算框架的速度快和灵活性强的特点。Flink 使用棕红色的松鼠图案作为标志（见图 11-1），因为松鼠也具有灵活、快速的特点。

图 11-1　Flink 的标志

2014 年 12 月，Flink 项目成为 Apache 软件基金会的顶级项目。目前，Flink 是 Apache 软件基金会的 5 个最大的大数据项目之一，在全球范围内拥有 350 多位开发人员，并在越来越多的企业中得到了应用，在我国，包括阿里巴巴、美团、滴滴等在内的互联网企业，都已经开始大规模使用 Flink 作为企业的分布式大数据处理引擎。

11.2 为什么选择 Flink

流处理架构需要具备低延迟、高吞吐和高性能的特性，而目前从市场上已有的产品来看，只有 Flink 可以满足要求。Storm 虽然可以做到低延迟，但是无法实现高吞吐，也不能在故障发生时准确地处理计算状态。Spark Streaming 通过采用微批处理方法实现了高吞吐和容错性，但是牺牲了低延迟和实时处理能力。Flink 实现了 Google Dataflow 流计算模型，是一种兼具高吞吐、低延迟和高性能的实时流计算框架，并且同时支持批处理和流处理。此外，Flink 支持高度容错的状态管理，防止状态在计算过程中因为系统异常而出现丢失。因此，Flink 成了能够满足流处理架构要求的理想的流计算框架。

与其他的流计算框架相比，Flink 具有突出的特点，它不仅是一个高吞吐、低延迟的计算引擎，还具备其他的高级特性，比如提供有状态的计算、支持状态管理、支持强一致性的语义，以及支持对消息乱序的处理。

总体而言，Flink 具有以下优势。

（1）同时支持高吞吐、低延迟、高性能

对于分布式流计算框架而言，同时支持高吞吐、低延迟和高性能非常重要。但是，目前在开源社区中，能够同时满足这 3 个方面要求的流计算框架只有 Flink。Storm 可以做到低延迟，但是无法实现高吞吐。Spark Streaming 可以实现高吞吐和容错性，但是不具备低延迟和实时处理能力。

（2）同时支持流处理和批处理

Flink 不仅擅长流处理，还能够很好地支持批处理。对于 Flink 而言，批量数据是流数据的一个子集，批处理被视作一种特殊的流处理，因此，可以通过一套引擎来处理流数据和批量数据。

（3）高度灵活的流式窗口

在流计算中，数据流是无限的，无法直接进行计算，因此，Flink 提出了窗口的概念。一个窗口是若干元素的集合，流计算以窗口为基本单元进行数据处理。窗口可以是时间驱动的时间窗口（time window，例如每 30 s），也可以是数据驱动的计数窗口（count window，例如每 100 个元素）。窗口可以分为翻滚窗口（tumbling window，无重叠）、滚动窗口（sliding window，有重叠）和会话窗口（session window）。

（4）支持有状态计算

流计算分为无状态和有状态两种情况。无状态计算观察每个独立的事件，并根据最后一个事件输出结果，Storm 就是无状态的计算框架，每一条消息来了以后，彼此都是独立的，和前后都没有关系。有状态的计算则会基于多个事件输出结果。正确地实现有状态计算，比实现无状态计算难得多。Flink 就是支持有状态计算的新一代流处理框架。

（5）具有良好的容错性

当分布式系统引入状态时，就会产生"一致性"问题。一致性实际上是"正确性级别"的另一种说法，也就是说，在成功处理故障并恢复之后得到的结果，与没有发生故障时得到的结果相比，前者有多正确。Storm 只能实现"至少一次"（at-least-once）的容错性，Spark Streaming 虽然可以支持"精确一次"的容错性，但是，无法做到毫秒级的实时处理。Flink 提供了容错机制，可以恢复数据流应用到一致状态。该机制确保在发生故障时，程序的状态最终将只反映数据流中的每个记录一次，也就是实现了"精确一次"的容错性。容错机制不断地创建分布式数据流的快照，对于小状态的流式程序，快照非常轻量，可以高频率创建且对性能影响很小。

（6）具有独立的内存管理

Java 本身提供了垃圾回收机制来实现内存管理，但是，在大数据面前，JVM 的内存结构和垃圾回收机制往往会成为掣肘。所以，目前包括 Flink 在内的越来越多的大数据项目开始自己管理 JVM 内存，为的就是获得像 C 语言一样的性能以及避免内存溢出。Flink 通过序列化/反序列化方法，将所有的数据对象转换成二进制形式在内存中存储，这样做一方面缩减了数据存储的空间，另一方面能够更加有效地对内存空间进行利用，降低垃圾回收机制带来的性能下降或任务异常风险。

（7）支持迭代和增量迭代

对某些迭代而言，并不是单次迭代产生的下一次工作集中的每个元素都需要重新参与下一轮迭代，有时只需要重新计算部分数据，同时选择性地更新解集，这种形式的迭代被称为增量迭代。增量迭代能够使一些算法执行得更高效，它可以让算法专注于工作集中的"热点"数据部分，这导致工作集中的绝大部分数据冷却得非常快，因此随后的迭代面对的数据规模将会大幅缩小。Flink 的设计思想主要源于 Hadoop、MPP 数据库和流计算系统等，支持增量迭代计算，具有对迭代进行自动优化的功能。

11.3 Flink 技术栈

Flink 发展得越来越成熟，已经拥有了自己的丰富的核心组件栈。Flink 核心组件栈分为 API&Libraries 层、Runtime 核心层和物理部署层等 3 层，如图 11-2 所示。

（1）物理部署层。Flink 的底层是物理部署层。Flink 可以采用 Local 模式运行，启动单个 JVM，也可以采用 Standalone 集群模式运行，还可以采用 YARN 集群模式或者 Kubernetes 集群模式运行，也可以运行在 GCE（谷歌云服务）和 EC2（亚马逊云服务）上。

（2）Runtime 核心层。该层主要负责为上层不同接口提供基础服务，也是 Flink 分布式计算框架的核心实现层。该层提供了 DataStream API，可以同时支持批处理和流处理。

（3）API&Libraries 层。作为分布式数据处理框架，Flink 在 DataStream API 的基础上抽象出不同的应用类型的组件库，如 CEP（复杂事件处理库）、Table API& SQL（关系型库）、FlinkML（机器学习库）等。

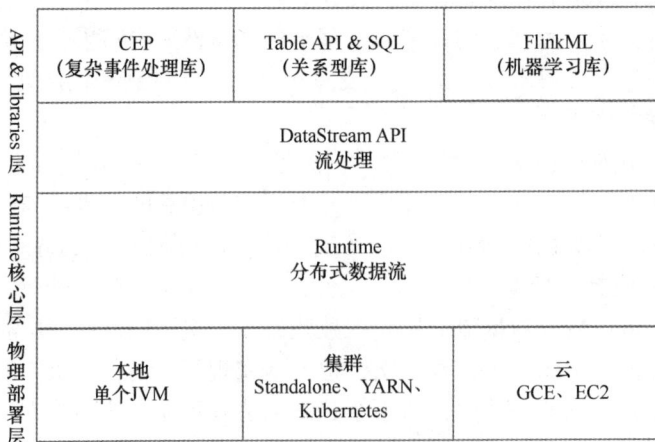

API & Libraries 层	CEP （复杂事件处理库）	Table API & SQL （关系型库）	FlinkML （机器学习库）
	DataStream API 流处理		
Runtime 核心层	Runtime 分布式数据流		
物理部署层	本地 单个 JVM	集群 Standalone、YARN、 Kubernetes	云 GCE、EC2

图 11-2　Flink 核心组件栈

11.4 Flink 编程模型

Flink 提供了不同级别的抽象，即图 11-3 所示的编程模型，以开发流或批处理作业。

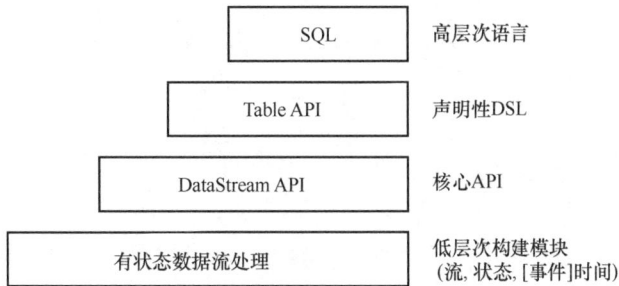

图 11-3　Flink 编程模型

在 Flink 编程模型中，最低级的抽象接口是状态化的数据流接口。这个接口通过过程函数（process function）被集成到 DataStream API 中。该接口允许用户自由地处理来自一个或多个流中的事件，并使用一致的容错状态。另外，用户也可以通过注册事件时间并处理回调函数的方法来实现复杂的计算。

实际上，大多数应用并不需要上述的底层抽象，只需针对核心 API（DataStream API）进行编程。DataStream API 为数据处理提供了大量的通用模块，比如用户定义的各种各样的转换（transformation）、连接（join）、聚合（aggregation）、窗口（window）等。DataStream API 集成了底层的处理函数，使得可以对一些特定的操作提供更低层次的抽象。

Table API 以表为中心，能够动态地修改表（在表达流数据时）。Table API 是一种扩展的关系模型：表有二维数据结构（类似于关系数据库中的表），同时 API 提供可比较的操作，例如 select、project、join、group-by、aggregate 等。Table API 程序定义的是应该执行什么样的逻辑操作，而不是直接准确地指定程序代码运行的具体步骤。尽管 Table API 可以通过各种各样的用户自定义函数（user defined function，UDF）进行扩展，但是它在表达能力上仍然比不上核心 API，不过，它使用起来更加简洁（代码量更少）。除此之外，Table API 程序在执行之前会通过内置优化器进行优化。用户可以在表与 DataStream 之间无缝切换，以允许程序将 Table API 与 DataStream API 混合使用。

Flink 提供的最高级接口是 SQL。这一层的抽象在语法与表达能力上与 Table API 的类似，唯一的区别是这层通过 SQL 实现程序。SQL 与 Table API 交互密切，同时 SQL 查询可以直接在 Table API 定义的表上执行。

11.5 Flink 编程实践

本节先介绍 Flink 的安装，然后以 WordCount 程序为例来介绍 Flink 编程方法。更多细节可以参考教材官网的"教材配套大数据软件安装和编程实践指南"。

11.5.1 安装 Flink

Flink 的运行需要 Java 环境的支持，因此，在安装 Flink 之前，请先参照相关资料安装

Java 环境（比如 Java 8）。然后，到 Flink 官网下载安装包。也可以访问本书官网，进入"下载专区"，在"软件"目录下找到文件 flink-1.16.2-bin-scala_2.12.tgz 并将其下载到本地。假设下载后的安装文件被保存在 Linux 系统的~/Downloads 目录下，然后使用如下命令对安装文件进行解压缩。

```
$ cd ~/Downloads
$ sudo tar -zxvf flink-1.16.2-bin-scala_2.12.tgz -C /usr/local
```

修改目录名称，并设置权限，命令如下。

```
$ cd /usr/local
$ sudo mv ./flink-1.16.2 ./flink
$ sudo chown -R hadoop:hadoop ./flink
```

本地模式的 Flink 是开箱即用的，如果要修改 Java 运行环境，可以修改/usr/local/flink/conf/flink-conf.yaml 文件中的 env.java.home 参数，将其设置为本地 Java 的绝对路径。

下面添加环境变量。

使用如下命令打开.bashrc 文件。

```
$ vim ~/.bashrc
```

在.bashrc 文件中添加如下内容。

```
export FLNK_HOME=/usr/local/flink
export PATH=$FLINK_HOME/bin:$PATH
```

保存并退出.bashrc 文件，然后执行如下命令让配置文件生效。

```
$ source ~/.bashrc
```

使用如下命令启动 Flink。

```
$ cd /usr/local/flink
$ ./bin/start-cluster.sh
```

使用 jps 命令查看进程。

```
$ jps
8660 TaskManagerRunner
9333 Jps
8383 StandaloneSessionClusterEntrypoint
```

如果能够看到 TaskManagerRunner 和 StandaloneSessionClusterEntrypoint 这两个进程，就说明启动成功。

Flink 的 JobManager 同时会在 8081 端口上启动一个 Web 前端，可以在浏览器中输入 http://localhost:8081 来访问 Flink 的 Web 管理界面，如图 11-4 所示。

Flink 安装包中自带了测试样例，这里可以运行 WordCount 样例程序来测试 Flink 的运行效果，具体命令如下。

```
$ cd /usr/local/flink/bin
$ ./flink run /usr/local/flink/examples/batch/WordCount.jar
```

执行上述命令以后，如果执行成功，应该可以看到界面中出现类似的如下信息。

```
Starting execution of program
Executing WordCount example with default input data set.
```

```
Use --input to specify file input.
Printing result to stdout. Use --output to specify output path.
(a,5)
(action,1)
(after,1)
(against,1)
(all,2)
......
```

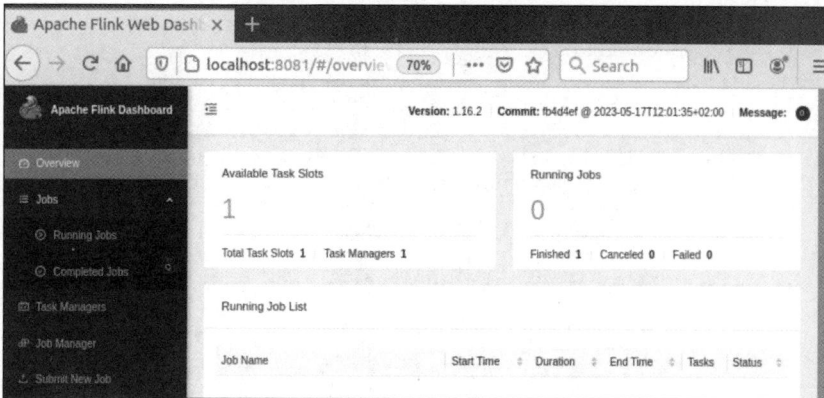

图 11-4　Flink 的 Web 管理界面

11.5.2　编写 WordCount 程序

编写 WordCount 程序主要包括以下几个步骤。

（1）安装 Maven。

（2）编写代码。

（3）使用 Maven 打包 Java 程序。

（4）通过 flink run 命令运行程序。

1．安装 Maven

Ubuntu 没有带 Maven 安装文件，需要手动下载并安装 Maven。可以访问 Maven 官网下载安装文件。

下载 Maven 安装文件以后，将其保存到~/Downloads 目录下。然后，可以选择将其安装在/usr/local/maven 目录中，命令如下。

```
$ sudo unzip ~/Downloads/apache-maven-3.9.2-bin.zip -d /usr/local
$ cd /usr/local
$ sudo mv apache-maven-3.9.2/ ./maven
$ sudo chown -R hadoop ./maven
```

2．编写代码

在 Linux 终端窗口中执行如下命令，在用户主文件夹下创建一个 flinkapp 文件夹作为应用程序根目录。

```
$ cd ~ #进入用户主文件夹
```

```
$ mkdir -p ./flinkapp/src/main/java
```

然后，使用 vim 编辑器在./flinkapp/src/main/java 目录下建立 3 个代码文件，即 WordCountData.java、WordCountTokenizer.java 和 WordCount.java。

WordCountData.java 用于提供原始数据，其内容如下。

```java
package cn.edu.xmu;
import org.apache.flink.streaming.api.datastream.DataStream;
import org.apache.flink.streaming.api.environment.StreamExecutionEnvironment;

public class WordCountData {
    public static final String[] WORDS=new String[]{"To be, or not to be,--that
is the question:--", "Whether \'tis nobler in the mind to suffer", "The slings and
arrows of outrageous fortune", "Or to take arms against a sea of troubles,", "And
by opposing end them?--To die,--to sleep,--", "No more; and by a sleep to say we
 end", "The heartache, and the thousand natural shocks", "That flesh is heir to,
--\'tis a consummation", "Devoutly to be wish\'d. To die,--to sleep;--", "To sleep!
perchance to dream:--ay, there\'s the rub;", "For in that sleep of death what dreams
may come,", "When we have shuffled off this mortal coil,", "Must give us pause:
there\'s the respect", "That makes calamity of so long life;", "For who would bear
the whips and scorns of time,", "The oppressor\'s wrong, the proud man\'s contumely,",
"The pangs of despis\'d love, the law\'s delay,", "The insolence of office, and
the spurns", "That patient merit of the unworthy takes,", "When he himself might
 his quietus make", "With a bare bodkin? who would these fardels bear,", "To grunt
and sweat under a weary life,", "But that the dread of something after death,--",
"The undiscover\'d country, from whose bourn", "No traveller returns,--puzzles the
will,", "And makes us rather bear those ills we have", "Than fly to others that
we know not of?", "Thus conscience does make cowards of us all;", "And thus the
native hue of resolution", "Is sicklied o\'er with the pale cast of thought;", "
And enterprises of great pith and moment,", "With this regard, their currents turn awry,",
"And lose the name of action.--Soft you now!", "The fair Ophelia!--Nymph, in thy
 orisons", "Be all my sins remember\'d."};
    public WordCountData() {
    }
    public static DataStream<String> getDefaultTextLineDataStream(
        StreamExecution Environment senv){
         return senv.fromElements(WORDS);
    }
}
```

WordCountTokenizer.java 用于切分句子，其内容如下。

```java
package cn.edu.xmu;
import org.apache.flink.api.common.functions.FlatMapFunction;
import org.apache.flink.api.java.tuple.Tuple2;
import org.apache.flink.util.Collector;

public class WordCountTokenizer implements FlatMapFunction<String, Tuple2
<String,Integer>>{
    public WordCountTokenizer(){}
    public void flatMap(String value, Collector<Tuple2<String, Integer>>
out) throws Exception {
        String[] tokens = value.toLowerCase().split("\\W+");
        int len = tokens.length;
        for(int i = 0; i<len;i++){
            String tmp = tokens[i];
            if(tmp.length()>0){
                out.collect(new Tuple2<String, Integer>(tmp,Integer.valueOf(1)));
            }
```

```
            }
        }
    }
```

WordCount.java 用于提供主函数, 其内容如下。

```
package cn.edu.xmu;
import org.apache.flink.api.common.RuntimeExecutionMode;
import org.apache.flink.api.java.tuple.Tuple2;
import org.apache.flink.streaming.api.datastream.DataStream;
import org.apache.flink.streaming.api.environment.StreamExecutionEnvironment;

public class WordCount {
    public WordCount(){}
    public static void main(String[] args) throws Exception {
        StreamExecutionEnvironment senv = StreamExecutionEnvironment.
        getExecution Environment();
        senv.setRuntimeMode(RuntimeExecutionMode.BATCH);
        Object text;
        text = WordCountData.getDefaultTextLineDataStream(senv);
        DataStream<Tuple2<String, Integer>> counts = ((DataStream<String>)
text).flatMap(new WordCountTokenizer())
                .keyBy(0)
                .sum(1);
        counts.print();
        senv.execute();
    }
}
```

该程序依赖 Flink Java API, 因此, 需要通过 Maven 进行编译打包。需要使用 vim 编辑器在~/flinkapp 目录中新建 pom.xml 文件, 命令如下。

```
$ cd ~/flinkapp
$ vim pom.xml
```

在 pom.xml 文件中添加如下内容, 用来声明该独立应用程序的信息以及与 Flink 的依赖关系。

```
<project>
  <groupId>cn.edu.xmu.dblab</groupId>
  <artifactId>wordcount</artifactId>
  <modelVersion>4.0.0</modelVersion>
  <name>WordCount</name>
  <packaging>jar</packaging>
  <version>1.0</version>
  <repositories>
    <repository>
      <id>alimaven</id>
      <name>aliyun maven</name>
      <url>https://maven.aliyun.com/nexus/content/groups/public/</url>
    </repository>
  </repositories>
  <dependencies>
    <dependency>
      <groupId>org.apache.flink</groupId>
      <artifactId>flink-streaming-java</artifactId>
      <version>1.16.2</version>
```

```
    </dependency>
    <dependency>
      <groupId>org.apache.flink</groupId>
      <artifactId>flink-clients</artifactId>
      <version>1.16.2</version>
    </dependency>
    <dependency>
      <groupId>org.apache.flink</groupId>
      <artifactId>flink-java</artifactId>
      <version>1.16.2</version>
    </dependency>
  </dependencies>
</project>
```

3. 使用 Maven 打包 Java 程序

为了保证 Maven 能够正常运行，先执行如下命令检查整个应用程序的文件结构。

```
$ cd ~/flinkapp
$ find .
```

文件结构应该是类似的如下内容。

```
.
./src
./src/main
./src/main/java
./src/main/java/WordCountData.java
./src/main/java/WordCount.java
./src/main/java/WordCountTokenizer.java
./pom.xml
```

接下来，可以通过如下代码将整个应用程序打包成 JAR 包（注意，计算机需要保持连接网络的状态，而且首次运行打包命令时，Maven 会自动下载依赖包，需要等待几分钟时间）。

```
$ cd ~/flinkapp        #一定把这个目录设置为当前目录
$ /usr/local/maven/bin/mvn package
```

如果出现的返回信息中包含 BUILD SUCCESS，则说明生成 JAR 包成功。

4. 通过 flink run 命令运行程序

可以将生成的 JAR 包通过 flink run 命令提交到 Flink 中运行（请确认已经启动 Flink），命令如下。

```
$ cd ~/flinkapp        #一定把这个目录设置为当前目录
$ /usr/local/flink/bin/flink run --class cn.edu.xmu.WordCount ./target/
wordcount-1.0.jar
```

执行成功后，可以看到图 11-5 所示的程序运行结果。

```
(base) hadoop@dblab:~/flinkapp$ /usr/local/flink/bin/flink run --class cn.edu.xmu.WordCount ./
target/wordcount-1.0.jar
Job has been submitted with JobID eb873a7c2011f774594e7a01d33e2a04
Program execution finished
Job with JobID eb873a7c2011f774594e7a01d33e2a04 has finished.
Job Runtime: 2025 ms
```

图 11-5　程序运行结果

这时可以到浏览器中查看词频统计结果。在 Linux 系统中打开一个浏览器，在地址栏中输入 http://localhost:8081，进入 Flink 的 Web 管理页面，然后单击左侧的 Task Managers 选项，会弹出右边的新页面，在页面中单击 Path,ID 下面的超链接，如图 11-6 所示。

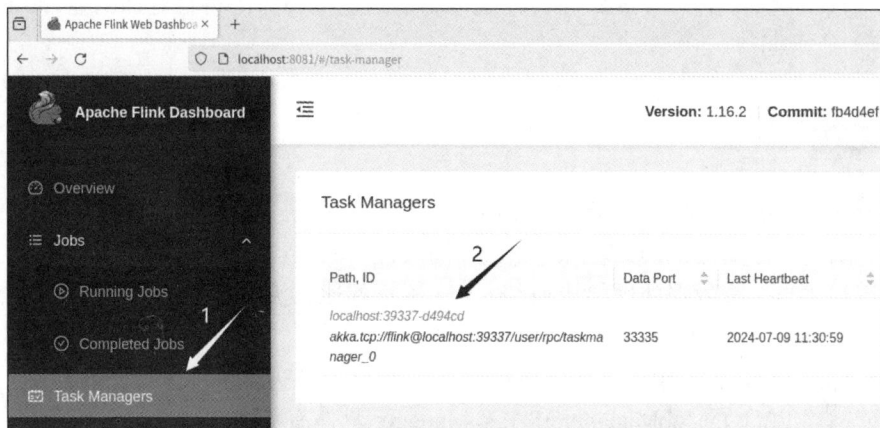

图 11-6　Flink Web 管理页面中的操作

然后，出现如图 11-7 所示的新页面，在这个页面中，单击 Stdout 选项卡，就可以看到词频统计结果了。

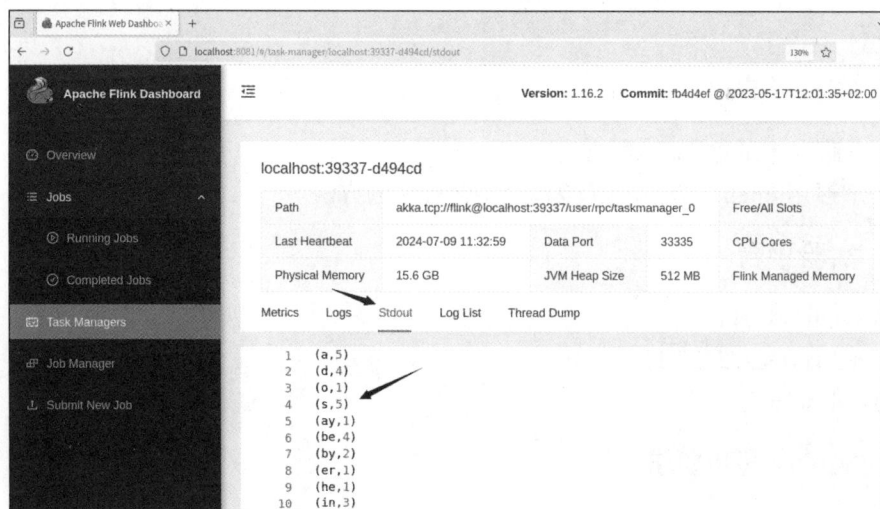

图 11-7　词频统计结果

11.6　本章小结

Apache Flink 是一个分布式处理引擎，用于对无界和有界数据流进行有状态计算。Flink 以数据并行和流水线方式执行任意流数据程序，Flink 的流水线运行时，系统可以执行批处理和流处理程序。此外，Flink Runtime 核心层本身也支持迭代算法的执行。

近年来，数据架构设计开始由传统数据处理架构、大数据 Lambda 架构向流处理架构演变，这种转变使得 Flink 可以在大数据应用场景中"大显身手"。目前，Flink 支持的典型应用场景包括事件驱动型应用、数据分析应用和数据流水线应用。

经过多年的发展，Flink 已经形成了完备的生态系统，它的技术栈可以满足企业多种应用场景的开发需求，减轻了企业的大数据应用系统的开发和维护负担。在未来，随着企业实时应用场景的不断增多，Flink 在大数据市场上的地位和作用将会更加明显，Flink 的发展前景更加值得期待。

11.7 习题

1. 请阐述传统的数据处理架构的局限性。
2. 请阐述大数据 Lambda 架构的优点和局限性。
3. 请阐述与传统数据处理架构和 Lambda 架构相比，流处理架构具有什么优点。
4. 请举例说明 Flink 在企业中的应用场景。
5. 请阐述 Flink 核心组件栈包含哪些层次以及每个层次具体包含哪些内容。
6. 请阐述 Flink 的 JobManager 和 TaskManager 具体有哪些功能。
7. 请阐述 Flink 编程模式的层次结构。
8. 请对 Spark、Flink 和 Storm 进行对比分析。

实验 8　Flink 初级编程实践

一、实验目的

（1）掌握基本的 Flink 编程方法。
（2）掌握用 IntelliJ IDEA 工具编写 Flink 程序的方法。

二、实验平台

- Ubuntu 22.04。
- IntelliJ IDEA 2023.1。
- Flink 1.16.2。

三、实验内容和要求

1．使用 IntelliJ IDEA 工具开发 WordCount 程序

在 Linux 操作系统中安装 IntelliJ IDEA，然后使用 IntelliJ IDEA 工具开发 WordCount 程序，并打包成 JAR 文件，提交到 Flink 中运行。

2．数据流词频统计

使用 Linux 操作系统自带的 NC 程序模拟生成数据流，不断产生单词并发送出去。编写 Flink 程序，对 NC 程序发来的单词进行实时处理，计算词频，并输出词频统计结果。要求先在 IntelliJ IDEA 中开发和调试程序，然后打包成 JAR 包部署到 Flink 中运行。

四、实验报告

"大数据技术原理与应用"实验报告 8		
题目:	姓名:	日期

实验环境:

解决问题的思路:

实验内容与完成情况:

出现的问题:

解决方案(列出已解决的问题和解决办法,以及没有解决的问题):

第12章 大数据分析综合案例

本案例涉及数据预处理、存储、查询和可视化分析等数据处理全流程中的各种典型操作，涵盖 Linux、MySQL、Hadoop、HBase、Hive、Matplotlib、Eclipse 等系统和软件的安装与使用方法。本案例适合高校大数据教学，可以作为大数据课程的综合实践案例。本案例有助于读者综合运用大数据课程的知识以及各种工具软件，实现数据全流程操作。本书官网给出了本案例中的所有软件、代码和数据集的下载地址。

12.1 案例简介

本节介绍案例目的、硬件要求、软件工具、数据集、案例任务等内容。

12.1.1 案例目的

- 熟悉 Linux 系统、MySQL、Hadoop、HBase、Hive、Matplotlib、Eclipse 等系统和软件的安装与使用方法。
- 了解大数据处理的基本流程。
- 熟悉数据预处理方法。
- 熟悉在不同类型的数据库之间进行数据的导入、导出。
- 熟悉使用 Python 和 Matplotlib 进行可视化分析。
- 熟悉使用 Eclipse 编写 Java 程序操作 HBase、Hive 和 MySQL。

12.1.2 硬件要求

本案例可以在单机上完成，也可以在计算机集群环境下完成。在单机上完成本案例时，建议计算机的硬件配置为 50 GB 以上硬盘、8 GB 以上内存。

12.1.3 软件工具

本案例所涉及的系统和软件包括 Linux、MySQL、Hadoop、HBase、Hive、Matplotlib、Eclipse 等，如图 12-1 所示。

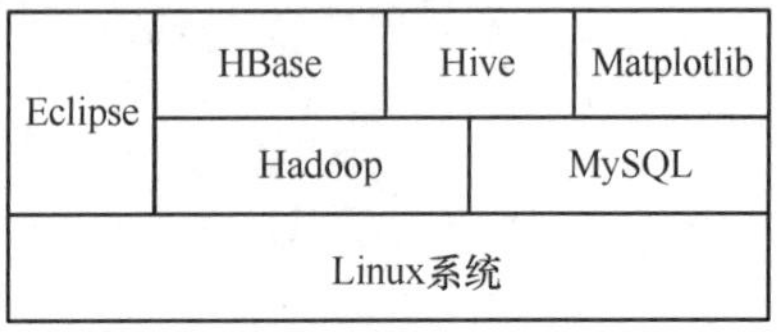

相关系统和软件的版本建议如下。

- Linux：Ubuntu 22.04。
- MySQL：8.0。

Eclipse	HBase	Hive	Matplotlib
	Hadoop		MySQL
Linux系统			

图 12-1　本案例所涉及的系统和软件

- Hadoop：3.3.5。
- HBase：2.5.4。
- Hive：3.1.3。
- Python：3.11。
- Eclipse：3.8。

12.1.4　数据集

网站用户行为数据集，包括 2000 万条记录。

12.1.5　案例任务

图 12-2 展示了本案例全流程的各个环节，具体而言，本案例需要完成以下任务。
- 安装 Linux 操作系统。
- 安装关系数据库 MySQL。
- 安装大数据处理框架 Hadoop。
- 安装列族数据库 HBase。
- 安装数据仓库 Hive。
- 安装 Python。
- 安装 Eclipse。
- 对文本文件形式的原始数据集进行预处理。
- 把文本文件的数据集导入数据仓库 Hive 中。
- 对数据仓库 Hive 中的数据进行查询分析。
- 使用 Java 程序将数据从 Hive 导入 MySQL 中。
- 使用 HBase Java API 把数据从本地导入 HBase 中。
- 使用 Matplotlib 对 MySQL 中的数据进行可视化分析。

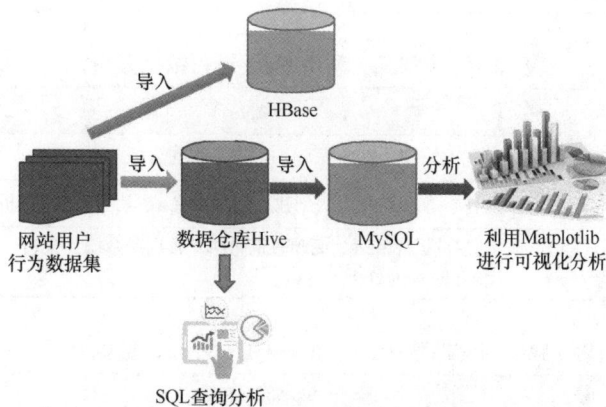

图 12-2　案例任务概览

12.2　实验环境搭建

为了顺利完成本案例的各项任务，需要完成以下系统和软件的安装。

- 安装 Linux 系统。
- 安装 Python：通过安装 Anaconda 3 来安装 Python。
- 安装 Hadoop：采用伪分布式模式。
- 安装 MySQL：参照 8.6.4 节的内容安装并配置 MySQL。
- 安装 HBase：采用伪分布式模式。
- 安装 Hive。
- 安装 Eclipse。

12.3 实验步骤概述

本案例共包含以下 4 个实验步骤。

步骤一：将本地数据集上传到数据仓库 Hive 中。

步骤二：利用 Hive 进行数据分析。

步骤三：Hive、MySQL、HBase 数据互导。

步骤四：利用 Matplotlib 进行数据可视化分析。

下面 4 张表（见表 12-1、表 12-2、表 12-3 和表 12-4）分别给出了每个实验步骤的所需知识、训练技能和任务清单。

表 12-1 步骤一：将本地数据集上传到数据仓库 Hive 中

项目	详细内容
所需知识	Linux 系统基本命令、Hadoop 项目结构、分布式文件系统 HDFS 的概念及基本原理、数据仓库的概念及基本原理、数据仓库 Hive 的概念及基本原理
训练技能	Hadoop 的安装与基本操作、HDFS 的基本操作、Linux 的安装与基本操作、数据仓库 Hive 的安装与基本操作、基本的数据预处理方法
任务清单	安装 Linux 系统、数据集下载与查看、数据集预处理、把数据集导入分布式文件系统 HDFS 中、在数据仓库 Hive 上创建数据库

表 12-2 步骤二：利用 Hive 进行数据分析

项目	详细内容
所需知识	数据仓库 Hive 的概念及基本原理、SQL 语句、数据库查询分析
训练技能	数据仓库 Hive 的基本操作、数据库和表的创建、使用 SQL 语句进行查询分析
任务清单	启动 Hadoop 和 Hive、创建数据库和表、简单查询分析、查询条数统计分析、关键字条件查询分析、根据用户行为分析、用户实时查询分析

表 12-3 步骤三：Hive、MySQL、HBase 数据互导

项目	详细内容
所需知识	数据仓库 Hive 的概念与基本原理、关系数据库的概念与基本原理、SQL 语句、列族数据库 HBase 的概念与基本原理
训练技能	数据仓库 Hive 的基本操作、关系数据库 MySQL 的基本操作、Hive 的 Java API 的使用方法、MySQL 的 Java API 的使用方法、HBase API 的 Java 编程、Eclipse 开发工具的使用方法
任务清单	Hive 预操作、使用 Java 程序将数据从 Hive 导入 MySQL 中、使用 HBase Java API 把数据从本地导入 HBase 中

表 12-4　步骤四：利用 Matplotlib 进行数据可视化分析

项目	详细内容
所需知识	数据可视化、Python
训练技能	利用 Matplotlib 对 MySQL 数据库中的数据进行可视化分析、Python 的安装、Matplotlib 的安装与使用、各种可视化图表的生成方法
任务清单	安装 Python、安装 Matplotlib、绘制柱状图、绘制饼图、绘制折线图、绘制热力图

12.4　将本地数据集上传到数据仓库 Hive 中

本节介绍步骤一的各项操作，包括实验数据集的下载、数据集的预处理和数据库的导入等。

12.4.1　实验数据集的下载

本案例采用的数据集为 user.zip，其中包含一个大规模数据集 raw_user.csv（包含 2000万条记录）和一个小数据集 small_user.csv（只包含 30 万条记录）。小数据集 small_user.csv是从大规模数据集 raw_user.csv 中抽取一小部分数据组成的。之所以抽取出一部分记录单独构成一个小数据集，是因为在第一遍跑通整个实验流程时，会遇到各种错误、各种问题，先用小数据集测试，可以节约大量的程序运行时间。等第一次完整的实验流程都顺利跑通以后，就可以用大规模数据集进行最后的测试。

访问教材官网的"下载专区"，找到"数据集"目录，把该目录下的 user.zip 文件下载到本地，保存到 Linux 系统的/home/hadoop/Downloads/目录下。

下面需要对 user.zip 进行解压缩，需要先建立一个用于运行本案例的目录 bigdatacase，请执行以下命令。

```
$ cd /usr/local
$ sudo mkdir bigdatacase
#这里提示输入当前用户（本案例是 hadoop）的密码
#给 hadoop 用户赋予针对 bigdatacase 目录的各种操作权限
$ sudo chown -R hadoop:hadoop ./bigdatacase
$ cd bigdatacase
#创建一个 dataset 目录，用于保存数据集
$ mkdir dataset
#解压缩 user.zip 文件
$ cd ~    //进入 hadoop 用户的目录
$ cd Downloads
$ unzip user.zip -d /usr/local/bigdatacase/dataset
$ cd /usr/local/bigdatacase/dataset
$ ls
```

现在就可以看到在 dataset 目录下有两个文件：raw_user.csv 和 small_user.csv。执行下面的命令取出前面 5 条记录。

```
$ head -5 raw_user.csv
```

可以看到，前 5 行记录如下。

```
user_id,item_id,behavior_type,user_geohash,item_category,time
10001082,285259775,1,97lk14c,4076,2014-12-08 18
10001082,4368907,1,,5503,2014-12-12 12
10001082,4368907,1,,5503,2014-12-12 12
10001082,53616768,1,,9762,2014-12-02 15
```

可以看出，每行记录包含 5 个字段，数据集中的字段及其含义如下。

- user_id：用户 ID。
- item_id：商品 ID。
- behaviour_type：包括浏览、收藏、加购物车、购买等类型的数据，对应的取值分别是 1、2、3、4。
- user_geohash：用户地理位置哈希值，有些记录中没有这个字段值，所以后面会在用脚本做数据预处理时把这个字段全部删除。
- item_category：商品分类。
- time：记录的产生时间。

12.4.2　数据集的预处理

1．删除文件的第一行记录（字段名称）

raw_user.csv 和 small_user.csv 数据集中的第一行都是字段名称，把文件中的数据导入数据仓库 Hive 中时，不需要第一行的字段名称，因此，在做数据预处理时需要删除第一行。请执行以下命令。

```
$ cd /usr/local/bigdatacase/dataset
#删除 raw_user.csv 数据集中的第一行
$ sed -i '1d' raw_user.csv
#上面的 1d 表示删除第一行，同理，3d 表示删除第 3 行，nd 表示删除第 n 行
#删除 small_user.csv 数据集中的第一行
$ sed -i '1d' small_user.csv
#用 head 命令查看文件的前 5 行记录，可以发现看不到字段名称这一行了
$ head -5 raw_user.csv
$ head -5 small_user.csv
```

接下来的操作中，都使用 small_user.csv 这个小数据集进行操作，这样可以节省时间。等所有流程都跑通以后，就可以使用大数据集 raw_user.csv 测试整个案例了。

2．对字段进行预处理

下面对数据集进行一些预处理,包括为每行记录增加一个 id 字段(让记录具有唯一性)、增加一个省份（自治区、直辖市、特别行政区）字段（便于后续进行可视化分析），并且丢弃 user_geohash 字段（后面的分析中不需要这个字段）。

下面创建一个脚本文件 pre_deal.sh，把这个脚本文件放在 dataset 目录下。

```
$ cd /usr/local/bigdatacase/dataset
$ vim pre_deal.sh
```

上面使用 vim 编辑器新建了一个脚本文件 pre_deal.sh，请在这个脚本文件中加入以下代码。

```
#!/bin/bash
#设置输入文件, 把用户执行 pre_deal.sh 命令时提供的第一个参数作为输入文件的名称
infile=$1
#设置输出文件, 把用户执行 pre_deal.sh 命令时提供的第二个参数作为输出文件的名称
outfile=$2
#注意, 最后的$infile> $outfile 必须跟在}'这两个字符的后面
awk -F "," 'BEGIN{
srand();
        id=0;
        Province[0]="山东";Province[1]="山西";Province[2]="河南";
        Province[3]="河北";Province[4]="陕西";Province[5]="内蒙古";
        Province[6]="上海市";Province[7]="北京市";Province[8]="重庆市";
        Province[9]="天津市";Province[10]="福建";Province[11]="广东";
        Province[12]="广西";Province[13]="云南";Province[14]="浙江";
        Province[15]="贵州";Province[16]="新疆";Province[17]="西藏";
        Province[18]="江西";Province[19]="湖南";Province[20]="湖北";
        Province[21]="黑龙江";Province[22]="吉林";Province[23]="辽宁";
        Province[24]="江苏";Province[25]="甘肃";Province[26]="青海";
        Province[27]="四川";Province[28]="安徽"; Province[29]="宁夏";
        Province[30]="海南";Province[31]="香港";Province[32]="澳门";
        Province[33]="台湾";
    }
    {
        id=id+1;
        value=int(rand()*34);
        print id"\t"$1"\t"$2"\t"$3"\t"$5"\t"substr($6,1,10)"\t"Province[value]
    }' $infile> $outfile
```

上述代码也可以直接到教材官网"下载专区"下载,位于"代码"目录的"第 12 章"子目录下,文件名是 pre_deal.sh。为了更好地理解上面的代码,这里给出 awk 命令的基本形式。

```
awk -F "," '处理逻辑' $infile> $outfile
```

使用 awk 命令可以逐行读取输入文件,并逐行进行相应操作。其中,-F 参数用于指出每行记录的不同字段之间用什么字符进行分隔,这里使用逗号进行分隔。处理逻辑代码需要用两个英文单引号引起来。$infile 是输入文件的名称,这里输入 small_user.csv。$outfile 表示处理结束后输出文件的名称,后面会使用 user_table.txt 作为输出文件的名称。

在前文的 pre_deal.sh 代码的处理逻辑部分,srand( )用于生成随机数的种子,id 是为数据集新增的一个字段,它是一个自增类型,每条记录增加 1,这样可以保证每条记录具有唯一性。这里再为数据集新增一个省份字段,用来进行后面的数据可视化分析。为了给每条记录增加一个省份字段值,这里先用 Province[ ]数组保存全国各个省份的信息,然后,在遍历数据集 small_user.csv 的时候,每遍历到其中一条记录,就使用 value=int(rand( )*34)语句随机生成一个 0~33 的整数,作为 Province 省份值,然后,从 Province[ ]数组中获取该省份值对应的省份名称,增加到该条记录中。

substr($6,1,10)这条语句是为了截取时间字段 time 的年、月、日,方便后续存储为 date 格式。awk 命令每遍历到一条记录时,每条记录包含 6 个字段,其中第 6 个字段是时间字段,substr($6,1,10)语句表示获取第 6 个字段的值,截取前 10 个字符,第 6 个字段是类似"2014-12-08 18"(表示 2014 年 12 月 8 日 18 时)这样的字符串,substr($6,1,10)语句执行截

取操作后，就丢弃了小时字段，只保留了年、月、日。

另外，代码中还包含如下这条语句。

```
print id"\t"$1"\t"$2"\t"$3"\t"$5"\t"substr($6,1,10)"\t"Province[value]
```

在这条语句中，丢弃了每行记录的第 4 个字段，所以，没有出现$4。生成后的文件用 \t 进行分隔，这样，后续查看数据的时候，显示效果会更加整齐、美观，每个字段在排版的时候会对齐显示；相反，如果用逗号分隔，显示效果会比较乱。

最后，保存 pre_deal.sh 代码文件，退出 vim 编辑器。

下面执行 pre_deal.sh 脚本文件，对 small_user.csv 数据集进行数据预处理，命令如下。

```
$ cd /usr/local/bigdatacase/dataset
$ bash ./pre_deal.sh small_user.csv user_table.txt
```

可以查看生成的 user_table.txt 文件，但是，不要直接打开，因为文件过大，直接打开会出错。可以使用 head 命令查看前 10 行数据。

```
$ head -10 user_table.txt
```

执行上面的命令以后，可以得到如下结果。

1	10001082	285259775	1	4076	2014-12-08	广东
2	10001082	4368907	1	5503	2014-12-12	河南
3	10001082	4368907	1	5503	2014-12-12	甘肃
4	10001082	53616768	1	9762	2014-12-02	北京市
5	10001082	151466952	1	5232	2014-12-12	安徽
6	10001082	53616768	4	9762	2014-12-02	北京市
7	10001082	290088061	1	5503	2014-12-12	山东
8	10001082	298397524	1	10894	2014-12-12	福建
9	10001082	32104252	1	6513	2014-12-12	湖南
10	10001082	323339743	1	10894	2014-12-12	山东

12.4.3　数据库的导入

下面要把 user_table.txt 文件中的数据导入数据仓库 Hive 中。为了完成这个操作，首先需要把 user_table.txt 文件上传到分布式文件系统 HDFS 中，然后，在 Hive 中创建一张外部表，完成数据的导入。

1．启动 HDFS

HDFS 是 Hadoop 的核心组件，因此，要使用 HDFS，必须先安装 Hadoop。这里假设已经安装了 Hadoop，本书使用的是 Hadoop 3.3.5，安装目录是/usr/local/hadoop。

下面登录 Linux 系统，打开一个终端，执行以下命令启动 Hadoop。

```
$ cd /usr/local/hadoop
$ ./sbin/start-dfs.sh
```

然后，执行 jps 命令查看当前运行的进程。

```
$ jps
```

如果出现如下这些进程，说明 Hadoop 已经启动成功。

```
3800 Jps
3261 DataNode
3134 NameNode
3471 SecondaryNameNode
```

2．把 user_table.txt 文件上传到 HDFS 中

现在，需要把 Linux 本地文件系统中的 user_table.txt 文件上传到分布式文件系统 HDFS 中，并将其存放在 HDFS 的/bigdatacase/dataset 目录下。

首先，需要在 HDFS 的根目录下创建一个新的目录 bigdatacase，并在这个目录下创建一个子目录 dataset，具体命令如下。

```
$ cd /usr/local/hadoop
$ ./bin/hdfs dfs -mkdir -p /bigdatacase/dataset
```

然后，把 Linux 本地文件系统中的 user_table.txt 文件上传到分布式文件系统 HDFS 的/bigdatacase/dataset 目录下，命令如下。

```
$ ./bin/hdfs dfs -put /usr/local/bigdatacase/dataset/user_table.txt
/bigdatacase/dataset
```

现在可以查看 HDFS 中 user_table.txt 文件的前 10 条记录，命令如下。

```
$ ./bin/hdfs dfs -cat /bigdatacase/dataset/user_table.txt | head -10
```

3．在 Hive 上创建数据库

这里假设已经完成了 Hive 的安装，并且使用 MySQL 数据库保存了 Hive 的元数据。本书安装的是 Hive 3.1.3，安装目录是/usr/local/hive。

下面在 Linux 系统中再新建一个终端（可以在前文已经建好的终端界面的左上角，单击"终端"菜单，在弹出的子菜单中选择"新建终端"命令）。因为需要借助 MySQL 保存 Hive 的元数据，所以先启动 MySQL 数据库。可以在终端中执行如下命令。

```
$ service mysql start  #可以在 Linux 的任何目录下执行该命令
```

由于 Hive 是基于 Hadoop 的数据仓库，使用 HiveQL 撰写的查询语句，最终都会被 Hive 自动解析成 MapReduce 任务由 Hadoop 具体执行，因此，需要先启动 Hadoop，再启动 Hive。由于前文已经启动了 Hadoop，所以这里不需要再次启动 Hadoop。下面在这个新的终端中执行以下命令启动 Hive。

```
$ cd /usr/local/hive
$ ./bin/hive    #启动 Hive
```

启动成功以后，就进入了 hive>命令提示符状态，可以输入类似 SQL 语句的 HiveQL 语句。

下面需要在 Hive 中创建一个数据库 dblab，命令如下（注意，不是 Shell 命令，是在 hive>命令提示符状态下的 Hive 命令）。

```
hive> create database dblab;
hive>use dblab;
```

4．创建外部表

关于数据仓库 Hive 的内部表和外部表的区别，可以查看相关网络资料了解，这里不赘

述。本例采用外部表方式。现在要在数据库 dblab 中创建一张外部表 bigdata_user，它包含字段（id、uid、item_id、behavior_type、item_category、visit_date、province），在 hive>命令提示符下执行如下命令。

```
hive>  CREATE EXTERNAL TABLE dblab.bigdata_user(id INT,uid STRING,item_id STRING,
behavior_type INT,item_category STRING,visit_date DATE,province STRING) COMMENT
'Welcome to xmudblab!' ROW FORMAT DELIMITED FIELDS TERMINATED BY '\t' STORED AS
TEXTFILE LOCATION '/bigdatacase/dataset';
```

5. 查询数据

前文已经成功地把 HDFS 中/bigdatacase/dataset 目录下的数据加载到了数据仓库 Hive 中。然后，在 hive>命令提示符状态下执行以下命令查看表的信息。

```
hive> use dblab; //使用 dblab 数据库
hive> show tables; //显示数据库中的所有表
hive> show create table bigdata_user; //查看 bigdata_user 表的各种属性
```

还可以执行以下命令查看表的简单结构。

```
hive> desc bigdata_user;
```

现在可以使用以下命令查询相关数据。

```
hive>select* from bigdata_user limit 10;
hive>select behavior_type from bigdata_user limit 10;
```

12.5 利用 Hive 进行数据分析

本节介绍步骤二的各项操作，包括简单查询分析、查询条数统计分析、关键字条件查询分析、根据用户行为分析和用户实时查询分析等。

12.5.1 简单查询分析

首先执行一条简单的指令。

```
hive>select behavior_type from bigdata_user limit 10;#查看前 10 位用户对商品的行为
```

如果要查出每位用户购买商品时的多种信息，则输出语句的格式如下。

```
select 列 1,列 2,….,列 n from 表名;
```

例如，查询前 20 位用户购买商品时的时间和商品的种类，语句如下。

```
hive>select visit_date,item_category from bigdata_user limit 20;
```

有时在表中查询可以利用嵌套语句，如果列名太复杂，可以为该列设置别名，以简化操作的难度，举例如下。

```
hive> select e.bh, e.it from (select behavior_type as bh, item_category as it
from bigdata_user) as e  limit 20;
```

上面的语句中，behavior_type as bh, item_category as it 就是为 behavior_type 设置别名 bh，为 item_category 设置别名 it，from 后括号里的内容设置别名为 e，这样调用时就可以使用 e.bh 和 e.it 来简化代码。

12.5.2 查询条数统计分析

1. 用聚合函数 count( ) 计算出表内有多少行数据

```
hive>select count(*) from bigdata_user;
```

执行结果如下。

```
hive> select count(*) from bigdata_user;
OK
300000
Time taken: 5.547 seconds, Fetched: 1 row(s)
```

可以看到,在执行结果的最后有一个数字是 300000,因为导入 Hive 中的 small_user.csv 数据集中包含 300000 条记录。

2. 在函数内部加上 distinct,查出 uid 不重复的数据有多少条

命令如下。

```
hive>select count(distinct uid) from bigdata_user;
```

执行结果如下。

```
OK
270
Time taken: 2.02 seconds, Fetched: 1 row(s)
```

3. 查询不重复的数据有多少条(为了排除客户刷单)

命令如下。

```
hive>selectcount(*) from(select uid,item_id,behavior_type,item_category,visit_date,
province from bigdata_user group by uid,item_id,behavior_type,item_category,visit_
date,province having count(*)=1) a;
```

执行结果如下。

```
OK
284332
Time taken: 9.419 seconds, Fetched: 1 row(s)
```

可以看出,排除重复信息以后只有 284332 条记录。需要注意的是,最好为嵌套语句设置别名,就是上面的 a,否则很容易出现如图 12-3 所示的错误信息。

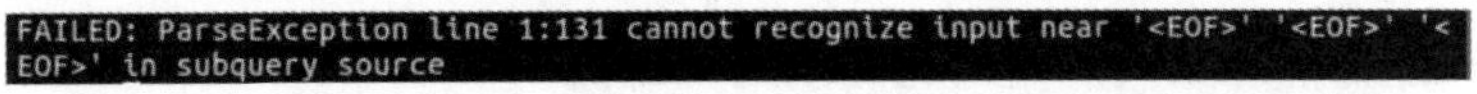

```
FAILED: ParseException line 1:131 cannot recognize input near '<EOF>' '<EOF>' '<
EOF>' in subquery source
```

图 12-3　错误信息

12.5.3 关键字条件查询分析

1. 以关键字的存在区间为条件的查询

使用 where 关键字可以缩小查询分析的范围,并且可以提升精确度。

（1）查询 2014 年 12 月 10 日到 2014 年 12 月 13 日有多少人浏览了商品。

```
hive>select count(*) from bigdata_user where behavior_type='1' and visit_date<'2014-12-13'
and visit_date>'2014-12-10';
```

执行结果如下。

```
OK
26329
Time taken: 1.885 seconds, Fetched: 1 row(s)
```

（2）以月的第 n 天为统计单位，依次显示第 n 天网站卖出的商品的个数。

```
hive>select count(distinct uid),day(visit_date)from bigdata_user where behavior_
type='4' group by day(visit_date);
```

执行结果如下。

```
OK
37    1
48    2
42    3
38    4
42    5
33    6
...  //这里省略若干内容
30    27
34    28
39    29
38    30
Time taken: 1.623 seconds, Fetched: 30 row(s)
```

2．以关键字赋予的给定值为条件，对其他数据进行分析

取给定时间和给定地点，求当天发出到该地点的货物的数量，命令如下。

```
hive> select count(*) from bigdata_user where province='江西' and visit_date=
'2014-12-12' and behavior_type='4';
```

执行结果如下。

```
OK
17
Time taken: 1.954 seconds, Fetched: 1 row(s)
```

12.5.4　根据用户行为分析

本节只给出查询语句，不再给出执行结果。

1．查询一件商品在某天的购买比例或浏览比例

```
hive> select count(*) from bigdata_user where visit_date='2014-12-11' and behavior_
type='4';
#查询有多少用户在 2014-12-11 购买了商品
hive> select count(*) from bigdata_user where visit_date ='2014-12-11';
#查询有多少用户在 2014-12-11 浏览了该店的商品
```

根据上面的语句得到购买数量和浏览数量，两个数相除即可得出当天该商品的购买率。

2．查询某个用户在某一天点击网站占该天所有点击行为的比例（点击行为包括浏览、加入购物车、收藏、购买等）

```
hive> select count(*) from bigdata_user where uid=10001082 and visit_date=
'2014-12-12';#查询用户 10001082 在 2014-12-12 点击网站的次数
hive> select count(*) from bigdata_user where visit_date='2014-12-12';
#查询所有用户在这一天点击该网站的次数
```

将上面两条语句的结果相除，就得到了要求的比例。

3．给定购买商品的数量范围，查询某一天在该网站购买该数量商品的用户 ID

```
hive> select uid from bigdata_user where behavior_type='4' and visit_date=
'2014-12-12' group by uid having count(behavior_type='4')>5;
#查询某一天在该网站购买商品超过 5 次的用户 ID
```

12.5.5　用户实时查询分析

查询某个地区的用户当天浏览网站的次数，语句如下。

```
hive> create table scan(province STRING,scan INT) COMMENT 'This is the search
of bigdataday' ROW FORMAT DELIMITED FIELDS TERMINATED BY '\t' STORED AS TEXTFILE;
#创建新的数据表进行存储
hive> insert overwrite table scan select province,count(behavior_type) from
bigdata_user where behavior_type='1' group by province;#导入数据
hive> select * from scan;#显示结果
```

执行结果如下。

```
上海市 8364
云南   8454
内蒙古 8172
北京市 8258
...  //这里省略若干行
陕西   8379
青海   8427
香港   8386
黑龙江 8309
Time taken: 0.248 seconds, Fetched: 34 row(s)
```

12.6　Hive、MySQL、HBase 数据互导

本节介绍步骤三的各项操作，包括 Hive 预操作、使用 Java API 将数据从 Hive 导入 MySQL 中、使用 HBase Java API 把数据从本地导入 HBase 中。

12.6.1　Hive 预操作

1．创建临时表 user_action

```
hive> create table dblab.user_action(id STRING,uid STRING, item_id STRING, behavior_
```

```
type STRING, item_category STRING, visit_date DATE, province STRING) COMMENT 'Welcome
to XMU dblab!' ROW FORMAT DELIMITED FIELDS TERMINATED BY '\t' STORED AS TEXTFILE;
```

这条命令执行完以后，Hive 会自动在 HDFS 中创建对应的数据文件/user/hive/warehouse/dblab.db/user_action。

现在可以新建一个终端，执行如下命令进行查看，确认这个数据文件在 HDFS 中确实已经被创建了。

```
$ cd /usr/local/hadoop
$./bin/hdfs dfs -ls /user/hive/warehouse/dblab.db/
```

这条命令执行以后，可以看到如下结果。

```
Found 2 items
drwxr-xr-x   - hadoop supergroup          0 2024-07-15 11:51 /user/hive/warehouse/
dblab.db/scan
drwxr-xr-x   - hadoop supergroup          0 2024-07-15 11:52 /user/hive/warehouse/
dblab.db/user_action
```

上述结果可以说明，这个数据文件在 HDFS 中确实已经被创建了。注意，这个 HDFS 中的数据文件在后面的"使用 HBase Java API 把数据从本地导入 HBase 中"部分会使用到。

2．将 bigdata_user 表中的数据插入 user_action

在 12.5 节中已经在 Hive 的 dblab 数据库中创建了一张外部表 bigdata_user。下面把 dblab.bigdata_user 表中的数据插入 dblab.user_action 表中，命令如下。

```
hive> INSERT OVERWRITE TABLE dblab.user_action select * from dblab.bigdata_user;
```

然后执行下面的命令查询上面的插入命令是否成功执行。

```
hive>select * from user_action limit 10;
```

执行结果如图 12-4 所示。

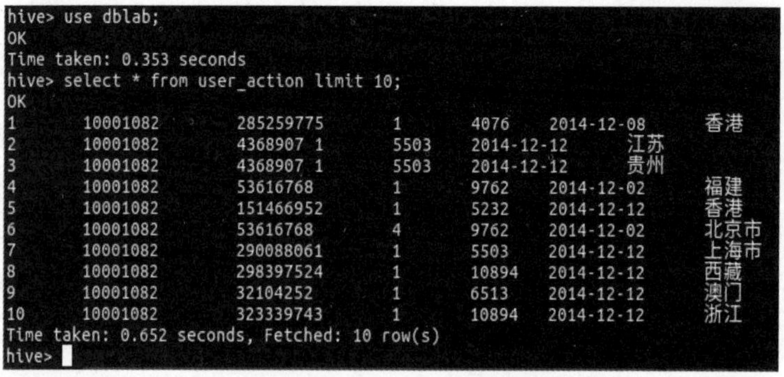

图 12-4　select 语句的执行结果

12.6.2　使用 Java API 将数据从 Hive 导入 MySQL 中

1．将前文生成的临时表的数据从 Hive 导入 MySQL 中

（1）登录 MySQL

在 Linux 系统中执行下面的命令，新建一个终端。

```
$ mysql -u root -p
```

为了简化操作，本书直接使用 root 用户登录 MySQL 数据库，但是，在实际应用中，建议在 MySQL 中另外创建一个用户。

执行上面的命令以后，就进入了 mysql>命令提示符状态。

（2）创建数据库

```
mysql> show databases; #显示所有数据库
mysql> create database dblab; #创建dblab数据库
mysql> use dblab; #使用数据库
```

使用下面的命令查看数据库的编码，会显示如图 12-5 所示的结果。

```
mysql>show variables like "char%";
```

确认当前编码格式为 utf8，否则无法导入中文。上面的查询结果中，character_set_database 的编码格式是 latin1，不是 utf8，因此需要修改。如果当前编码不是 utf8，请参考教材官网的内容，把编码格式修改为 utf8。修改编码格式后，再次执行 show variables like "char%"命令，会得到如图 12-6 所示的结果。

```
+--------------------------+----------------------------+
| Variable_name            | Value                      |
+--------------------------+----------------------------+
| character_set_client     | utf8                       |
| character_set_connection | utf8                       |
| character_set_database   | latin1                     |
| character_set_filesystem | binary                     |
| character_set_results    | utf8                       |
| character_set_server     | latin1                     |
| character_set_system     | utf8                       |
| character_sets_dir       | /usr/share/mysql/charsets/ |
+--------------------------+----------------------------+
8 rows in set (0.00 sec)
```

图 12-5　初始的数据库字符集的编码格式

```
+--------------------------+----------------------------+
| Variable_name            | Value                      |
+--------------------------+----------------------------+
| character_set_client     | utf8                       |
| character_set_connection | utf8                       |
| character_set_database   | utf8                       |
| character_set_filesystem | binary                     |
| character_set_results    | utf8                       |
| character_set_server     | utf8                       |
| character_set_system     | utf8                       |
| character_sets_dir       | /usr/share/mysql/charsets/ |
+--------------------------+----------------------------+
8 rows in set (0.00 sec)
```

图 12-6　修改后的数据库字符集的编码格式

从修改后的结果中可以看出，此时 character_set_database 的编码格式是 utf8。

（3）创建表

下面在 MySQL 的 dblab 数据库中创建一张新表 user_action，并设置其编码格式为 utf。

```
mysql> CREATE TABLE `dblab`.`user_action` (`id` varchar(50),`uid` varchar(50),
`item_id` varchar(50),`behavior_type` varchar(10),`item_category` varchar(50), `visit_
date` DATE,`province` varchar(20)) ENGINE=InnoDB DEFAULT CHARSET=utf8;
```

提示：语句中的引号是反引号`（在键盘左上角 Esc 键下方），不是单引号'。

创建成功后，执行下面的命令退出 MySQL。

```
mysql> exit
```

（4）导入数据

通过 JDBC 连接 Hive 和 MySQL，将数据从 Hive 导入 MySQL 中。通过 JDBC 连接 Hive，需要通过 Hive 的 Thrift 服务实现跨语言访问 Hive，实现 Thrift 服务需要开启 hiveserver2。

首先，在 Hadoop 的配置文件 core-site.xml 中添加以下配置信息。

```
<property>
    <name>hadoop.proxyuser.hadoop.hosts</name>
    <value>*</value>
</property>
<property>
```

```
            <name>hadoop.proxyuser.hadoop.groups</name>
            <value>*</value>
</property>
```

然后，重启 Hadoop 以后，在目录/usr/local/hive 下执行以下命令开启 hiveserver2，并且设置默认端口为 10000。

```
$ cd /usr/local/hive
$ ./bin/hive --service hiveserver2 -hiveconf hive.server2.thrift.port=10000
```

启动时，当出现 Hive Session ID = fc21e113-2b5e-4c7f-a037-8610a16e62db 信息时，会停留较长的时间，出现 3 个 Hive Session ID=...以后，Hive 才真正启动成功。启动成功以后，会出现如图 12-7 所示的信息。

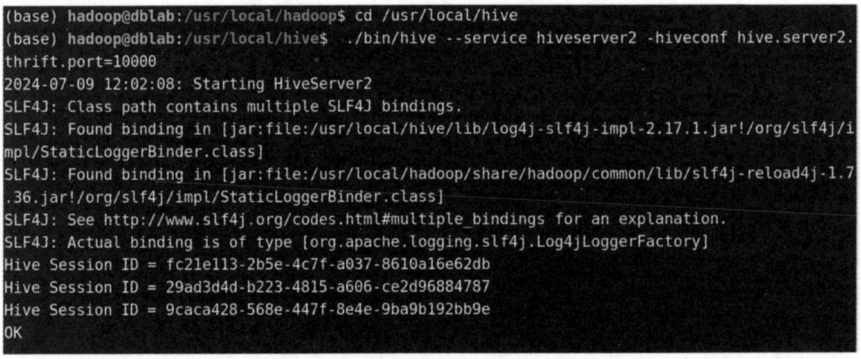

```
(base) hadoop@dblab:/usr/local/hadoop$ cd /usr/local/hive
(base) hadoop@dblab:/usr/local/hive$ ./bin/hive --service hiveserver2 -hiveconf hive.server2.
thrift.port=10000
2024-07-09 12:02:08: Starting HiveServer2
SLF4J: Class path contains multiple SLF4J bindings.
SLF4J: Found binding in [jar:file:/usr/local/hive/lib/log4j-slf4j-impl-2.17.1.jar!/org/slf4j/i
mpl/StaticLoggerBinder.class]
SLF4J: Found binding in [jar:file:/usr/local/hadoop/share/hadoop/common/lib/slf4j-reload4j-1.7
.36.jar!/org/slf4j/impl/StaticLoggerBinder.class]
SLF4J: See http://www.slf4j.org/codes.html#multiple_bindings for an explanation.
SLF4J: Actual binding is of type [org.apache.logging.slf4j.Log4jLoggerFactory]
Hive Session ID = fc21e113-2b5e-4c7f-a037-8610a16e62db
Hive Session ID = 29ad3d4d-b223-4815-a606-ce2d96884787
Hive Session ID = 9caca428-568e-447f-8e4e-9ba9b192bb9e
OK
```

图 12-7　Hive 成功启动以后出现的信息

启动结束后，新建一个终端，使用如下命令查看 10000 号端口是否已经被占用。

```
$ sudo netstat -anp|grep 10000
```

如果显示 10000 号端口已经被占用，如图 12-8 所示，则启动成功。

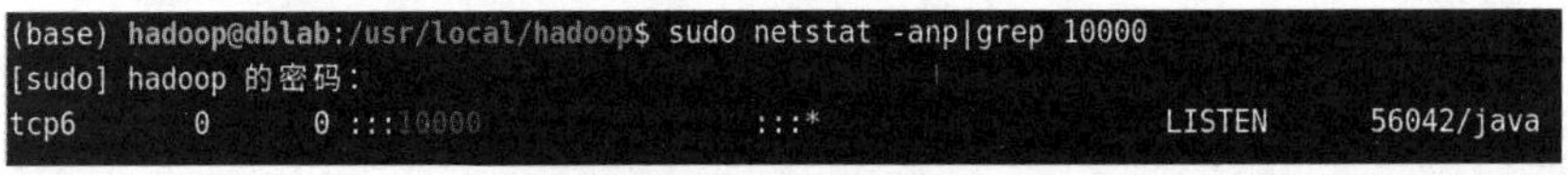

```
(base) hadoop@dblab:/usr/local/hadoop$ sudo netstat -anp|grep 10000
[sudo] hadoop 的密码:
tcp6      0      0 :::10000              :::*                    LISTEN      56042/java
```

图 12-8　10000 号端口被占用

启动 Eclipse，建立 Java 工程，通过 Build Path 添加/usr/local/hadoop/share/hadoop/common/lib 下的所有 JAR 包，并且添加/usr/local/hive/lib 下的所有 JAR 包。然后，编写 Java程序 HivetoMySQL.java，把数据从 Hive 加载到 MySQL 中。HivetoMySQL.java 的具体代码如下。

```
import java.sql.*;
import java.sql.SQLException;

public class HivetoMySQL {
    private static String driverName = "org.apache.hive.jdbc.HiveDriver";
    private static String driverName_mysql = "com.mysql.cj.jdbc.Driver";
    public static void main(String[] args) throws SQLException {
        try {
            Class.forName(driverName);
        }catch (ClassNotFoundException e) {
```

```
            // TODO Auto-generated catch block
            e.printStackTrace();
            System.exit(1);
        }
        Connection con1 = DriverManager.getConnection("jdbc:hive2://localhost:
10000/default", "hive", "hive");//后两个参数是用户名和密码

        if(con1 == null)
            System.out.println("连接失败");
        else {
            Statement stmt = con1.createStatement();
            String sql = "select * from dblab.user_action";
            System.out.println("Running: " + sql);
            ResultSet res = stmt.executeQuery(sql);

            //InsertToMysql
            try {
                Class.forName(driverName_mysql);
                Connection con2 = DriverManager.getConnection("jdbc:mysql://localhost:
3306/dblab?useUnicode=true&characterEncoding=utf8&useSSL=false","root","123456");
                String sql2 = "insert into user_action(id,uid,item_id,behavior_
type, item_category,visit_date,province) values (?,?,?,?,?,?,?)";
                PreparedStatement ps = con2.prepareStatement(sql2);
                while (res.next()) {
                    ps.setString(1,res.getString(1));
                    ps.setString(2,res.getString(2));
                    ps.setString(3,res.getString(3));
                    ps.setString(4,res.getString(4));
                    ps.setString(5,res.getString(5));
                    ps.setDate(6,res.getDate(6));
                    ps.setString(7,res.getString(7));
                    ps.executeUpdate();
                }
                ps.close();
                con2.close();
                res.close();
                stmt.close();
                System.out.println("执行完毕");
            } catch (ClassNotFoundException e) {
                e.printStackTrace();
            }
        }
        con1.close();
    }
}
```

上述代码也可以直接到教材官网"下载专区"下载,位于"代码"目录下,文件名是 HivetoMySQL.java。

上面的程序在执行过程中会消耗较长的时间,因为需要插入 30 万条记录到 MySQL 数据库中,执行结束以后,在 MySQL Shell 界面中执行 select count(*) from user_action;命令,如果输出如图 12-9 所示的结果信息,则表示导入成功。实际上,也可以在程序执行过程中,在 MySQL Shell 界面中不断执行 select count(*) from user_action;命令,若看到结果的数值在动态增加,则说明不断有新的记录被插入 MySQL 数据库中。

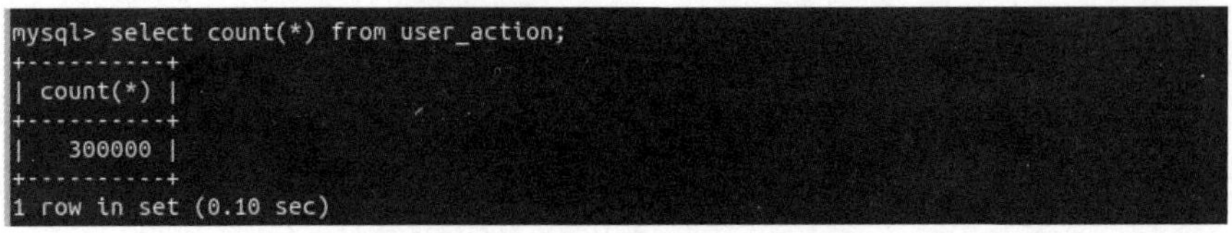

```
mysql> select count(*) from user_action;
+----------+
| count(*) |
+----------+
|   300000 |
+----------+
1 row in set (0.10 sec)
```

图 12-9　导入成功时 select 操作的结果信息

2．查看 MySQL 中 user_action 表中的数据

下面需要再次启动 MySQL，进入 mysql>命令提示符状态。

```
$ mysql -u root -p
```

系统会提示输入 MySQL 的 root 用户的密码，本书中安装的 MySQL 数据库的 root 用户的密码是 hadoop。

然后执行下面的命令查询 user_action 表中的数据。

```
mysql> use dblab;
mysql> select * from user_action limit 10;
```

会得到下面的查询结果。

```
+--------+-----------+-----------+---------------+---------------+------------+-----------+
| id     | uid       | item_id   | behavior_type | item_category | visit_date | province  |
+--------+-----------+-----------+---------------+---------------+------------+-----------+
| 225653 | 102865660 | 164310319 | 1             | 5027          | 2014-12-08 | 福建      |
| 225654 | 102865660 | 72511722  | 1             | 1121          | 2014-12-13 | 天津市    |
| 225655 | 102865660 | 334372932 | 1             | 5027          | 2014-11-30 | 江苏      |
| 225656 | 102865660 | 323237439 | 1             | 5027          | 2014-12-02 | 广东      |
| 225657 | 102865660 | 323237439 | 1             | 5027          | 2014-12-07 | 山西      |
| 225658 | 102865660 | 34102362  | 1             | 1863          | 2014-12-13 | 内蒙古    |
| 225659 | 102865660 | 373499226 | 1             | 12388         | 2014-11-26 | 湖北      |
| 225660 | 102865660 | 271583890 | 1             | 5027          | 2014-12-06 | 山西      |
| 225661 | 102865660 | 384764083 | 1             | 5399          | 2014-11-26 | 安徽      |
| 225662 | 102865660 | 139671483 | 1             | 5027          | 2014-12-03 | 广东      |
+--------+-----------+-----------+---------------+---------------+------------+-----------+
10 rows in set (0.00 sec)
```

至此，从 Hive 导入数据到 MySQL 中的操作，已顺利完成。

12.6.3　使用 HBase Java API 把数据从本地导入 HBase 中

1．启动 Hadoop 集群、HBase 服务

首先确保启动了 Hadoop 集群和 HBase 服务。如果还没有启动，请在 Linux 系统中打开一个终端。首先，按照下面的命令启动 Hadoop。

```
$ cd /usr/local/hadoop
$ ./sbin/start-dfs.sh
```

然后，按照下面的命令启动 HBase。

```
$ cd /usr/local/hbase
```

```
$ ./bin/start-hbase.sh
$ ./bin/hbase shell
```

2. 数据准备

实际上，也可以编写 Java 程序直接从 HDFS 中读取数据并加载到 HBase 中。但是，这里展示的是如何用 Java 程序把本地数据导入 HBase 中。只需要对程序做简单修改，就可以实现从 HDFS 中读取数据并加载到 HBase 中。

首先，将之前的 user_action 数据从 HDFS 复制到 Linux 系统的本地文件系统中，命令如下。

```
$ cd /usr/local/bigdatacase/dataset
$ /usr/local/hadoop/bin/hdfs dfs -get /user/hive/warehouse/dblab.db/user_action .
#将 HDFS 上的 user_action 数据复制到当前目录，注意.表示当前目录
$ cat ./user_action/* | head -10      #查看前 10 行数据
$ cat ./user_action/00000* > user_action.output
#将 00000*文件复制一份，重命名为 user_action.output，*表示通配符
$ head user_action.output   #查看 user_action.output 的前 10 行
```

3. 编写数据导入程序

这里采用 Eclipse 编写 Java 程序 ImportHBase.java，实现 HBase 数据的导入功能，具体代码如下。

```
import java.io.BufferedReader;
import java.io.FileInputStream;
import java.io.IOException;
import java.io.InputStreamReader;
import java.util.List;
import org.apache.hadoop.conf.Configuration;
import org.apache.hadoop.hbase.HBaseConfiguration;
import org.apache.hadoop.hbase.*;
import org.apache.hadoop.hbase.client.*;
import org.apache.hadoop.hbase.util.Bytes;
public class ImportHBase extends Thread {
    public Configuration config;
    public Connection conn;
    public Table table;
    public Admin admin;
    public ImportHBase() {
        config = HBaseConfiguration.create();
        try {
            conn = ConnectionFactory.createConnection(config);
            admin = conn.getAdmin();
            table = conn.getTable(TableName.valueOf("user_action"));
        } catch (IOException e) {
            e.printStackTrace();
        }
    }
    public static void main(String[] args) throws Exception {
        if (args.length == 0) {
            //第一个参数是该 JAR 所使用的类，第二个参数是数据集所存放的路径
            throw new Exception("You must set input path!");
```

```java
        }
        String fileName = args[args.length-1];   //输入的文件路径是最后一个参数
        ImportHBase test = new ImportHBase();
        test.importLocalFileToHBase(fileName);
    }
    public void importLocalFileToHBase(String fileName) {
        long st = System.currentTimeMillis();
        BufferedReader br = null;
        try {
            br = new BufferedReader(new InputStreamReader(new FileInputStream(
                    fileName)));
            String line = null;
            int count = 0;
            while ((line = br.readLine()) != null) {
                count++;
                put(line);
                if (count % 10000 == 0)
                    System.out.println(count);
            }
        } catch (IOException e) {
            e.printStackTrace();
        } finally {
            if (br != null) {
                try {
                    br.close();
                } catch (IOException e) {
                    e.printStackTrace();
                }
            }
            try {
                table.close(); // 必须关闭客户端
            } catch (IOException e) {
                e.printStackTrace();
            }
        }
        long en2 = System.currentTimeMillis();
        System.out.println("Total Time: " + (en2 - st) + " ms");
    }
    @SuppressWarnings("deprecation")
    public void put(String line) throws IOException {
        String[] arr = line.split("\t", -1);
        String[] column = {"id","uid","item_id","behavior_type","item_category",
"date","province"};
        if (arr.length == 7) {
            Put put = new Put(Bytes.toBytes(arr[0]));// 行键
            for(int i=1;i<arr.length;i++){
                put.addColumn(Bytes.toBytes("f1"), Bytes.toBytes(column[i]),
Bytes.toBytes(arr[i]));
            }
            table.put(put); //写入服务器
        }
    }
    public void get(String rowkey, String columnFamily, String column,
            int versions) throws IOException {
        long st = System.currentTimeMillis();
```

```
        Get get = new Get(Bytes.toBytes(rowkey));
        get.addColumn(Bytes.toBytes(columnFamily), Bytes.toBytes(column));
        Scan scanner = new Scan(get);
        scanner.readVersions(versions);
        ResultScanner rsScanner = table.getScanner(scanner);
        for (Result result : rsScanner) {
            final List<Cell> list = result.listCells();
            for (final Cell kv : list) {
                System.out.println(Bytes.toStringBinary(kv.getValueArray()) + "\t"
                    + kv.getTimestamp()); //时间戳
            }
        }
        rsScanner.close();
        long en2 = System.currentTimeMillis();
        System.out.println("Total Time: " + (en2 - st) + " ms");
    }
}
```

在 Eclipse 中编写完上述代码，参考教材官网中关于使用 Eclipse 开发 HBase 程序的方法，将其编译打包成可执行 JAR 包，并命名为 ImportHBase.jar。然后，在/usr/local/bigdatacase/目录下新建一个 hbase 子目录，用来存放 ImportHBase.jar。

4. 数据导入

下面开始执行数据导入操作。使用前文编写的 Java 程序 ImportHBase.jar，将数据从本地导入 HBase 中。注意，在导入之前，请先创建 user_action 表。请在之前已经打开的 HBase Shell 窗口中（也就是在 hbase>命令提示符下）执行下面的操作。

```
hbase>create 'user_action',{NAME=>'f1',VERSIONS=>5}
```

下面就可以输入 hadoop jar 命令来运行编写的 Java 程序。

```
$ cd /usr/local/bigdatacase/hbase
$ /usr/local/hadoop/bin/hadoop jar /usr/local/bigdatacase/hbase/ImportHBase.jar
ImportHBase /usr/local/bigdatacase/dataset/user_action.output
```

hadoop jar 命令的含义如表 12-5 所示。

表 12-5　hadoop jar 命令的含义

命令	含义
/usr/local/hadoop/bin/hadoop jar	hadoop jar 包执行方式
/usr/local/bigdatacase/hbase/ImportHBase.jar	JAR 包的路径
HBaseImportTest	主函数入口
/usr/local/bigdatacase/dataset/user_action.output	main( )方法接收的参数 args，用来指定输入文件的路径

这条命令会执行 3 min 左右，执行过程中，会输出执行进度，每执行 1 万条，输出一行信息，所以，整个执行过程的界面中显示如下信息。

```
10000
20000
30000
40000
... //这里省略若干信息
```

```
280000
290000
300000
Total Time: 259001 ms
```

5. 查看 HBase 中 user_action 表中的数据

下面再次切换到 HBase Shell 窗口，执行下面的命令查询数据。

```
habse> scan 'user_action',{LIMIT=>10}    #只查询前面 10 行
```

可以得到下面的查询结果。

```
1         column=f1:behavior_type, timestamp=1480298573684, value=1
1         column=f1:item_category, timestamp=1480298573684, value=4076
1         column=f1:item_id, timestamp=1480298573684, value=285259775
1         column=f1:province, timestamp=1480298573684, value=\xE5\xB9\xBF\xE4\xB8\x9C
1         column=f1:uid, timestamp=1480298573684, value=10001082
1         column=f1:visit_date, timestamp=1480298573684, value=2014-12-08
... //这里省略若干信息
100004    column=f1:behavior_type, timestamp= 1480298594850, value=1
100004    column=f1:item_category, timestamp= 1480298594850, value=12189
100004    column=f1:item_id, timestamp=1480298594850, value=295053167
100004    column=f1:province, timestamp=1480298594850, value=\xE6\xB5\xB7\xE5\x8D\x97
100004    column=f1:uid, timestamp=1480298594850, value=101480065
100004    column=f1:visit_date, timestamp=1480298594850, value=2014-11-26
10 row(s) in 0.6380 seconds
```

至此，步骤三的实验内容顺利结束。

12.7 利用 Matplotlib 进行数据可视化分析

Matplotlib 是 Python 著名的绘图库之一，它提供了一整套和 MATLAB 相似的命令 API，十分适合交互式地绘图。也可以方便地将 Matplotlib 作为绘图控件，嵌入 GUI（图形用户界面）应用程序中。Matplotlib 能够创建多种类型的图表，如条形图、散点图、饼图、堆叠图、3D 图和地图图表等。本节介绍利用 Matplotlib 进行数据可视化分析的各项操作，包括安装 Matplotlib 依赖库和可视化分析等。这里需要读者具备 Python 和 Matplotlib 绘图的基础知识，可以参考教材官网的相关内容学习这两个方面的知识，这里不进行介绍。

12.7.1 安装 Matplotlib 依赖库

参考教材官网，在 Linux 系统中安装 Anaconda（安装包是 Anaconda3-5.3.1-Linux-x86_64.sh）。Anaconda 是一个开源的 Python 发行版本，其包含 Conda、Python 等 180 多个科学包及依赖项。Anaconda 有强大的包管理和环境管理功能，可以轻松地使用和切换不同版本的 Pyhon。

为了实现可视化分析功能，需要为 Python 安装一些依赖库，包括 Matplotlib、Pandas、Pymysql 和 Seaborn。其中，Matplotlib 用于创建各种类型的图表和可视化效果；Pandas 用于数据处理和分析，它是处理和操作数据的强大工具；Pymysql 用于连接到 MySQL 数据库

并执行查询；Seaborn 是基于 Matplotlib 的数据可视化库，提供了更高级的统计图表，可以绘制热力图。

要安装上述依赖库，只需要在 Linux 终端中执行以下命令。

```
$ cd ~/anaconda3/bin
$ pip install matplotlib
$ pip install pandas
$ pip install pymysql
$ pip install seaborn
```

如果在使用 Matplotlib 进行可视化分析的过程中出现绘制的图形有中文乱码的问题，需要采用如下方案解决。

（1）到教材官网的"下载专区"的"软件"目录下下载中文字体文件 simhei.ttf，把该文件放置到如下目录中。

```
~/anaconda3/lib/python3.11/site-packages/matplotlib/mpl-data/fonts/ttf
```

（2）修改~/anaconda3/lib/python3.11/site-packages/matplotlib/mpl-data/matplotlibrc 文件，删除 font.serif 这行前面的注释符号#，并修改这行内容，把 simhei 加入这行末尾，修改后的内容如下所示。

```
font.serif : DejaVu Serif, Bitstream Vera Serif, Computer Modern Roman, New
Century Schoolbook, Century Schoolbook L, Utopia, ITC Bookman, Bookman, Nimbus
Roman No9 L, Times New Roman, Times, Palatino, Charter, serif, simhei
```

（3）执行如下命令删除缓存。

```
$ rm -rf ~/.cache/matplotlib
$ rm -rf ~/.matplotlib
```

（4）在绘图的时候在 Python 代码文件中添加如下代码。

```
plt.rcParams['font.sans-serif'] = ['SimHei']      # 用来正常显示中文标签 SimHei
plt.rcParams['axes.unicode_minus'] = False        # 用来正常显示负号
```

这样，绘制的图形中就不会出现中文乱码的问题了。

12.7.2 可视化分析

以下代码都可以在 Python 环境中直接运行，只需要成功连接 MySQL 并获取数据，便可以获得可视化分析的结果。

1．连接 MySQL 并获取数据

在 Linux 中执行如下命令，新建一个代码文件 visualization.py。

```
$ cd ~
$ vim visualization.py
```

首先使用 Pymysql 库连接 MySQL 数据库，并将用户行为数据读取到 Pandas DataFrame 中，这里假设数据库的主机地址为 localhost，用户名为 root，密码为 123456，在 visualization.py 中添加如下代码。

```
import pandas as pd
import pymysql
```

```
import matplotlib.pyplot as plt
# 建立数据库连接
db_connection = pymysql.connect(
    host="localhost",          # 修改为数据库主机地址
    user="root",               # 修改为数据库用户名
    password="123456",         # 修改为数据库密码
    database="dblab"           # 读取步骤三中已经存入的数据库
)
# 从数据库中读取数据
query = "SELECT * FROM user_action;"                # 定义一个查询, 查询 user_action 表
data = pd.read_sql_query(query, db_connection) # 执行查询并加载结果至 data
# 关闭数据库连接
db_connection.close()
```

然后，可以执行如下命令运行 visualization.py。

```
$ cd ~
$ python3 visualization.py
```

通过上述 Python 代码，可以实现连接 MySQL 数据库，对于 pd.read_sql_query( )，这是 Pandas 库中的一个函数，用于执行 SQL 查询并将查询结果加载到 DataFrame 中。这里将定义的查询发送到之前建立的数据库连接，并将查询结果存储在名为 data 的 Pandas DataFrame 中。在之后的可视化分析中，都会用到这个 DataFrame。

2．分析消费者对商品的行为

首先统计不同行为类型的数量，并使用饼图展示用户行为类型的比例分布，Python 代码如下（在 visualization.py 中继续增加如下代码）。

```
# 将 behavior_type 字段转换为数值型
behavior_mapping = {'1': '浏览', '2': '收藏', '3': '加购物车', '4': '购买'}
data['behavior_type'] = data['behavior_type'].map(behavior_mapping)

# 统计不同行为类型的数量
behavior_counts = data['behavior_type'].value_counts()

# 创建一张饼图来显示行为类型比例
plt.figure(figsize=(8, 6))
# 设置中文字体为黑体, 解决负号显示问题
plt.rcParams['font.sans-serif'] = ['SimHei']
plt.rcParams['axes.unicode_minus'] = False
# 绘制饼图
plt.pie(behavior_counts, labels=behavior_counts.index, autopct='%1.1f%%', startangle=140)
plt.title('用户行为类型分布')
plt.savefig('商品行为分析.png',dpi=500)
```

然后，可以执行如下命令运行 visualization.py。

```
$ cd ~
$ python3 visualization.py
```

这段代码实现了从数据库中读取用户行为数据，将行为类型映射为文本描述，统计不

同行为类型的数量，并绘制一张饼图来展示各种行为类型在数据中的分布比例。设置保存的图片名称为"商品行为分析.png"。执行 python3 visualization.py 命令以后，可以在 visualization.py 的当前目录下看到生成的图片文件"商品行为分析.png"。

代码中的字典 behavior_mapping 将数据库的 behavior_type 字段的数值映射到相应的文本描述中，behavior_counts = data['behavior_type'].value_counts() 统计不同行为类型在数据中出现的次数，将结果存储在名为 behavior_counts 的 Pandas Series 中。

对于代码中使用 Matplotlib 进行可视化分析的部分，用 plt.pie() 函数绘制了一张饼图，用之前计算的行为类型数作为数据，行为类型作为标签，自动计算百分比，并从 140°开始绘制。用 plt.title() 函数设置图表的标题为"用户行为类型分布"，最后，plt.savefig 语句将绘制好的饼图保存为名为"商品行为分析.png"的文件，分辨率为 500 像素/英寸（1 英寸 = 2.54 厘米）。

运行结果如图 12-10 所示。从图 12-10 中可以看出，大部分消费者行为是浏览，只有很少一部分的消费者会购买商品或将商品收藏/加购物车。

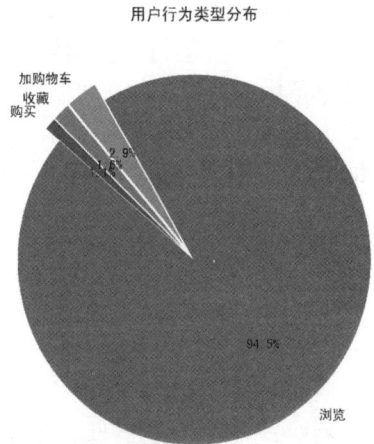

图 12-10　运行结果

3．分析消费者行为趋势

按日期分组，计算每天不同行为类型的数量，并绘制折线图展示每天的用户行为趋势，Python 代码如下（在 visualization.py 中继续增加如下代码）。

```python
import matplotlib.dates as mdates
# 将日期列转换为日期类型
data['visit_date'] = pd.to_datetime(data['visit_date'])

# 按照日期和行为类型分组，计算数量
daily_behavior_counts = data.groupby(['visit_date', 'behavior_type']).size().unstack()

# 绘制每天不同行为类型的数量的变化趋势
plt.figure(figsize=(10, 6))

# 绘制图表
daily_behavior_counts.plot()
ax = plt.gca()   # 设置图的各个轴
ax.xaxis.set_major_formatter(mdates.DateFormatter('%Y-%m-%d'))
# 设置横坐标轴标签的日期格式
plt.title('每日用户行为趋势图')
plt.xlabel('日期')
plt.ylabel('行为数量')
plt.legend(title='行为')
plt.savefig('消费者行为趋势分析.png',dpi=500)
```

这段可视化分析代码先通过 pd.to_datetime() 方法将数据中的日期列（visit_date）转换为日期类型，以确保绘图时横坐标能正确处理日期数据。接下来，使用 data.groupby() 方法按照日期（visit_date）和行为类型（behavior_type）进行分组，然后通过.size( ).unstack( ) 操作计算不同行为类型在每天的数量。这样就获得了一个数据框架，其中，一列代表一种行为类型，一行代表一个日期，对应的值为该日期对应的行为类型的数量。之后用 plot( ) 方法生成每日用户行为趋势图，展示不同行为类型在不同日期的数量变化情况。

生成的趋势图如图 12-11 所示。

从图 12-11 中可以看出，消费者行为在 2014-12-12 之外的每天波动幅度较为平稳，浏览量范围为 8000～10000，在 2014-12-12 这一天出现了较大的波动，浏览量达到了约 16000，且加购物车/收藏/购买等行为的数量都有显著增长。

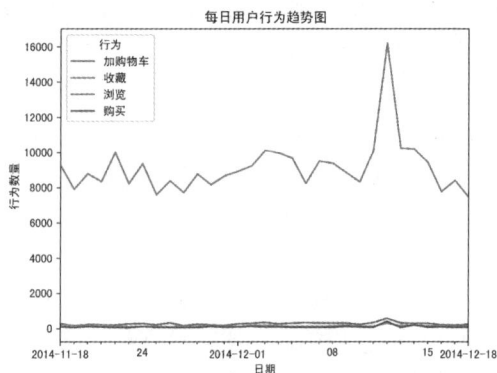

图 12-11　每日用户行为趋势图

4．分析不同城市用户行为分布

按照地区和行为类型分组，计算不同地区用户的行为数量，并绘制堆叠柱状图来展示不同地区用户行为的分布情况，代码如下（在 visualization.py 中继续增加如下代码）。

```
# 按照地区和行为类型分组，计算数量
region_behavior_counts = data.groupby(['province', 'behavior_type']).size().unstack()

# 分为两张子图，一张显示浏览行为，一张显示其他行为
fig, (ax1, ax2) = plt.subplots(2, 1, figsize=(12, 12))
region_behavior_counts['浏览'].plot(kind='bar', stacked=True, ax=ax1)
region_behavior_counts.drop(columns='浏览').plot(kind='bar', stacked=True, ax=ax2)

# 设置子图标题、横纵坐标轴标签等
ax1.set_title('不同地区用户浏览行为分布')
ax1.set_xlabel('地区')
ax1.set_ylabel('数量')
ax1.legend(title='行为类型')

ax2.set_title('不同地区用户其他行为分布')
ax2.set_xlabel('地区')
ax2.set_ylabel('数量')
ax2.legend(title='行为类型')

plt.tight_layout()  # 确保子图布局紧凑
plt.savefig('地区用户行为分布.png', dpi=500)
```

因为相较浏览行为，其他的用户行为量级较小，如果将浏览行为与其他行为绘制成一张堆叠柱状图，效果不明显。因此，本次可视化分析选择采用子图绘制的方式，先绘制浏览行为分布的子图，再绘制其他行为的子图。

生成的不同地区用户行为分布图如图 12-12 所示。

从图 12-12 所示的数据中可以观察到，不同地区消费者的浏览行为呈现相似的趋势，

未显示明显差异。就购买、收藏和加入购物车这 3 种行为的占比而言，各地区之间也没有显著的差异，都表现为加入购物车行为占比最高，其次是收藏行为，最后是购买行为。

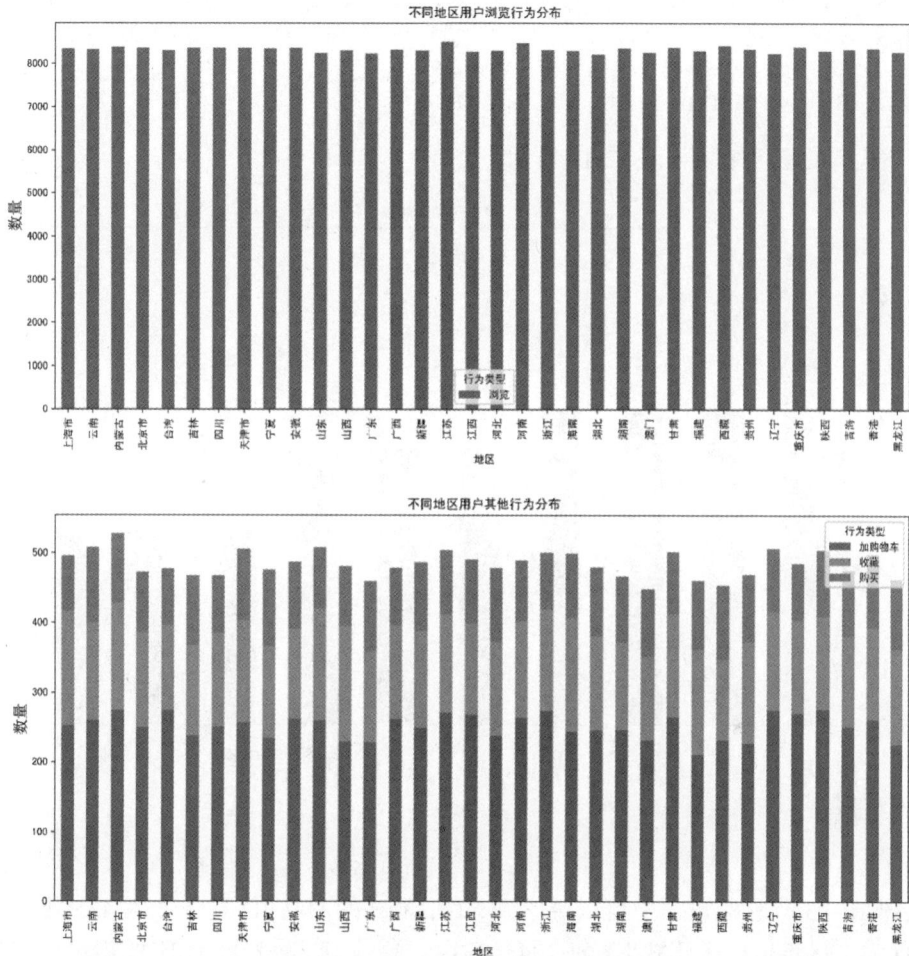

图 12-12　不同地区用户行为分布图

然而，在数量方面，与其他地区相比，内蒙古、天津、山东、江苏、甘肃、辽宁以及陕西等地区显示出较多的购买、收藏和加入购物车行为。

5．分析卖得最好的 10 个商品

按照商品 ID 分组，计算每个商品的销量，并绘制柱状图来展示销量排名前 10 的商品及销量。进行可视化分析的 Python 代码如下（在 visualization.py 中继续增加如下代码）。

```
# 筛选出购买行为数据
purchased_data = data[data["behavior_type"] == '购买']
# 统计每个商品的购买数量
top_10_items = purchased_data["item_id"].value_counts().head(10)

# 可视化销量前10的商品
```

```
plt.figure(figsize=(10, 6))
top_10_items.plot(kind="bar")
plt.title("销量前 10 的商品")
plt.xlabel("商品 ID")
plt.ylabel("销量")
plt.xticks(rotation=45)
plt.savefig('销量前 10 的商品.png', dpi=500)
```

上述代码的运行结果如图 12-13 所示。

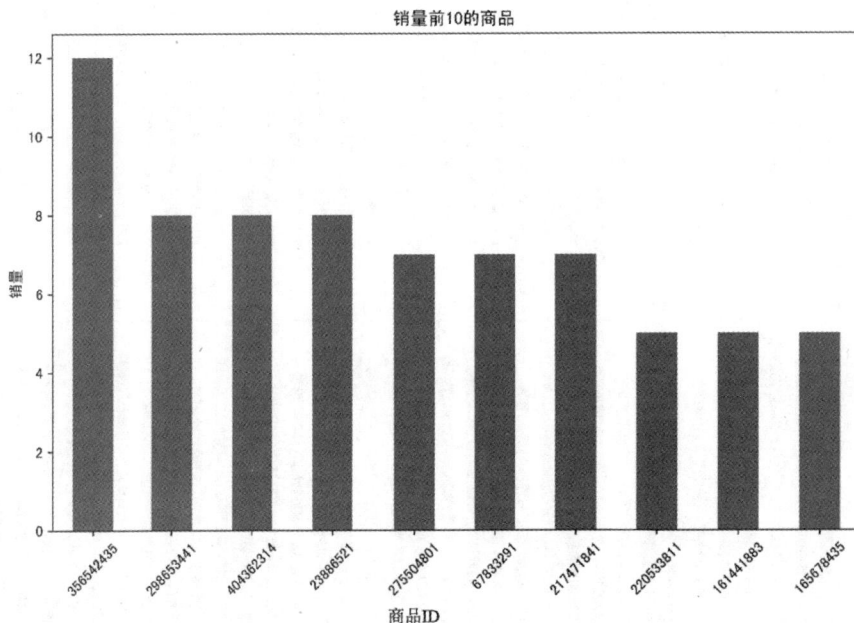

图 12-13　销量前 10 的商品的柱状图

从图 12-13 所示的数据中可以观察到，销量最高的商品 ID 是 356542435，数量为 12，商品 ID 为 298653441、商品 ID 为 404362314、商品 ID 为 23886521 的销量也很高，都为 8。

6．地区与商品销量关联分析

地区与商品销量关联分析旨在探索不同地区与销量前 10 的商品之间是否存在关联。首先筛选出购买行为数据，然后按照地区和商品 ID 分组，计算每个地区中每种商品的销量。接着，选择销量前 10 的商品，并将其销量与地区绘制成散点图。每个散点的大小代表销量的数据。代码如下（在 visualization.py 中继续增加如下代码）。

```
# 筛选出购买行为数据
purchased_data = data[data["behavior_type"] == '购买']
# 按地区和商品 ID 分组，计算销量
region_item_sales=purchased_data.groupby(['province','item_id']).size().reset_
index(name='sales')
# 筛选销量前 10 的商品
top_10_items_sales = region_item_sales[region_item_sales['item_id'].isin(top_10_
items.index)]
```

```
# 绘制地区与销量前10的商品的关联分析散点图
plt.figure(figsize=(12, 6))
plt.scatter(top_10_items_sales['province'],top_10_items_sales['item_id'], s=top_
10_items_sales['sales']*5, alpha=0.5)
plt.title('地区与销量前10商品关联分析')
plt.xlabel('地区')
plt.ylabel('商品ID')
plt.xticks(rotation=45)
plt.savefig('地区与商品销量关联分析.png', dpi=500)
```

生成的散点图如图 12-14 所示。

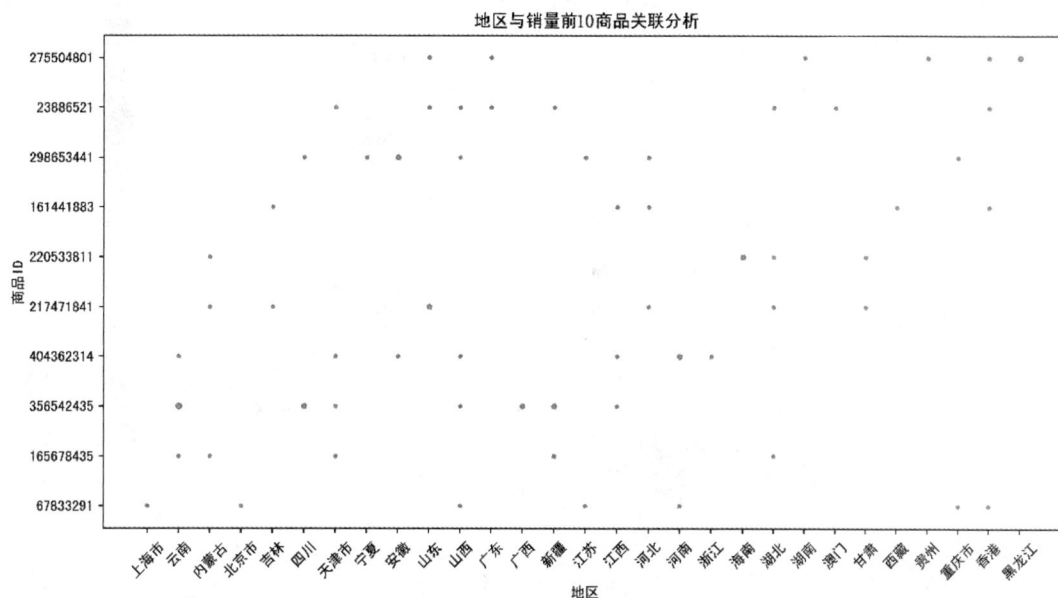

图 12-14　地区与销量前 10 商品关联分析散点图

可以看到，散点图虽然能反映商品销量与各地区之间的关联，但不够直观，因此，可以采用绘制热力图的方式进行分析，代码如下（在 visualization.py 中继续增加如下代码）。

```
import seaborn as sns

# 筛选出购买行为数据
purchased_data = data[data["behavior_type"] == '购买']

# 按地区和商品ID分组，计算销量
region_item_sales=purchased_data.groupby(['province','item_id']).size().reset_
index(name='sales')

# 筛选销量前10的商品
top_10_items_sales = region_item_sales[region_item_sales['item_id'].isin(top_10_
items.index)]

# 构建透视表以便绘制热力图
pivot_table = top_10_items_sales.pivot_table(index='province', columns='item_id',
values='sales', aggfunc='sum', fill_value=0)
```

```
# 绘制地区与销量前10商品的关联分析热力图
plt.figure(figsize=(12, 8))
sns.heatmap(pivot_table, cmap='YlGnBu', annot=True, fmt='d', linewidths=.5)
plt.title('地区与销量前10商品关联分析热力图')
plt.xlabel('商品ID')
plt.ylabel('地区')
plt.savefig('地区与商品销量关联热力图.png', dpi=500)
```

生成的热力图如图 12-15 所示。

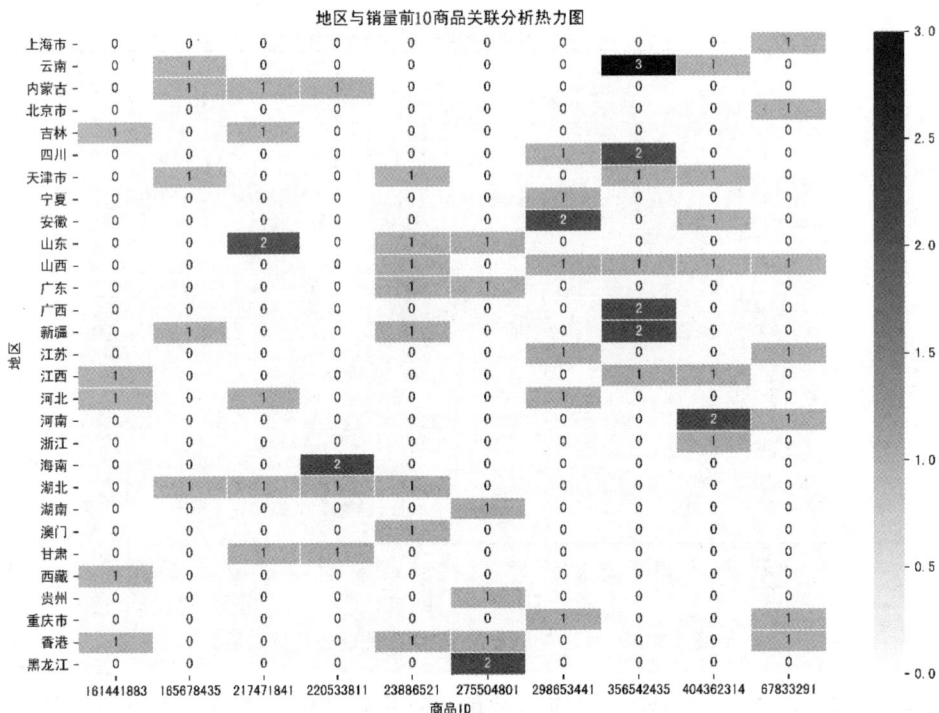

图 12-15 地区与销量前 10 商品关联分析热力图

热力图的颜色深浅用于表示销量的多少，颜色越深，表示销量越高。从图 12-15 所示的数据中可以直观观察到各地区与销量前 10 商品的关联，比如，云南、四川、广西、新疆地区的消费者偏爱商品 356542435，山东地区的消费者偏爱商品 217471841，海南地区的消费者偏爱商品 220533811。

7. 分析活跃用户数量趋势

用户活跃度分析旨在了解每天活跃用户数量的变化趋势。通过对用户 ID（uid）进行去重计数来估算每天的活跃用户数量。然后，绘制一张趋势图，展示每天活跃用户数量的变化。进行可视化分析的 Python 代码如下（在 visualization.py 中继续增加如下代码）。

```
# 计算每天的活跃用户数量
daily_active_users = data.groupby('visit_date')['uid'].nunique()
```

```
# 绘制每天活跃用户数量的变化趋势
plt.figure(figsize=(10, 6))
daily_active_users.plot()
ax = plt.gca()   # 用于设置图的各个轴，plt.gcf()表示图本身
ax.xaxis.set_major_formatter(mdates.DateFormatter('%Y-%m-%d'))
# 横坐标轴标签显示的日期格式
plt.title('活跃用户数量趋势')
plt.xlabel('日期')
plt.ylabel('活跃用户数量')
plt.xticks(rotation=45)
plt.savefig('活跃用户数量趋势.png', dpi=500)
```

生成的趋势图如图 12-16 所示。

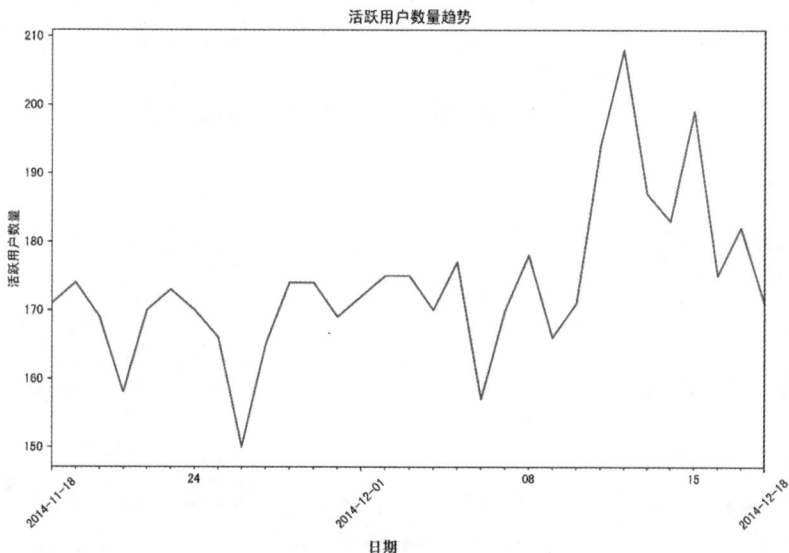

图 12-16　活跃用户数量趋势图

从图 12-16 中可以观察到，2014-11-20、2014-11-26、2014-12-06 这几天为活跃用户数量的低峰，2014-12-11、2014-12-14 这两天为活跃用户数量的高峰。

12.8　本章小结

综合案例是大数据技术体系学习的重要内容，其可以帮助读者形成对大数据技术综合运用方法的全局性认识，帮助读者将前文所学的技术有效地融会贯通，并通过多种技术的组合来解决实际应用问题。本章的综合案例涵盖了 Linux、MySQL、Hadoop、HBase、Hive、Matplotlib、Eclipse 等系统和软件的安装与使用方法，这些安装和使用方法被有效融合到实验的各个流程，可以有效加深读者对各种技术的理解。

第四篇
大数据应用

本篇内容

大数据已经在社会生产和日常生活中得到了广泛的应用，其对人类社会的发展与进步起着重要的推动作用。本篇介绍大数据在互联网、生物医学、物流、城市管理、金融、汽车、零售、餐饮、电信、能源、体育娱乐、安全、日常生活等领域的应用，从中可以深刻地感受到大数据对社会的影响及重要价值。

本篇包括一章，即第 13 章，详细介绍大数据在各个不同领域的应用。

知识地图

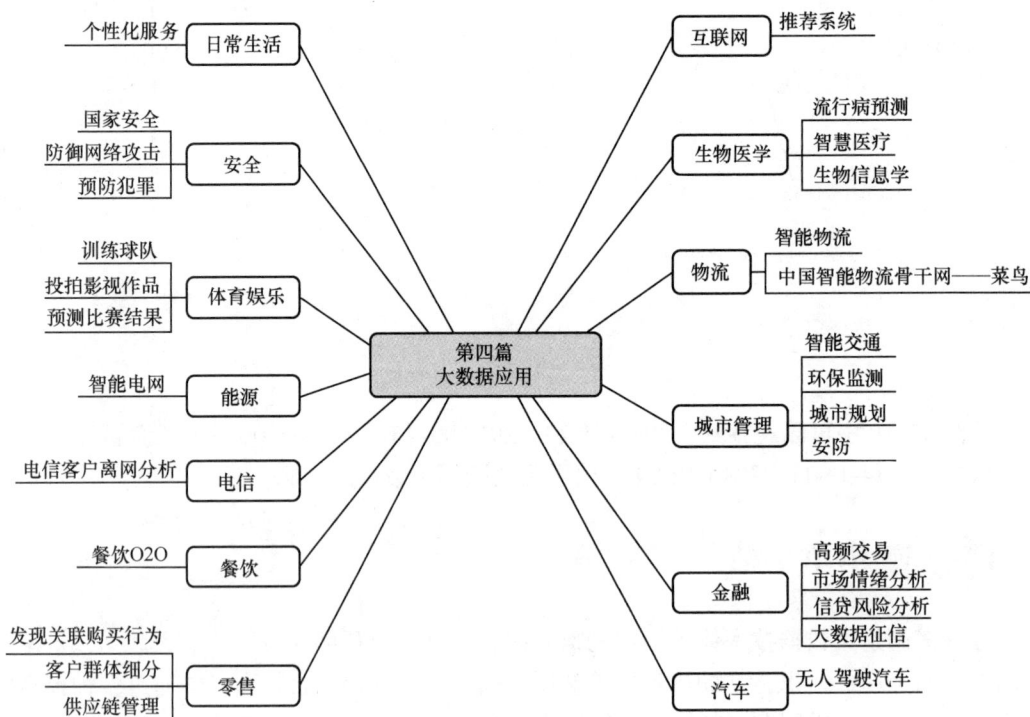

重点与难点

重点为了解大数据在互联网领域的应用——推荐系统，掌握推荐系统所采用的典型推荐方法。难点为如何根据现有的大数据应用场景去思考大数据未来可能的应用场景。

## 第 13 章

大数据应用

《大数据时代》的作者维克托·迈尔-舍恩伯格曾经说过:"大数据是未来,是新的油田、金矿。"随着大数据向各个行业渗透,未来的大数据将随时随地为人类服务。大数据宛如一座神奇的钻石矿,其价值潜力无穷。它与其他物质产品不同,并不会随着使用而有所消耗,相反,它取之不尽,用之不竭,可不断被使用并重新释放它的能量。我们第一眼所看到的大数据的价值仅仅是冰山一角,绝大部分价值被隐藏在表面之下。大数据宛如一股"洪流"注入世界经济,成为全球各个经济领域的重要组成部分。大数据已经无处不在,社会各行各业都已经有了大数据的印记。

本章介绍大数据在各领域的典型应用,包括互联网、生物医学、物流、城市管理、金融、汽车、零售、餐饮、电信、能源、体育娱乐、安全和日常生活等领域。

13.1 大数据在互联网领域的应用

随着互联网的飞速发展,网络信息的快速膨胀让人们逐渐从信息匮乏的时代步入信息过载的时代。借助搜索引擎,用户可以从海量信息中查找自己所需的信息。但是,通过搜索引擎查找内容,是以用户有明确的需求为前提的,用户需要将需求转化为相关的关键词进行搜索。因此,当用户需求很明确时,搜索引擎的结果通常能够较好地满足用户的需求。比如,用户打算从网络上下载一首名为《小苹果》的歌曲时,只要在百度音乐搜索框中输入"小苹果",就可以找到该歌曲的下载地址。然而,当用户没有明确需求时,就无法向搜索引擎提交明确的搜索关键词。这时,看似"神通广大"的搜索引擎,也会变得无用武之地,难以帮助用户对海量信息进行筛选。比如,用户突然想听一首自己从未听过的最新的流行歌曲,面对当前众多的流行歌曲,用户可能显得茫然无措,不知道哪首歌曲合自己的口味,因此,他就不能告诉搜索引擎要搜索什么名字的歌曲,搜索引擎自然无法为其找到爱听的歌曲。

推荐系统是可以解决上述问题的一个非常有潜力的办法,它通过分析用户的历史数据来了解用户的需求和兴趣,从而将用户感兴趣的信息、物品等主动推荐给用户。设想一个生活中可能遇到的场景:假设你今天想看电影,但不明确想看哪部电影,这时,你打开在线电影网站,面对近百年来拍摄的成千上万部电影,要从中挑选一部自己感兴趣的电影就不是一件容易的事情。我们经常会打开一部看起来不错的电影,看几分钟后无法提起兴趣就结束观看,然后继续寻找下一部电影,等终于找到一部自己爱看的电影时,可能已经有点"筋疲力尽"了,渴望放松的心情也会荡然无存。为解决挑选电影的问题,你可以向朋友、电影爱好者请教,让他们为你推荐电影。但是,这需要一定的时间成本,而且,由于每个人的喜好不同，他人推荐的电影不一定会令你满意。此时，你可能更想要的是一个针对你的自动化工具，它可以分析你的观影记录，了解你对电影的喜好，并从庞大的电影库中找到合你口味的电影供你选择。这个你所期望的工具就是"推荐系统"。

推荐系统是自动联系用户和物品的一种工具。和搜索引擎相比，推荐系统通过研究用户的兴趣偏好进行个性化计算，发现用户的兴趣点，帮助用户从海量信息中发掘自己潜在的需求。

推荐系统的本质是建立用户与商品的联系，根据推荐算法的不同，推荐方法包括以下几类。

（1）专家推荐。专家推荐是传统的推荐方式，本质上是一种人工推荐，由资深的专业人士进行商品的筛选和推荐，这需要较多的人力成本。现在专家推荐结果主要作为其他推荐算法结果的补充。

（2）基于统计的推荐。基于统计的推荐（如热门推荐）具有概念直观、易于实现的特点，但是其对用户个性化偏好的描述能力较弱。

（3）基于内容的推荐。基于内容的推荐是信息过滤技术的延续与发展，其更多的是通过机器学习的方法去描述内容的特征，并基于内容的特征来发现与之相似的内容。

（4）协同过滤推荐。协同过滤推荐是推荐系统中应用最早和最为成功的技术之一。它一般采用最近邻技术，利用用户的历史信息计算用户之间的距离，然后利用目标用户的最近邻居用户对商品的评价信息，预测目标用户对特定商品的喜好程度，最后根据这一喜好程度对目标用户进行推荐。

（5）混合推荐。在实际应用中，单一的推荐算法往往无法取得良好的推荐效果，因此，多数推荐系统会对多种推荐算法进行有机组合，如在协同过滤推荐之上加入基于内容的推荐。

13.2 大数据在生物医学领域的应用

大数据在生物医学领域得到了广泛的应用。本节介绍大数据在流行病预测、智慧医疗和生物信息学等生物医学领域的应用。

13.2.1 流行病预测

在公共卫生领域，流行病管理是一项关乎民众身体健康甚至生命安全的重要工作。一种疾病，一旦在公众中暴发，就已经错过了最佳防控期，这往往会造成大量的生命丧失和经济损失。在传统的公共卫生管理中，一般要求医生在发现新型病例时上报给疾控中心，疾控中心对各级医疗机构上报的数据进行汇总分析，发布疾病流行趋势报告。但是，这种从下至上的处理方式存在一个致命的缺陷：感染流行疾病的人群往往会在发病多日后，进入严重状态才会到医院就诊，医生见到患者再上报给疾控中心，疾控中心再汇总并进行专家分析发布报告，然后相关部门采取应对措施，整个过程会经历一个相对较长的周期，一般要滞后一到两周，而在这个时间段内，流行疾病可能已经开始快速传播，导致疾控中心发布预警时已经错过了最佳的防控期。

今天，大数据彻底颠覆了传统的流行疾病预测方式，使人类在公共卫生管理领域迈上了一个全新的台阶。以搜索数据和地理位置信息数据为基础，分析不同时空尺度人口流动性、移动模式和参数，进一步结合病原学、人口统计学、地理、气象、人群移动迁徙和地域等因素与信息，可以建立流行病时空传播模型，确定流感等流行病在各流行区域传播的时空路线和规律，得到更加准确的态势评估和预测。大数据时代被广为流传的一个经典案例就是谷歌流感趋势。谷歌开发的可以预测流感趋势的工具——谷歌流感趋势，采用大数据分析技术，利用网民在谷歌搜索引擎输入的搜索关键词来判断全美地区的流感情况。谷歌把 5000 万条美国人最频繁检索的词条和美国疾控中心在 2003 年至 2008 年间季节性流感传播时期的数据进行了比较，并构建数学模型实现流感预测。2009 年，谷歌首次发布了冬季流行感冒预测结果，与官方数据的相关性高达 97%。此后，谷歌多次把测试结果与美国疾控中心的报告做比对，发现两者的结论存在很大的相关性，证实了谷歌流感趋势预测结果的正确性和有效性。

其实，谷歌流感趋势预测的背后机理并不难。对于普通民众而言，感冒发烧是日常生活中经常碰到的事情，有时候不闻不问，靠人类的自身免疫力就可以痊愈，有时候简单服用一些感冒药或采用相关简单疗法也可以快速痊愈。相比之下，很少人会先选择就医，因为美国的医院不仅预约周期长，而且费用高。因此，在网络发达的今天，遇到感冒这种小病，人们首先会想到求助网络，希望在网络中迅速搜索感冒的相关病症、治疗感冒的方法或药物、就诊医院等信息，以及一些有助于治疗感冒的生活习惯。作为占据市场主导地位的搜索引擎服务商，谷歌自然可以收集到大量网民关于感冒的相关搜索信息，通过分析某一地区在特定时期对感冒症状的搜索大数据，就可以得到关于感冒的传播动态和未来 7 天感冒的流行趋势的预测结果。

虽然美国疾控中心会不定期发布流感趋势报告，但是，很显然，谷歌的流感趋势报告要更加及时、迅速。美国疾控中心发布流感趋势报告是根据下级各医疗机构上报的患者数据进行分析得到的，在时间上会存在一定的滞后性。谷歌是在第一时间收集网民关于感冒的相关搜索信息后进行分析得到结果。因为普通民众感冒后，会先寻求网络帮助而不是就医。另外，美国疾控中心获得的患者样本数也明显少于谷歌，因为在所有感冒患者中，只有一少部分重感冒患者才会最终去医院就医而进入官方的管控范围。

13.2.2　智慧医疗

随着医疗信息化的快速发展，智慧医疗逐渐走入人们的生活。IBM 公司开发了沃森技术——医疗保健内容分析预测，该技术允许企业找到大量病人相关的临床医疗信息，通过大数据处理，更好地分析病人的信息。加拿大多伦多的一家医院，利用数据分析有效避免早产儿夭折：医院用先进的医疗传感器对早产婴儿的心跳等生命体征进行实时监测，每秒有超过 3000 次的数据读取，系统对这些数据进行实时分析并给出预警报告，从而使医院能够提前知道哪些早产儿可能出现健康问题，并且有针对性地采取措施。我国厦门、苏州等城市建立了先进的智慧医疗在线系统，可以实现在线预约、健康档案管理、社区服务、家庭医疗、支付清算等功能，大大方便了市民就医，也提升了医疗服务的质量和患者满意度。可以说，智慧医疗正在深刻地改变着我们的生活。

智慧医疗的核心就是"以患者为中心"，给予患者全面、专业、个性化的医疗体验。

智慧医疗通过整合各类医疗信息资源，构建药品目录数据库、居民健康档案数据库、影像存储与传输系统（picture archiving and communication system，PACS）、检验信息系统（laboratory information system，LIS）、医疗人员数据库、医疗设备数据库等卫生领域的六大基础数据库，可以让医生随时查阅病人的病历、治疗措施和保险细则，随时随地快速制订诊疗方案，也可以让患者自主选择更换医生或医院，患者的转诊信息及病历可以在任意一家医院通过医疗联网方式调阅。智慧医疗具有 3 个优点：一是促进优质医疗资源的共享，二是避免患者重复检查，三是促进医疗智能化。

13.2.3　生物信息学

生物信息学（bioinformatics）是研究生物信息的采集、处理、存储、传播、分析和解释等方面的学科，也是随着生命科学和计算机科学的迅猛发展、生命科学和计算机科学相结合形成的一门新学科。它通过综合利用生物学、计算机科学和信息技术，揭示大量且复杂的生物数据所蕴含的生物学奥秘。

和互联网数据相比，生物信息学领域的数据是更典型的大数据。首先，细胞、组织等结构都是具有活性的，其功能、表达水平甚至分子结构在时间上是连续变化的，而且很多背景噪声会导致数据不准确；其次，生物信息学数据具有很多维度，在不同维度组合方面，生物信息学数据的组合性要明显大于互联网数据，前者往往表现出"维度组合爆炸"，比如，所有已知物种的蛋白质分子的空间结构预测，仍然是分子生物学的一个重大课题。

生物数据主要是基因组学数据。在全球范围内，各种基因组计划被启动，有越来越多的生物体的全基因组测序工作已经完成或正在开展，随着一个人类基因组测序的成本从2000 年的 1 亿美元（约 8 亿元）左右降至如今的 1000 美元左右，将会有更多的基因组大数据产生；除此以外，蛋白组学、代谢组学、转录组学、免疫组学等也是生物大数据的重要应用场景。每年全球都会新增 EB 级的生物数据，生命科学领域已经迈入大数据时代，生命科学正面临从实验驱动向大数据驱动转型。

生物大数据使我们可以利用先进的数据科学知识，更加深入地了解生物学过程、作物表型、疾病致病基因等。将来我们每个人都可能拥有一份自己的健康档案，档案中包含日常健康数据（各种生理指标，饮食、起居、运动习惯等）、基因序列和医学影像（CT、B超检查结果）。用大数据分析技术，可以从个人健康档案中有效预测个人健康变化趋势，并为其提供疾病预防建议，达到"治未病"的目的。基因蕴藏了所有生老病死的规律，破解基因大数据可实现精准医疗。由此生物大数据将产生巨大的影响力，使生物学研究迈向一个全新的阶段，甚至会形成以生物学为基础的新一代产业革命。

13.3　大数据在物流领域的应用

智能物流是大数据在物流领域的典型应用。智能物流融合了大数据、物联网和云计算等新兴信息技术，使物流系统能模仿人的智能，实现物流资源优化调度和有效配置，以及物流系统效率的提升。大数据技术是智能物流发挥其重要作用的基础和核心，物流行业在货物流转、车辆追踪、仓储等各个环节中都会产生海量的数据，分析这些物流大数据，将有助于我们深刻认识物流活动背后隐藏的规律，优化物流过程，提升物流效率等。

13.3.1　智能物流的概念

智能物流，又称智慧物流，是利用人工智能技术，使物流系统能模仿人的智慧，具有思维、感知、学习、推理判断和自行解决物流中某些问题的能力，从而实现物流资源优化调度和有效配置、物流系统效率提升的现代化物流管理模式。

智能物流的概念源自 IBM 发布的研究报告《智慧的未来供应链》，该报告通过对全球供应链管理者的调研，归纳出成本控制、可视化程度、风险管理、消费者日益严苛的需求、全球化等五大供应链管理挑战。为应对这些挑战，IBM 首次提出了"智慧供应链"的概念。

智慧供应链具有先进、互连、智能 3 个关键特性。先进是指数据多由感应设备、识别设备、定位设备等产生，替代人为获取。这使得供应链可实现动态可视化自动管理，包括自动库存检查、自动报告存货位置错误。互连是指整体供应链联网，不仅包括客户、供应商、IT 系统的联网，也包括零件、产品以及智能设备的联网。联网赋予供应链整体计划决策能力。智能是指通过仿真模拟和分析，帮助管理者评估多种可能性选择的风险和约束条件。这意味着供应链具有学习、预测和自动决策的能力，不需要人的介入。

13.3.2　大数据是智能物流的关键

在物流领域有两个著名的理论——"黑大陆说"和"物流冰山说"。管理学家彼得·德鲁克提出了"黑大陆说"，他认为在流通领域中物流活动的模糊性尤其突出，是流通领域中非常具潜力的领域之一。提出"物流冰山说"的日本早稻田大学教授西泽修认为，物流就像一座冰山，其中，沉在水面以下的是我们看不到的黑色区域，这部分就是"黑大陆"，而这正是物流尚待开发的领域，也是物流的潜力所在。这两个理论都旨在说明物流活动的模糊性和巨大潜力。对于如此模糊而又具有巨大潜力的领域，我们该如何去了解、掌控和开发呢？答案就是借助大数据技术。

发现隐藏在海量数据背后的有价值的信息，是大数据的重要商业价值。大数据是打开通往物流领域这块神秘"黑大陆"之门的一把金钥匙。物流行业在货物流转、车辆追踪、仓储等各个环节中都会产生海量的数据，有了这些物流大数据，所谓的物流"黑大陆"将不复存在，我们可以通过数据充分了解物流背后的规律。借助大数据技术，我们可以对各个物流环节的数据进行归纳、分类、整合、分析和提炼等，为企业战略规划、运营管理和日常运作提供重要支持和指导，从而有效提升快递物流行业的整体服务水平。

大数据将推动物流行业从粗放式服务到个性化服务的转变，甚至颠覆整个物流行业的商业模式。通过对物流企业内部和外部相关信息的收集、整理和分析，物流企业可以为每个客户量身定制个性化的产品，提供个性化的服务。

13.3.3　中国智能物流骨干网——菜鸟

1．菜鸟简介

2013 年 5 月 28 日，阿里巴巴联合银泰、复星、富春、顺丰、"三通一达"（申通、圆通、中通、韵达）、宅急送、汇通以及相关金融机构共同宣布，联手共建"中国智能物流骨干网"（China Smart Logistic Network，CSN），又名"菜鸟"。菜鸟可以提供充分满足个性化需求的物流服务，例如，用户网购下单时，可以选择"时效最快""成本最低""最安全""服务最好"等多个快递服务组合类型。

菜鸟网络由物流仓储平台和物流信息系统构成。物流仓储平台由 8 个左右大仓储节点、若干个重要节点和更多城市节点组成。大仓储节点将针对东北、华北、华东、华南、华中、西南和西北七大区域，选择其中心位置进行仓储投资。物流信息系统整合了所有服务商的信息系统，实现了骨干网内部的信息统一，同时，该系统将向所有的制造商、网商、快递公司、第三方物流公司完全开放，有利于物流生态系统内各参与方利用信息系统开展各种业务。

2．大数据是支撑菜鸟的基础

菜鸟是阿里巴巴整合各方力量实施"天网+地网"计划的重要组成部分。所谓"地网"，是指阿里巴巴的菜鸟，最终将建设成为一个全国性的超级物流网。所谓"天网"，是指以阿里巴巴旗下多个电商平台（淘宝、天猫等）为核心的大数据平台，由于阿里巴巴的电商业务量大，在这个平台上聚集了众多的商家、用户、物流企业，每天都会产生大量的在线交易，因此，这个平台掌握了网络购物物流需求数据、电商货源数据、货流量与分布数据以及消费者长期购买习惯数据等，物流公司可以对这些数据进行分析，优化仓储选址、干线物流基础设施建设以及物流体系建设，并根据商品需求分析结果提前把货物配送到需求较为集中的区域，做到"买家没有下单、货就已经在路上"，最终实现"以天网数据优化地网效率"的目标。有了天网数据的支撑，阿里巴巴可以充分利用大数据技术，为用户提供个性化的电子商务和物流服务。用户从"时效最快""成本最低""最安全""服务最好"等选项中选择快递服务组合类型后，阿里巴巴会根据以往的快递公司的服务情况、各个分段的报价情况、即时运力资源情况、该流向的即时件量等信息，甚至可以融合天气预测数据、交通预测数据等，进行相关的大数据分析，从而得到满足用户需求的最优方案，并最终把相关数据分发给各个物流公司使其完成物流配送。

可以说，菜鸟计划的关键在于信息整合，而不是资金和技术的整合。阿里巴巴的"天网"和"地网"，必须把供应商、电商企业、物流公司、金融企业、消费者等的各种数据全方位、透明化地加以整合、分析、判断，并将其转化为电子商务和物流系统的行动方案。

13.4 大数据在城市管理领域的应用

大数据在城市管理中发挥着日益重要的作用，主要体现在智能交通、环保监测、城市规划和安防等领域。

13.4.1 智能交通

随着汽车数量的急剧增加，交通拥堵已经成为亟待解决的城市管理难题。许多城市纷纷将目光转向智能交通，期望通过实时获得关于道路和车辆的各种信息，分析道路交通状况，发布交通诱导信息，优化交通流量，提高道路通行能力，有效缓解交通拥堵问题。发达国家相关数据显示，智能交通管理技术可以使交通工具的使用效率提升 50%以上，交通事故中死亡人数减少 30%以上。

智能交通将先进的信息技术、数据通信传输技术、电子传感技术、控制技术以及计算机技术等，有效集成并运用于整个地面交通管理，同时可以利用城市实时交通信息、社交网络和天气数据来优化最新的交通情况。

在智能交通应用中，遍布城市各个角落的智能交通基础设施（如摄像机、感应线圈、监控视频等）每时每刻都在生成大量数据，这些数据构成了智能交通大数据。利用事先构建的模型对交通大数据进行实时分析和计算，就可以实现交通实时监控、交通智能诱导、公共车辆管理、旅行信息服务、车辆辅助控制等。以公共车辆管理为例，今天，包括北京、上海、广州、深圳、厦门等在内的各大城市，都建立了公共车辆管理系统，道路上正在行驶的所有公交车和出租车都被纳入实时监控，通过车辆上安装的定位设备，管理中心可以实时获得各个车辆的当前位置信息，并根据道路实时情况计算得到车辆调度计划，发布车辆调度信息，指导车辆到达和发车时间，实现运力的合理分配，提高运输效率。作为乘客，只要在智能手机上安装了"掌上公交"等软件，就可以通过手机随时随地查询各条公交线路以及公交车当前位置。

13.4.2　环保监测

1．森林监视

森林是地球的"肺"，可以调节气候、净化空气、防止风沙、减轻洪灾、涵养水源，以及保持水土等。但是，在全球范围内，每年都有大面积的森林遭受自然或人为因素的破坏。比如，森林火灾会给森林带来有害的甚至毁灭性的后果，是林业可怕的灾害之一；再如，人为的乱砍滥伐导致部分地区森林资源快速减少，这些都给人类生存环境造成了严重的威胁。

为了有效保护人类赖以生存的宝贵的森林资源，各个国家和地区都建立了森林监视体系，比如地面巡护、瞭望台监测、航空巡护、视频监控、卫星遥感监控等。随着数据科学的不断发展，近年来，人们开始把大数据应用于森林监视，其中，谷歌森林监视系统就是一项具有代表性的研究成果。谷歌森林监视系统采用谷歌搜索引擎提供时间分辨率，采用美国NASA（National Aeronautics and Space Administration，国家航空航天局）和美国地质勘探局的地球资源卫星提供空间分辨率。该系统利用卫星的可见光和红外数据画出某个地点的森林卫星图像。在卫星图像中，每个像素都包含颜色和红外信号特征等信息，如果某个区域的森林被破坏，该区域对应的卫星图像像素信息就会发生变化。因此，通过跟踪、监测森林卫星图像上像素信息的变化，就可以有效监测到森林变化情况。当大片森林被砍伐破坏时，系统就会自动发出警报。

2．环境保护

大数据已经被广泛应用于污染监测领域，借助大数据技术，采集各项环境质量指标信息，将信息集成、整合到数据中心进行数据分析，并利用分析结果来指导下一步环境治理方案的制定，可以有效提升环境整治的效果。把大数据技术应用于环境保护具有明显的优势：一方面，可以实现"$7 \times 24\,h$"的连续环境监测；另一方面，借助大数据可视化技术，可以立体化呈现环境数据分析结果和治理模型，利用数据虚拟出真实的环境，辅助人类制定相关环保决策。

在一些城市，大数据也被应用到汽车尾气污染治理中。汽车尾气已经成为城市空气重要污染物之一，为了有效防治机动车尾气污染，我国各级地方政府都十分重视对汽车尾气污染数据的收集和分析，并为有效控制污染提供服务。比如，山东省借助现代智能化精确检测设备、大数据云平台管理和物联网技术，可准确收集机动车的原始排污数据，智能统计机动车排放污染量，溯源机动车检测状况和数据，确保为政府相关部门降低空气污染提供可信的数据。

13.4.3　城市规划

大数据正深刻改变着城市规划的方式。对于城市规划师而言，规划工作高度依赖测绘数据、统计资料以及各种行业数据。目前，规划师可以通过多种渠道获得这些基础性数据，开展各种规划研究工作。随着我国政府信息公开化进程的加快，各种政府层面的数据开始逐步对公众开放。与此同时，国内外一些数据开放组织也在致力于数据开放和共享工作。此外，数据堂等数据共享商业平台的诞生，也大大促进了数据提供者和数据消费者之间的数据交换。

城市规划师利用开放的政府数据、行业数据、社交网络数据、地理数据、车辆轨迹数据等开展了各种层面的规划研究。利用地理数据，可以研究全国城市扩张模拟、城市建成区识别、地块边界与开发类型和强度重建模型、中国城市间交通网络分析与模拟模型、中国城镇格局时空演化分析模型，还可以进行全国各城市人口数据合成和居民生活质量评价、空气污染暴露评价、主要城市市区范围划定以及城市群发育评价等。利用公交 IC（integrated circuit，集成电路）卡数据，可以开展城市居民通勤分析、职住分析、人的行为分析、人的识别、重大事件影响分析、规划项目实施评估分析等。利用移动手机通话数据，可以研究城市联系、居民属性、活动关系及其对城市交通的影响。利用社交网络数据，可以研究城市功能分区、城市网络活动与等级、城市社会网络体系等。利用出租车定位数据，可以开展城市交通研究。利用住房销售和出租数据，同时结合网络爬虫获取的居民住房地理位置和周边设施条件数据，就可以评价一个城区的住房分布和质量情况，从而有利于城市规划师针对性地优化城市的居住空间布局。

13.4.4　安防

近年来，随着网络技术在安防领域的发展，高清摄像头在安防领域的应用的不断升级，以及项目建设规模的不断扩大，安防领域积累了海量的视频监控数据，并且每天都在以惊人的速度生成大量新的数据。例如，我国的很多城市都在开展平安城市建设，在城市的各个角落布置摄像头，"7×24 h" 不间断采集各个位置的视频监控数据，数据量之大，超乎想象。

除了视频监控数据，安防领域还包含大量其他类型的数据，包括结构化、半结构化和非结构化数据。结构化数据包括报警记录、系统日志记录、运维数据记录、摘要分析结构化描述记录，以及各种相关的信息数据库，如人口信息、地理数据信息、车辆驾驶管理信息等；半结构化数据包括人脸建模数据、指纹记录等；非结构化数据主要指视频录像和图片记录，如监控视频录像、报警录像、摘要录像、车辆卡口图片、人脸抓拍图片、报警抓拍图片等。所有的这些数据一起构成了安防大数据的基础。

之前这些数据的价值并没有被充分发挥出来，跨部门、跨领域、跨区域的联网共享较少，检索视频数据仍然以人工手段为主，不仅效率低下，而且效果不理想。基于大数据的安防要实现的目标是通过跨区域、跨领域安防系统联网，实现数据共享、信息公开，以及智能化的信息分析、预测和报警。以视频监控分析为例，大数据技术支持在海量视频数据中实现视频图像统一转码、摘要处理、视频剪辑、视频特征提取、图像清晰化处理、视频图像模糊查询、快速检索和精准定位等功能，同时深入挖掘海量视频监控数据背后的有价值信息，快速反馈信息，以辅助决策判断，从而让安保人员从繁重的人工视频回溯工作中解脱出来，不需要投入大量精力从大量视频中低效查看相关事件线索，可以在很大程度上提高视频分析效率，缩短视频分析时间。

13.5 大数据在金融领域的应用

金融领域是典型的数据驱动领域，是数据的重要生产者，每天都会生成交易、报价、业绩报告、消费者研究报告、官方统计数据公报、调查、新闻报道等各种信息。金融领域高度依赖大数据，大数据已经在高频交易、市场情绪分析、信贷风险分析和大数据征信等四大金融创新领域发挥重要作用。

13.5.1 高频交易

高频交易（high-frequency trading，HFT）是指从那些人们无法利用的极为短暂的市场变化中寻求获利的计算机化交易，比如，某种证券买入价和卖出价的差价的微小变化，或者某只股票在不同交易所之间的微小差价。相关调查显示，2009 年以来，无论是美国证券市场还是期货市场、外汇市场，高频交易所占份额已达 40%～80%。随着采取高频交易策略的情形不断增多，其所能带来的利润开始大幅下降。为了从高频交易中获得更高的利润，一些金融机构开始引入大数据技术来指导交易。

13.5.2 市场情绪分析

市场情绪是整体市场中所有市场参与人士观点的综合体现，这种所有市场参与者共同表现出来的感觉就是市场情绪，比如，交易者对经济的看法悲观与否，新发布的经济指标是否会让交易者明显感觉到未来市场将会上涨或下跌等。市场情绪对金融市场有重要的影响，换句话说，市场上大多数参与者的主流观点决定了当前市场的总体方向。

市场情绪分析是交易者在日常交易工作中不可或缺的一环，根据市场情绪分析、技术分析和基本面分析，可以帮助交易者做出更好的决策。大数据技术在市场情绪分析中大有用武之地。今天，几乎每个市场交易参与者都生活在移动互联网世界里，每个人都可以借助智能移动终端（手机、平板计算机等）实时获得各种外部世界信息，同时，每个人又都扮演对外发布信息的主体角色，通过博客、微博、微信、个人主页、QQ 等各种社交媒体发布个人的市场观点。英国布里斯托尔大学团队研究了由超过 980 万英国人创造的约 4.84 亿条 Twitter（推特）消息，发现公众的负面情绪变化与财政紧缩及社会压力高度相关。因此，海量的社交媒体数据形成了一座可用于市场情绪分析的宝贵金矿，利用大数据分析技术，可以从中抽取市场情绪信息，开发交易算法，确定市场交易策略，获得更大的利润空间。

13.5.3 信贷风险分析

信贷风险是指信贷放出后本金和利息可能出现损失的风险，它一直是金融机构需要努力化解的一个重要问题，这直接关系到机构自身的生存和发展。我国为数众多的中小企业是金融机构不可忽视的目标客户群体，市场潜力巨大。但是，与大型企业相比，中小企业先天的不足主要表现在以下 3 个方面：贷款偿还能力差；财务制度普遍不健全，难以有效评估其真实经营状况；信用度低，逃废债情况严重，银行维权难度较大。因此，对于金融机构而言，放贷给中小企业的潜在信贷风险明显高于大型企业。对于金融机构而言，成本、收益和风险不对称，导致其更愿意贷款给大型企业。据测算，金融机构对中小企业贷款的平均管理成本，是大型企业的 5 倍左右，且风险高得多。可以看出，风险与收益不成比例，使得金融机构始终不愿意向中小企业全面敞开大门，这不仅限制了自身的成长，也限制了中小企业的成长，不利于经济社会的发展。如果能够有效加强风险的可审性和管理力度，支持精细化管理，那么，毫无疑问，金融机构和中小企业都将迎来新一轮的发展。

今天，大数据分析技术已经能够为企业信贷风险分析助一臂之力。通过收集和分析大量中小企业用户日常交易行为数据，可以判断其业务范畴、经营状况、信用状况、用户定位、资金需求和行业发展趋势，解决由于其财务制度的不健全而无法真正了解其真实经营状况的难题，让金融机构放贷有信心、管理有保障。对于个人贷款申请者而言，金融机构可以充分利用申请者的社交网络数据分析得出个人信用评分。例如，美国 Movenbank 等新型中介机构，都在积极尝试利用社交网络数据构建个人信用分析平台，将社交网络资料转化成个人互联网信用，它们试图说服 LinkedIn、Meta（原 Facebook）或其他企业对金融机构开放用户相关资料和用户在各网站的活动记录，然后，借助大数据分析技术，分析用户在社交网络中的好友的信用状况，以此作为生成客户信用评分的重要依据。

13.5.4 大数据征信

"征信"出自《左传》"君子之言，信而有征，故怨远于其身"。而现代所谓的征信，指的是依法设立的信用征信机构对个体信用信息进行采集和加工，并根据用户要求提供信用信息查询和评估服务的活动。简单来说，信用就是一个信息集合，征信的本质在于利用信用信息对金融主体进行数据刻画。

信用作为一国经济领域，特别是金融市场的基础性要素，对经济和金融的发展起到了至关重要的作用。准确的信用信息可以有效降低金融系统的风险和交易成本；健全的征信体系能够显著提高信用风险管理能力，培育和发展征信市场对经济金融系统持续、稳定发展具有重要价值。所以征信是现代金融体系的重要基础设施。

在征信方式方面，传统的征信机构主要使用的是金融机构产生的信贷数据，一方面，一般是从数据库中直接提取的结构化数据，来源单一，采集频率也比较低；另一方面，对于没有产生信贷行为的个体，金融机构并没有此类对象的信贷数据，那么传统的方式就无法给出合理的评价。对有信贷数据个体的评价，主要是根据过去的信用记录给出评分，作为对未来信用水平的判断，应用的场景也普遍局限于金融信贷领域的贷款审批、信用卡审批等环节。

大数据等新兴技术的发展，使我们具备了处理实时、海量数据的能力，搜索和数据挖掘能力也得到了很大进步。征信行业本就是严重依赖数据的，信息技术的进步则为征信行业注入了新的活力，带来了新的发展机遇。例如，大数据可以解决海量征信数据的采集和存储问题，机器学习和人工智能方法可对征信数据进行深入挖掘与风险分析，借助云计算和移动互联网等手段可提高征信服务的便捷性和实时性。

大数据征信就是利用信息技术优势，将不同信贷机构、消费场景、支离破碎的海量数据整合起来，经过数据清洗、模型分析、校验等一系列流程后，加工融合成真正有用的信息。征信大数据的来源十分广泛，包括社交（人脉、兴趣爱好等）、司法行政、日常生活（公共交通、铁路飞机、加油、水电气费、物业取暖费等）、社会行为（旅游住宿、互联网金融、电子商务等）、政务办理（护照签证、办税、登记注册等）、社会贡献（爱心捐献、志愿服务等）、经济行为等。大数据征信中的数据不只有传统征信的信贷历史数据，所有的"足迹"数据都被记录，其中既有结构化数据，也有大量半结构化和非结构化数据，能够多维度地刻画一个人的信用状况。同时，大数据挖掘获得的数据具有实时性、动态性，能够实时监测信用主体的信用变化，企业可以及时拿出解决方案，避免不必要的风险。

大数据征信主要通过迭代模型，从海量数据中寻找关联，并由此推断个人身份特质、性格偏好、经济能力等相对稳定的指标，进而对个人的信用水平进行评价，给出综合的信用评分。采用的数据挖掘方法包括机器学习、神经网络、PageRank 算法等。

大数据征信的应用场景很多，在金融领域，个人征信产品主要用于消费信贷、信用卡、网络购物平台等。在生活领域，个人征信产品主要用于签证审核和发放、个人职业升迁评判、法院判决、个人参与社会活动（诸如找工作、相亲等）。

总而言之，未来的征信系统将不局限于金融领域，在当今互联网大发展的时代，通过共享经济等新经济形式，征信会逐渐渗透到衣食住行等方方面面，在大数据的助力下帮助社会形成"守信者处处受益、失信者寸步难行"的局面。

13.6 大数据在汽车领域的应用

无人驾驶汽车经常被描绘成一个可以解放驾车者的技术奇迹，谷歌和百度是这个领域的技术领跑者。无人驾驶汽车系统，可以同时对数百个目标保持监测，包括行人、公共汽车、一个做出左转手势的自行车骑行者以及一个保护学生过马路的人举起的停车指示牌等。谷歌无人驾驶汽车的基本工作原理是：车顶上的扫描器发射 64 束激光射线，当激光射线碰到车辆周围的物体时会反射回来，由此可以计算出车辆和物体的距离；同时，在汽车底部还配有一套测量系统，可以测量出车辆在 3 个方向上的加速度、角速度等数据，并结合 GPS（全球定位系统）数据计算得到车辆的位置；所有这些数据与车载摄像机捕获的图像一起输入计算机，大数据分析系统以极高的速度处理这些数据；这样，系统就可以实时探测周围出现的物体，不同汽车之间甚至能够进行相互交流，了解附近其他车辆的行进速度、方向、车型、驾驶员驾驶水平等，并根据行为预测模型对附近汽车的突然转向或刹车行为及时做出反应，非常迅速地做出各种车辆控制动作，引导车辆在道路上安全行驶。

为了实现无人驾驶的功能，谷歌无人驾驶汽车上配备了大量传感器，包括雷达、车道保持系统、激光测距系统、红外摄像头、立体视觉系统、GPS 导航系统、车轮角度编码器等，这些传感器每秒产生 1 GB 数据，每年产生的数据量约 2 PB。可以预见的是，随着无人驾驶汽车技术的不断发展，未来汽车将配置更多的红外传感器、摄像头和激光雷达，这也意味着将会生成更多的数据。大数据分析技术将帮助无人驾驶系统做出更加智能的驾驶动作决策，比人类驾车更加安全、舒适、节能、环保。

13.7 大数据在零售领域的应用

大数据在零售领域的应用主要包括发现关联购买行为、客户群体细分和供应链管理等。

13.7.1 发现关联购买行为

谈到大数据在零售行业的应用，不得不提到一个经典的营销案例——啤酒与尿布的故

大数据应用 第13章

事。在一家超市，有个有趣的现象——尿布和啤酒赫然摆在一起出售，但是，这个"奇怪的举措"却使尿布和啤酒的销量双双增加了。这不是奇谈，而是发生在美国沃尔玛连锁超市的真实案例，并一直被各个商家津津乐道。

其实，只要分析人们在日常生活中的行为，以上现象就不难理解了。在美国，妇女一般在家照顾孩子，她们经常会嘱咐丈夫在下班回家的路上，顺便去超市买些孩子的尿布。而男人进入超市后，购买尿布的同时通常会顺手买几瓶自己爱喝的啤酒。因此，商家把啤酒和尿布放在一起销售，男人在购买尿布的时候看到啤酒，就会产生购买的冲动，从而增加啤酒销量。

现象不难理解，问题的关键在于商家是如何发现这种关联购买行为的。不得不说，大数据技术在这个过程发挥了至关重要的作用。沃尔玛拥有极大的数据仓库系统，积累了大量的原始交易数据，利用这些海量数据对顾客的购物行为进行"购物篮分析"，沃尔玛就可以准确了解顾客在其门店的购买习惯。沃尔玛通过数据分析和实地调查发现，在美国，一些年轻父亲下班后经常要到超市去买婴儿尿布，而他们中有 30%～40%的人会同时为自己买一些啤酒。既然尿布与啤酒一起被购买的机会很多，沃尔玛就在各个门店将尿布与啤酒摆放在一起，结果，尿布与啤酒的销售量双双增长。啤酒与尿布，乍一看，可谓"风马牛不相及"，然而，借助大数据技术，沃尔玛从顾客历史交易记录中挖掘数据，得到了啤酒与尿布之间存在的关联性，并用来指导商品的组合摆放，获得了意想不到的好效果。

13.7.2　客户群体细分

《纽约时报》曾经发布过一条引起轰动的关于美国第二大零售超市 Target 百货公司成功推销孕妇用品的报道，让人们再次感受到大数据的威力。众所周知，对于零售业而言，孕妇是一个非常重要的消费群体，具有很大的消费潜力，孕妇从怀孕到生产的全过程，需要购买保健品、无香味护手霜、婴儿尿布、爽身粉、婴儿服装等各种商品，表现出非常稳定的刚性需求。因此，孕妇产品零售商如果能够提前获得孕妇信息，在怀孕初期就进行针对性的产品宣传和引导，无疑会给商家带来巨大的收益。由于美国婴儿的出生记录是公开的，等到婴儿出生，全国的商家都会知道孩子已经出生，新生儿母亲就会被铺天盖地的产品优惠广告包围，那么，商家此时再行动就为时已晚，因为那个时候会面临很多的市场竞争者。因此，如何有效识别哪些顾客属于孕妇群体就成为核心的问题。但是，在传统的方式下，要从茫茫人海里识别出哪些是怀孕的顾客，需要投入惊人的人力、物力、财力，使得这种细分行为毫无商业意义。

面对这个棘手的难题，Target 百货公司另辟蹊径，把焦点从传统方式移开，转向大数据技术。Target 的大数据系统会为每一个顾客分配一个唯一的 ID 号，顾客刷信用卡、使用优惠券、填写调查问卷、邮寄退货单、打客服电话、开启广告邮件、访问官网等所有操作，都与自己的 ID 号关联起来并存入大数据系统。仅有这些数据，还不足以全面分析顾客的群体属性特征，还必须借助公司外部的各种数据来辅助分析。为此，Target 公司从其他相关机构购买了顾客的其他必要信息，包括年龄、是否已婚、是否有子女、所住市区、住址离 Target 的车程、薪水情况、最近是否搬过家、钱包里的信用卡情况、常访问的网址、就业史、破产记录、婚姻史、购房记录、求学记录、阅读习惯等。以这些关于顾客的海量数据为基础，借助大数据分析技术，Target 公司可以得到客户的深层需求，从而进行更加精准的营销。

Target 通过分析发现，有一些明显的购买行为可以用来判断顾客是否已经怀孕。比如，第 2 个妊娠期开始时，许多孕妇会购买许多大包装的无香味护手霜；在怀孕的前 20 周内，孕妇往往会大量购买补充钙、镁、锌等的保健品。在大数据分析的基础上，Target 选出 25 种典型商品的消费数据，构建得到"怀孕预测指数"，通过这个指数，Target 能够在很小的误差范围内预测顾客的怀孕情况。因此，当其他商家还在茫然无措地满大街发广告单寻找目标群体的时候，Target 已经早早地锁定了目标客户，并把孕妇优惠广告单寄发给顾客。而且，Target 注意到，有些孕妇在怀孕初期可能并不想让别人知道自己已经怀孕，如果贸然给顾客邮寄孕妇用品广告单，很可能会适得其反，暴露了顾客隐私，惹怒顾客。为此，Target 选择了一种比较隐秘的做法，把孕妇用品的优惠广告单夹杂在其他一大堆与怀孕不相关的商品优惠广告单当中，这样顾客就不知道 Target 知道她怀孕了。Target 这种润物细无声式的商业营销，使得许多孕妇在浑然不觉的情况下成了 Target 的忠实拥趸，与此同时，许多孕妇产品专卖店也在浑然不知的情况下失去了很多潜在客户，甚至最终走向破产。

Target 通过这种方式获得了巨大的市场收益。终于有一天，一个父亲通过 Target 邮寄来的广告单意外发现自己正在读高中的女儿怀孕了，此事很快被《纽约时报》报道，从而让 Target 这种隐秘的营销模式引起轰动，广为人知。

13.7.3　供应链管理

亚马逊、联合包裹快递（United Parcel Service，UPS）、沃尔玛等先行者已经开始享受大数据带来的成果，大数据可以帮助他们更好地掌控供应链，更清晰地把握库存量、订单完成率、物料及产品配送情况，更有效地调节供求关系，同时，利用基于大数据分析得到的营销计划，可以优化销售渠道，完善供应链战略，争夺竞争优先权。

美国最大的医药贸易商 McKesson 公司，对大数据的应用已经远远领先其他大多数企业。该公司运用先进的运营系统，可以对每天的 200 万个订单进行全程跟踪分析，并且监督超过 80 亿美元的存货。同时，该公司还开发了一种供应链模型用于在途存货的管理，它可以根据产品线、运输费用甚至碳排放量，提供极为准确的维护成本视图，使公司能够更加真实地了解任意时间点的运营情况。

13.8　大数据在餐饮领域的应用

大数据在餐饮领域得到了广泛的应用，包括大数据驱动的团购模式，利用大数据为用户推荐消费内容、调整线下门店布局和控制人流量等。

13.8.1　餐饮领域拥抱大数据

餐饮领域不仅竞争激烈，而且利润微薄，经营和发展比较艰难。在全球范围内，不少餐饮企业开始进行大数据分析，以更好地了解消费者的喜好，从而改善他们的食物和服务，获得竞争优势，这在一定程度上帮助企业实现了收入的增长。

Food Genius 是一家总部位于美国芝加哥的公司，聚合了来自美国各地餐馆的菜单数据，对超过 350000 家餐馆的菜单项目进行跟踪，以帮助餐馆更好地确定价格、食材和营销策略。这些数据可以帮助餐馆获得商机，并判断哪些菜可能获得成功，从而减少菜单变化所带来的不确定性。Avero 餐饮软件公司则通过对餐饮企业内部运营数据进行分析，帮助企业提高运营效率，如制订什么样的战略可以提高销量、在哪个时间段开展促销活动效果最好等。

13.8.2 餐饮 O2O

餐饮 O2O（线上到线下）模式是指无缝整合线上线下资源，形成以数据驱动的 O2O 闭环运营模式，如图 13-1 所示。为此，需要建立线上 O2O 平台，提供在线订餐、点菜、支付、评价等服务，并能根据消费者的消费行为进行针对性的推广和促销。整个 O2O 闭环运营过程包括两个方面的内容：一方面是实现从线上到线下的引流，即把线上用户引导到线下实体店进行消费；另一方面是把用户从线下再引导到线上，对用餐体验进行评价，并和其他用户进行互动交流，共同提出指导餐饮店改进餐饮服务和菜品的意见。两个方面都顺利实现后，就形成了线上线下的闭环运营。

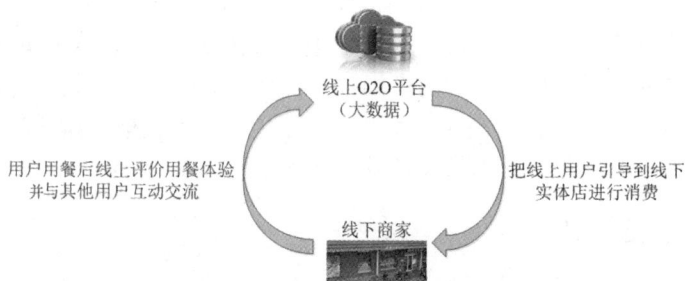

图 13-1　O2O 闭环运营模式

在 O2O 闭环运营模式中，大数据扮演了重要角色，为餐饮企业带来实际收益。首先，可以利用大数据驱动的团购模式，在线上聚集大批团购用户；其次，可以利用大数据为用户推荐消费内容；最后，可以利用大数据调整线下门店布局和控制店内人流量。

1．利用大数据为用户推荐消费内容

腾讯、百度、阿里是国内社区、搜索和网购三大领域的顶尖企业，普通网民的日常生活几乎已经与这三大公司提供的产品和服务完全融为一体。我们每天需要通过微信或 QQ 和别人沟通交流，通过百度搜索各种网络资料，通过淘宝在线购买各种商品。我们的日常工作和生活已经逐渐网络化、数字化，网络中处处留下我们活动的痕迹。凭借海量的用户数据资源，各公司都在致力于打造智能的数据平台，并把数据转化为商业价值。通过对海量用户数据的分析，三大公司很容易获得用户的消费喜好数据，为用户推荐相关餐饮店，所以，当用户还没有明确消费想法的时候，这些互联网公司就可能已经为你准备好了一切，它们会告诉你今晚应该吃什么，去哪里吃。

2．利用大数据调整线下门店布局

对于许多餐饮连锁企业而言，门店的选址是一个需要科学决策、合理安排的重要问题，既要考虑门店租金成本和人流量，也要考虑门店的服务辐射区域。棒约翰等快餐企业已经能够根据"送外卖"产生的数据调整门店布局，使门店的服务效率最大化。

棒约翰通过"三个统一"实现了线上线下的有效融合，即将订单统一到服务中心、对供应链进行统一整合、对用户体验进行统一，由此形成 O2O 闭环，使得企业可以及时、有效地获得关于企业运营和用户的各种信息，长期累积的数据资源构成了大数据分析的基础，可以分析得到最优的门店布局策略，最终实现以消费者为导向的门店布局。

3．利用大数据控制店内人流量

以麦当劳为代表的一些公司，通过视频分析等候队列的长度，自动变化电子菜单显示的内容。如果队列较长，则显示可以快速供给的食物，以缩短顾客等待时间；如果队列较短，则显示那些利润较高，但准备时间相对较长的食品。这种利用大数据控制店内人流量的做法，不仅可以有效提升用户体验，而且可以实现服务效率和企业利润的完美结合。

13.9 大数据在电信领域的应用

我国的电信市场已经步入平稳期，在这个阶段，发展新客户的成本比留住老客户的成本要高许多，前者通常是后者的 5 倍，因此，电信运营商十分关注客户是否具有"离网"的倾向（如从中国联通公司客户转为中国电信公司客户），一旦预测到客户"离网"可能发生，就可以制订针对性的措施挽留客户，让客户继续使用自己的电信业务。

电信客户离网分析通常包括以下几个步骤：问题定义、数据准备、建模、应用检验、特征分析与对策。问题定义需要定义客户离网的具体含义是什么，数据准备就是获取客户的资料和通话记录等信息，建模就是根据相关算法产生评估客户离网概率模型，应用检验是指对得到的模型进行应用和检验，特征分析与对策是指针对用户的离网特性制订目标客户群体的挽留策略。

在国内，中国移动、中国电信、中国联通三大电信运营商为争取客户，各自开发了客户关系管理系统，以期有效应对客户的频繁离网。中国移动建立了经营分析系统，并利用大数据分析技术，对公司范围内的各种业务进行实时监控、预警和跟踪，自动、实时捕捉市场变化，并以 E-mail 和手机短信等方式第一时间推送给相关业务负责人，使其在最短时间内获知市场行情并及时做出响应。在国外，美国的 XO 电信公司通过使用 IBM SPSS 预测分析软件，预测客户行为，发现客户行为趋势，并找出公司服务过程中存在缺陷的环节，从而帮助公司及时采取措施保留客户，可使客户流失率下降 50%。

13.10 大数据在能源领域的应用

各种数据显示，人类正面临能源危机。以我国为例，根据目前的能源使用情况，我国可利用的煤炭资源仅能维持 30 年，由于天然铀资源的短缺，核能的利用仅能维持 50 座标准核电站连续运转 40 年，而石油的开采也仅能维持 20 年。

在能源危机面前，人类开始积极寻求可以用来替代化石能源的新能源，风能、太阳能和生物能等可再生能源逐渐成为电能转换的供应源。但是，新能源与传统的化石能源相比，具有一些明显的缺陷。传统的化石能源出力稳定，布局相对集中。新能源则出力不稳定，地理位置比较分散，比如，风力发电机一般分布在比较分散的沿海或者草原荒漠地区，风量大时发电量就多，风量小时发电量就少，设备故障检修期间就不发电，难以产生稳定、可靠的电能。传统电网主要是为能稳定出力的能源而设计的，无法有效消纳不稳定的新能源。

智能电网的提出就是认识到传统电网的结构模式无法大规模适应新能源的消纳需求，

必须将传统电网在使用中进行升级，既要完成传统电源模式的供用电，又要逐渐适应未来分布式能源的消纳需求。概括地说，智能电网就是电网的智能化，建立在集成的、高速、双向通信网络的基础上，通过先进的传感和测量技术、先进的设备、先进的控制方法以及先进的决策支持系统的应用，实现电网的可靠、安全、经济、高效、环境友好和安全使用的目标，其主要特征包括自愈、抵御攻击、提供满足 21 世纪用户需求的电能质量、容许各种不同发电形式的接入、启动电力市场以及资产优化的高效运行。

智能电网的发展，离不开大数据技术的发展和应用，大数据技术是组成整个智能电网的技术基石，将全面影响电网规划、技术变革、设备升级、电网改造以及设计规范、技术标准、运行规程乃至市场营销政策的统一等方方面面。电网全景实时数据采集、传输和存储，以及累积的海量、多源数据快速分析等大数据技术，都是支撑智能电网安全、自愈、绿色、坚强及可靠运行的基础技术。随着智能电网中大量智能电表及智能终端的安装与部署，电力公司可以每隔一段时间获取用户的用电信息，收集比以往粒度更细的海量电力消费数据，构成智能电网中的用户侧大数据，比如，如果把智能电表采集数据的时间间隔从 15 min 减少到 1 s，1 万台智能电表采集的用电信息数据就从 32.61 GB 增加到 114.6 TB；以海量用户用电信息为基础进行大数据分析，就可以更好地理解电力客户的用电行为，优化、提升短期用电负荷预测系统，提前预知未来 2～3 个月的电网需求电量、用电高峰期和低谷期，合理地设计电力需求响应系统。

此外，大数据在风力发电机安装选址方面也发挥着重要的作用。IBM 公司利用多达 4 PB 的气候、环境历史数据，设计风力发电机选址模型，确定安装风力涡轮机和整个风电场的最佳地点，从而提高风力发电机生产效率和延长使用寿命。以往这项分析工作需要数周的时间，现在利用大数据技术仅需要不到 1 h 便可完成。

13.11 大数据在体育娱乐领域的应用

大数据在体育娱乐领域也得到了广泛的应用，包括训练球队、投拍影视作品、预测比赛结果等。

13.11.1 训练球队

大数据正在影响绿茵场上的较量。以前，一个球队的水平，一般只靠球员天赋和教练经验，然而，在 2014 年的巴西世界杯上，德国队在首轮比赛中就以 4:0 大胜葡萄牙队，有力证明了，大数据可以有效帮助一支球队进一步提升整体实力和水平。

德国队在世界杯开始前，就与 SAP 公司签订合作协议，SAP 公司提供一套基于大数据的足球解决方案 SAP Match Insights，帮助德国队提高足球运动水平。德国队球员的鞋、护胫以及训练场地的各个角落，都被放置了传感器，这些传感器可以捕捉包括跑动、传球在内的各种细节动作和位置变化，并将数据实时回传到 SAP 平台上进行处理分析，教练只需要使用平板计算机就可以查看所有球员的各种训练数据和影像，了解每个球员的运动轨迹、进球率、攻击范围等数据，从而深入发掘每个球员的优势和劣势，为有效提出针对每个球员的改进建议和方案提供重要的参考信息。

整个训练系统产生的数据量巨大，10 个球员用 3 颗球进行训练，10 min 就能产生出700 万个可供分析的数据点。如此海量的数据，单纯依靠人力是无法在第一时间得到有效的分析结果的，SAP Match Insights 采用内存计算技术实现实时报告生成。在正式比赛期间，运动员和场地上都没有传感器，这时，SAP Match Insights 可以对现场视频进行分析，通过图像识别技术自动识别每一个球员，并且记录他们的跑动、传球等数据。

正是基于海量数据和科学的分析结果，德国队制订了针对性的球队训练计划，为出征巴西世界杯做了充足的准备。在巴西世界杯期间，德国队也用这套系统进行赛后分析，及时改进战略和战术，最终顺利获得 2014 年巴西世界杯冠军。

13.11.2　投拍影视作品

在市场经济下，影视作品必须能够深刻了解观众的观影需求，才能够获得成功。否则，就算邀请了金牌导演、明星演员和实力编剧，拍出的作品依然可能无人问津。因此，投资方在投拍一部影视作品之前，需要通过各种有效渠道，了解观众当前关注什么题材的影视作品，从而决定投拍什么作品。

以前，分析什么作品容易受到观众认可，通常是专业人士凭借多年市场经验做出判断，或简单采用"跟风策略"，观察已经播放的哪些影视作品比较受欢迎，就投拍类似题材的作品。

现在，大数据可以帮助投资方做出明智的选择，《纸牌屋》的巨大成功就是典型例证。《纸牌屋》的成功得益于 Netflix 公司对海量用户数据的积累和分析。Netflix 是世界上最大的在线影片租赁服务商，在美国有约 2700 万订阅用户，在全世界则有约 3300 万订阅用户，每天其用户约在 Netflix 上产生 3000 多万个行为，用户暂停、回放或者快进都会产生一个行为，Netflix 的订阅用户每天还会给出约 400 万个评分和约 300 万次搜索请求，主要询问剧集播放时间和设备。可以看出，Netflix 几乎比所有人都清楚大家喜欢看什么。

Netflix 通过对公司积累的海量用户数据进行分析后发现，演员凯文·史派西、导演大卫·芬奇和英国小说《纸牌屋》具有非常高的用户关注度，于是，Netflix 决定投拍一个融合三者的连续剧，并对它的成功寄予了很大期待。事后证明，这是一次非常正确的投资决定，《纸牌屋》播出后，风靡全球，大数据再一次证明了自己的威力和价值。

13.11.3　预测比赛结果

大数据可以预测比赛结果是具有一定的科学依据的，它用数据来说话，通过对海量的相关数据进行综合分析，得出一个预测判断。从本质来说，大数据预测就是基于大数据和预测模型来预测未来某件事情发生的概率。2014 年巴西世界杯期间，大数据预测比赛结果开始成为球迷们关注的焦点。百度、谷歌、微软和高盛等"巨头"都竞相利用大数据技术预测比赛结果，百度的预测结果最为亮眼，预测了全程 64 场比赛，准确率为 67%，进入淘汰赛后准确率为 94%。百度的做法是，检索过去 5 年内全世界 987 支球队（含国家和地区队和俱乐部队）的 3.7 万场比赛数据，同时与相关数据供应商 Spdex 进行数据合作，导入博彩市场的预测数据，建立了一个囊括 199972 名球员和 1.12 亿条数据的预测模型，并在此基础上进行结果预测。

13.12　大数据在安全领域的应用

大数据对有效保障国家安全发挥着越来越重要的作用，比如，应用大数据技术防御网络攻击、警察应用大数据工具预防犯罪等。

13.12.1　大数据与国家安全

2013 年，"棱镜门"事件震惊全球，美国中央情报局前雇员揭露了一项美国国家安全局（National Security Agency，NSA）于 2007 年开始实施的绝密电子监听计划——棱镜计划。该计划能够直接进入美国网际网络公司的中心服务器挖掘数据、收集情报，对即时通信和既存资料进行深度监听。许可的监听对象包括任何在美国以外地区使用参与该计划的公司所提供的服务的客户，或是任何与国外人士通信的美国公民。国家安全局在棱镜计划中可以获得电子邮件、视频和语音交谈、影片、照片、VoIP（IP 语音）交谈内容、档案传输、登录通知以及社交网络细节，全面监控特定目标及其联系人的一举一动。

为了支持这一计划，美国国家安全局在盐湖区与图埃勒县交界处，修建了美国最大、最昂贵的数据中心，耗资 17 亿美元，占地 480000 m^2，采用运行速度超过 100 亿次的超级计算机，每年的运转费用达 4000 万美元，能够存储约 1000000000000000 GB 的数据。该数据中心主要用来收集、存储及分析信息，为情报部门服务，并且保护美国的电子信息安全，该数据中心每 6 小时可以收集 74 TB 的数据。

时任美国总统奥巴马强调，这一项目不针对美国公民或在美国的人，目的在于反恐和保障美国人安全，而且经过国会授权，并置于美国外国情报监视法庭的监管之下。需要特别指出的是，虽然棱镜计划符合美国的国家安全利益，但是，从其他国家的利益角度出发，美国的这种做法，不仅严重侵害了他国公民基本的隐私权和数据安全，也对他国的国家安全构成了严重威胁。

13.12.2　大数据与防御网络攻击

网络攻击利用网络存在的漏洞和安全缺陷，对网络系统的硬件、软件及系统中的数据进行攻击。早期的网络攻击，并没有明显的目的性，只是一些网络技术爱好者的个人行为，攻击目标具有随意性，只为验证和测试各种漏洞的存在，不会给相关企业带来明显的经济损失。但是，随着信息技术深度融入企业运营的各个环节，绝大多数企业的日常运营已经高度依赖各种 IT 系统。一些有组织的黑客开始利用网络攻击获取经济利益，或者受雇于某企业去攻击竞争对手的服务器，使其瘫痪而无法开展各项业务，或者通过网络攻击某企业服务器向对方勒索"保护费"，或者通过网络攻击获取企业内部商业机密文件。发送垃圾邮件、伪造杀毒软件等，是渗透企业网络系统的主要攻击手段，这些网络攻击给企业造成了巨大的经济损失，直接危及企业生存。企业损失位居前 3 位的是知识产权泄密、财务信息失窃以及客户个人信息被盗，一些公司甚至因知识产权被盗而破产。

在过去，企业为了保护计算机安全，通常购买瑞星、江民、金山、卡巴斯基、赛门铁克等公司的杀毒软件，安装到本地运行，执行杀毒操作时，程序会对本地文件进行扫描，并和安装在本地的病毒库文件进行匹配。如果某个文件与病毒库中的某个病毒特征匹配，就说明该文件感染了这种病毒，并发出警告，如果不匹配，即使这个文件是一个病毒文件，也不会发出警告。因此，病毒库是否及时更新，直接影响到杀毒软件对一个文件是否感染病毒的判断。网络上不断有新的病毒产生，网络安全公司会及时发布最新的病毒库供用户下载或升级用户本地病毒库，这就导致用户本地病毒库越来越大，本地杀毒软件需要耗费越来越多的硬件资源和时间来进行病毒特征匹配，严重影响计算机系统对其他应用程序的响应速度，给用户带来的直观感受就是，一运行杀毒软件，计算机响应速度就明显变慢。

因此，随着网络攻击日益增多，采用特征库判别法已经过时。

云计算和大数据的出现，为网络安全产品带来了深刻的变革。今天，基于云计算和大数据技术的云杀毒软件，已经广泛应用于企业信息安全保护。在云杀毒软件中，识别和查杀病毒不再仅依靠用户本地病毒库，而是依托庞大的网络服务进行实时采集、分析和处理，使得整个互联网就是一个巨大的"杀毒软件"。云杀毒通过网状的大量客户端对网络中的异常软件行为进行监测，获取互联网中木马、恶意程序的最新信息，并传送到云端，利用先进的云计算基础设施和大数据技术进行自动分析和处理，能及时发现未知病毒代码、未知威胁、0day漏洞等恶意攻击，再把病毒和木马的解决方案分发到每一个客户端。

13.12.3　大数据与预防犯罪

谈到警察破案，我们脑海中会迅速闪过各种英雄神探的画面，从外国侦探小说中的福尔摩斯和动画作品中的柯南，到国内影视剧作品中的神探狄仁杰，他们无一不思维缜密、机智善谋，能够抓住罪犯留下的蛛丝马迹获得案情的重大突破。但是，这些毕竟只是文艺作品中的人造英雄，并不是生活中的真实故事，现实的警察队伍中，很少有这样的神探。

可是，有了大数据的帮助，神探将不再是一个遥不可及的名词，也许以后每个普通警察都能够熟练运用大数据工具把自己"武装"成一个神探。大数据工具可以帮助警察分析历史案件，发现犯罪趋势和犯罪模式，甚至能够通过分析电子邮件、电话记录、金融交易记录、犯罪统计数据、社交网络数据等来预测犯罪。国外媒体报道，美国纽约警方已经在日常办案过程中引入了数据分析工具。通过采用计算机化的地图以及对历史逮捕模式、发薪日、体育项目、降雨天气和假日等变量进行分析，警察可以更加准确地了解犯罪模式，预测出最可能发生案件的"热点"地区，并预先在这些地区部署警力，提前预防犯罪发生，从而降低当地的犯罪率。还有一些大数据公司可以为警方提供整合了指纹、掌纹、人脸图像、签名等一系列信息的生物信息识别系统，从而帮助警察快速地搜索所有相关的图像记录以及案件卷宗，大大提高办案效率。美国洛杉矶警察局已经利用大数据分析软件成功地把辖区里的盗窃犯罪案件减少了33%，暴力犯罪案件减少了21%，财产类犯罪案件减少了12%。洛杉矶警察局把过去80年的130万条犯罪记录输入一个数学模型，这个模型原本用于地震余震的预测，由于地震余震模式和犯罪再发生的模式类似——在地震（犯罪）发生后在附近地区发生余震（犯罪）的概率很大，于是该模型被巧妙地"嫁接"到犯罪预测，获得了很好的效果。在伦敦，当地警方和美国麻省理工学院研究人员合作，利用电信运营商提供的手机通信记录绘制了伦敦犯罪事件预测地图。这份地图帮助警方大大提高了出警效率，降低了警力部署成本。

13.13　大数据在日常生活中的应用

大数据正在影响我们每个人的日常生活。在信息化社会，我们每个人的一言一行都会以数据形式留下痕迹，这些分散在各个角落的数据，记录了我们的通话、聊天、邮件、购物、出行、住宿以及生理指标等各种信息，构成了与每个人相关联的"个人大数据"。个人大数据是存在于"数据自然界"的虚拟数字人，与现实生活中的自然人一一对应、息息相关。自然人在现实生活中的各种行为所产生的数据，都会不断累加到数据自然界，丰富和充实与之对应的虚拟数字人。因此，分析个人大数据就可以深刻了解与之关联的自然人，了解他的各种生活行为、习惯，比如每年的出差时间、喜欢入住的酒店、每天的上下班路线、最爱去的购物场所、网购涉及的商品、个人的网络关注话题、个人的性格等。

了解了用户的生活行为模式，一些公司就可以为用户提供更加周到的服务，比如，开发一款个人生活助理工具，可以根据用户的热量消耗以及睡眠模式来规划健康作息时间，根据兴趣爱好选择与用户志趣相投的恋爱对象，根据心跳、血压等各项生理指标为用户选择合适的健身运动，根据交友记录为用户安排朋友聚会维护人际关系网络，以及根据阅读习惯为用户推荐最新的相关书籍等，所有服务都以数据为基础，以用户为中心。

下面是网络上流传的一个虚构故事，畅想了我们在大数据时代可能的未来生活图景。当然，由于国家对个人隐私的保护，普通企业实际上无法获得那么全面的个人信息，因此，部分场景可能不会真实发生，不过从中可以深刻感受大数据对生活的巨大影响。

未来畅想：大数据时代的个性化客户服务

某必胜客店的电话铃响了，客服人员拿起电话……

客服：您好，这里是必胜客，请问有什么需要我为您服务？

顾客：你好，我想要一份……

客服：先生，烦请您先把会员卡号告诉我。

顾客：1896579××××。

客服：陈先生，您好！您是住在××路一号12楼1205室，您家电话是2646××××，您公司电话是4666××××，您的手机是1391234××××。请问您想用哪一个电话付费？

顾客：你为什么会知道我所有的电话号码？

客服：陈先生，因为我们会联机到客户关系管理系统。

顾客：我想要一个海鲜比萨……

客服：陈先生，海鲜比萨不适合您。

顾客：为什么？

客服：根据您的医疗记录，您的血压和胆固醇都偏高。

顾客：那你们有什么可以推荐的？

客服：您可以试试我们的低脂健康比萨。

顾客：你怎么知道我会喜欢吃这种比萨的？

客服：您上星期一在国家图书馆借了一本《低脂健康食谱》。

顾客：好。那我要一个家庭特大号比萨，要付多少钱？

客服：99元，这足够您一家六口吃了。但您母亲应该少吃，她上个月刚刚做了心脏搭桥手术，还处在恢复期。

顾客：那可以刷卡吗？

客服：陈先生，对不起。请您付现款，因为您的信用卡已经刷爆了，您现在还欠银行4807元，而且不包括房贷利息。

顾客：那我先去附近的提款机取款。

客服：陈先生，根据您的记录，您已经超过今日取款限额。

顾客：算了，你直接把比萨送我家吧，家里有现金。你们多久会送到？

客服：大约30分钟。如果您不想等，可以自己骑车来。

顾客：为什么？

客服：根据我们 GPS 的车辆行驶自动跟踪系统记录，您登记有一辆车号为 XD-548 的摩托车，且目前您正在五缘湾运动馆马卢奇路骑着这辆摩托车。

顾客：……

13.14 本章小结

本章介绍了大数据在互联网、生物医学、物流、城市管理、金融、汽车、零售、餐饮、电信、能源、体育娱乐、安全等领域的应用，从中我们可以深刻地感受到大数据对我们日常生活的影响和重要价值。我们已经身处大数据时代，大数据已经触及社会的每个角落，并为我们带来各种变化。拥抱大数据，利用好大数据，是政府、机构、企业和个人的必然选择。我们每个人每天都在不断生成各种数据，这些数据成为大数据海洋的"点点滴滴"，我们贡献数据的同时，也从数据中收获价值。未来，人类将进入一个以数据为中心的世界。这是一个怎样的精彩世界呢？时间会告诉我们答案……

13.15 习题

1. 请阐述推荐方法包括哪几类。
2. 请阐述大数据在生物医学领域有哪些典型应用。
3. 请阐述智能物流的概念和作用。
4. 请阐述大数据在城市管理领域有哪些典型应用。
5. 请阐述大数据在金融领域有哪些典型应用。
6. 请阐述大数据在零售领域有哪些典型应用。
7. 请阐述大数据在体育娱乐领域的典型应用。
8. 请阐述大数据在安全领域有哪些典型应用。

参考文献

[1] 林子雨. 大数据导论[M]. 2 版. 北京: 人民邮电出版社, 2024.

[2] 林子雨. 大数据导论: 通识课版[M]. 2 版. 北京: 高等教育出版社, 2024.

[3] 林子雨. 大数据基础编程、实验和案例教程[M]. 3 版. 北京: 清华大学出版社, 2024.

[4] 林子雨, 赖永炫, 陶继平. Spark 编程基础: Scala 版[M]. 2 版. 北京: 人民邮电出版社, 2022.

[5] 林子雨, 郑海山, 赖永炫. Spark 编程基础: Python 版[M]. 2 版. 北京: 人民邮电出版社, 2024.

[6] 林子雨. Flink 编程基础: Java 版[M]. 北京: 人民邮电出版社, 2024.

[7] 林子雨. 数据采集与预处理[M]. 北京: 人民邮电出版社, 2022.

[8] 林子雨. 数据库系统原理: 微课版[M]. 北京: 人民邮电出版社, 2024.

[9] 林子雨. 大数据实训案例: 电影推荐系统: Scala 版[M]. 北京: 人民邮电出版社, 2019.

[10] 林子雨. 大数据实训案例: 电信用户行为分析: Scala 版[M]. 北京: 人民邮电出版社, 2019.

[11] 林子雨, 赵江声, 陶继平. Python 程序设计基础教程: 微课版[M]. 北京: 人民邮电出版社, 2022.

[12] 汪明. Flink 入门与实战[M]. 北京: 清华大学出版社, 2021.

[13] 黄伟哲. Flink 核心技术: 源码剖析与特性开发[M]. 北京: 人民邮电出版社, 2022.

[14] 朱春旭. Hadoop+Spark+Python 大数据处理从算法到实战[M]. 北京: 北京大学出版社, 2021.

[15] 赵渝强. NoSQL 数据库实战派: Redis + MongoDB + HBase[M]. 北京: 电子工业出版社, 2022.

[16] 张文亮. HBase 应用实战与性能调优[M]. 北京: 机械工业出版社, 2022.

[17] 林徐, 陈恒, 孙帅, 等. HBase 分布式存储系统应用[M]. 2 版. 北京: 中国水利水电出版社, 2022.

[18] 陆嘉恒. Hadoop 实战[M]. 2 版. 北京: 机械工业出版社, 2012.

[19] 迈尔-舍恩伯格, 库克耶. 大数据时代: 生活、工作与思维的大变革[M]. 盛杨燕, 周涛, 译. 杭州: 浙江人民出版社, 2013.

[20] DIMIDUK, KHURANA. HBase 实战[M]. 谢磊, 译. 北京: 人民邮电出版社, 2013.

[21] ANDERSON. Storm 实时数据处理[M]. 卢誉声, 译. 北京: 机械工业出版社, 2014.

[22] REDMOND. 七周七数据库[M]. 王海鹏, 等, 译. 北京: 人民邮电出版社, 2013.

[23] 陆嘉恒. 大数据挑战与 NoSQL 数据库技术[M]. 北京: 电子工业出版社, 2013.

[24] 范凯. NoSQL 数据库综述[J]. 程序员, 2010(6): 76-78.

[25] 于俊, 向海, 代其锋, 等. Spark 核心技术与高级应用[M]. 北京: 机械工业出版社, 2016.

[26] 卡劳. Spark 快速大数据分析[M]. 王道远, 译. 北京: 人民邮电出版社, 2015.

[27] 张利兵. Flink 原理、实战与性能优化[M]. 北京: 机械工业出版社, 2019.